张洪欣 高宁 车树良 编著

物理光学

U0215097

清华大学出版社

北京

内 容 简 介

本书以光的波动性为基础,研究和阐述光的本性、光学基本原理及其应用,注重展现最新光学科技成果及其成就。主要内容安排如下。

第1章介绍光的电磁理论,阐述光的基本性质,分析光在各向同性介质中的传播规律和介质分界面上的能量分配特性;第2章从波的叠加原理出发研究光的干涉规律,讨论光的相干性,介绍光的干涉装置及其典型应用;第3章围绕衍射阐述光的波动性,说明衍射是光在空间或物质中传播的一种基本方式,进一步基于基尔霍夫衍射公式和菲涅耳半波带法研究衍射的处理方法及其应用;第4章讨论光的偏振特性及其应用,研究光在晶体中的传播特性和偏振元件对光的作用,以及偏振元件的设计和应用,并介绍处理偏振的琼斯矩阵法;第5章通过对光的吸收、散射和色散现象的论述,从光波场作用的观点出发讨论光与物质的相互作用;第6章以黑体辐射、光电效应和康普顿效应等现象为基础建立起量子的概念,并阐述光的波粒二象性;第7章介绍激光原理、傅里叶光学等现代光学基础知识及其应用。

本书可以作为高等院校光信息科学与技术、光电信息工程、光学工程、光电子技术及光电控制等专业的本科教材,对于从事光通信、激光、红外、光电检测与计量的专业人员也有重要参考价值。

图书在版编目(CIP)数据

物理光学/张洪欣,高宁,车树良编著.--北京:清华大学出版社,2010.8(2025.1重印)
ISBN 978-7-302-23179-0

Ⅰ. ①物… Ⅱ. ①张… ②高… ③车… Ⅲ. ①物理光学 Ⅳ. ①O436

中国版本图书馆 CIP 数据核字(2010)第 122506 号

责任编辑: 朱红莲　赵从棉
责任校对: 刘玉霞
责任印制: 丛怀宇

出版发行: 清华大学出版社
　　　　网　　址: https://www.tup.com.cn,https://www.wqxuetang.com
　　　　地　　址: 北京清华大学学研大厦 A 座　　　　　　**邮　　编:** 100084
　　　　社 总 机: 010-83470000　　　　　　　　　　　　**邮　　购:** 010-62786544
　　　　投稿与读者服务: 010-62776969, c-service@tup.tsinghua.edu.cn
　　　　质 量 反 馈: 010-62772015, zhiliang@tup.tsinghua.edu.cn
印 装 者: 三河市龙大印装有限公司
经　　销: 全国新华书店
开　　本: 185mm×230mm　　**印　张:** 15.25　　　　　　**字　　数:** 330 千字
版　　次: 2010 年 8 月第 1 版　　　　　　　　　　　　　**印　　次:** 2025 年 1 月第 9 次印刷
定　　价: 45.00 元

产品编号:036845-03

前 言

FOREWORD

　　光信息科学与技术是近年来新发展的专业,《物理光学》作为其必修专业基础课程之一,在教学内容和组织结构上需要认真研究与部署。在《大学物理》中,已经宽泛地讲授了干涉、衍射和偏振等物理光学的主要内容,这个阶段的主要任务是加强对光学现象及规律的认识和理解。后续课程,例如《光电子学》、《光学信息处理》、《光电仪器与系统》、《光纤通信技术》等均是在物理光学的理论基础上研究更为深入的课题。因此,《物理光学》在专业课程设置中起着承前启后的作用。为贯彻教育部教高[2007]1 号文件精神,推进高等教育"质量工程"的实施,将教学改革的成果和教学实践的积累体现到教材建设中,本书结合工科院校新修订培养计划的教学要求,以信息技术为主导、以应用能力的培养为目标,针对光信息科学与技术、光电子技术、电子科学与技术等专业的特点而编写。本书可以作为高等院校相关专业的本科生教材或者教学参考用书,也可以作为职业技术学院相关专业的教材和教学参考用书。总教学时数为 40 学时左右。

　　通信、计算机及微电子等技术的迅猛发展对专业课程的设置提出了严峻的挑战,尤其是实行学分制后,各专业的课程在教学部署上都作了相应改变,比如物理光学由原来的 68 学时调整到 36 学时。从目前来看,物理光学的内容编排与其前后课程的连贯性不好,或存在数学推导繁琐艰深、内容庞杂,不能突出物理原理;或存在与前后课程内容重复过多,不能突出应用性等问题。为了落实新修订培养计划的要求,有必要在教学大纲、内容结构和知识层次上结合专业特点进行整合。如何组织物理光学的教学体系,既避免繁杂的数学推导,又阐明物理光学的基本规律和实践应用,构建独立的知识结构体系,为后续课程打下坚实的理论基础,以及培养学生的抽象思维能力、总结归纳能力及自主创新的意识和能力是本课程亟待解决的问题。物理光学要从光的本性、光与物质作用机理的高度出发,把握光学现象的本质,阐明光学的基本理论与基本分析方法,着重运用光学原理解决实际工程问题,为信息的获取、传递、处理及应用等奠定理论基础。

　　在该书的编写过程中,我们对物理光学的教学内容、层次结构、知识的系统性与连贯性等均作了认真的研究与探讨。本书主要研究和阐述光的本性和光学基本原理及其应用,探讨运用波的叠加和传播的关系分析干涉、衍射、偏振、旋光等现象,并注重介绍最新光学科技成果及其应用。在知识结构上,以"波的叠加和传播"为主线,以"相位差"为纽带分析光波叠加的共性,阐明物理光学基本原理。以主线为纲抓事物本质,主线贯穿于课程主要内容。各章节内容按主线展开,在叙述上由浅入深、循序渐进,强调数学与物理规律的结合,保持共性、突出个性、融会贯通,形成一个统一的整体;既保持了物理光学知识结构的完整性和独立性,又体现了知识的连贯性,并突出其在光信息科学中的特色。本书还选编了部分例题和习题,并在书后附有参考答案,便于学生自学和复习。

　　本书由张洪欣、高宁、车树良编写。在编写过程中得到了北京邮电大学电子工程学院领导和全体老师的大力支持,在此表示诚挚的感谢。

　　由于编者学识有限,加之时间仓促,书中难免存在疏漏和不足之处,恳请广大读者不吝斧正。

编　者

2010 年 7 月

于北京邮电大学

目 录

CONTENTS

绪 论

光学的任务是研究光的本性,揭示光的辐射、传播和接收规律,明确光和其他物质的相互作用,以及开展光学在科学技术方面的应用。物理光学可以分为波动光学和量子光学两部分。波动光学将光看作是一种波动,能够说明光的干涉、衍射和偏振等现象;量子光学则是以光和物质相互作用时显示出的粒子性为基础来研究光学。光学是物理学中最古老的一门基础学科,又是当前科学领域中最活跃的研究前沿阵地之一,在光通信、光学材料与器件、先进光学系统设计、光学制造与检测技术等领域具有强大的生命力和不可估量的发展前途。

在公元前4世纪,我国就对光学有了比较深刻的认识,例如《墨经》就总结出了一些光学规律,并论述了针孔成像、平面镜成像和投影规律。17世纪末,英国科学家牛顿倡立了"光的微粒说",可以解释观察到的许多光学现象,如光的直线性传播、反射与折射等。笛卡儿也是17世纪支持微粒说的自然科学家之一,折射定律最早就是由笛卡儿于1637年公布于世的。他认为光是一种粒子,并且在光密媒质中的传播速度比在光疏媒质中要快。在同一年代,荷兰科学家惠更斯创建了"光的波动说",并假定光振动是在"以太"中传播的。但当时由于人们受牛顿学术威望的影响,波动说历时一个多世纪都未被重视。当时的波动说,只认识到光线在遇到棱角之处会发生弯曲,而并不能说明光的本质。1801年,英国科学家杨格用双缝实验(杨氏双缝干涉实验)证实了光的干涉现象,说明了惠更斯波动说的正确性,也奠定了光的波动性的基础。同样,有关光线绕射现象的发现,也支持了波动说的真实性。

1808年,法国科学家马吕斯发现了光在反射时的偏振现象;1809年,英国科学家阿喇戈又发现了光偏振面的旋转现象。这些现象虽然能够支持波动说,但却与光是弹性纵波的假设相矛盾。1817年,杨格提出了光是横波的假设,这与关于偏振现象的解释相吻合。1846年,英国科学家法拉第发现了光的偏振面能够在磁场中偏转,进一步指出了光学现象和磁学现象的联系;1865年,英国物理学家麦克斯韦提出光是电磁波的概念,首次把光纳入电磁波的一个频段。1887年,美国科学家迈克耳孙在干涉仪测量实验中否定了以太的存在,也即否定了弹性波动学说。1888年,德国科学家赫兹用实验证实了电磁波的存在,并测定出电磁波的速度与光的速度相同,进一步证实了光是电磁波的论断,并验证了麦克斯韦的电磁理论。同时,物理光学也能在这个基础上解释光在传播过程中与物质发生相互作用时的部分现象,如吸收、散射和色散等,而且获得了一定的成功。20 世纪初,人们又发现当光线投射到某些金属表面时,会使金属表面释放出电子的现象,称为"光电效应",但实验结果却违反波动说的解释。这说明,光的电磁理论并不能解释光和物质相互作用的一些现象,如光电效应、康普顿效应及各种原子和分子发射的特征光谱的规律等。在这些现象中,光表现出粒子性。1900 年,德国科学家普朗克提出了"量子论"。1905 年,瑞士籍德国科学家爱因斯坦用量子论解释了光电效应,并通过光电效应建立了光子学说,他认为光波的能量应该是"量子化"的。辐射能量是由许许多多分立能量元组成,这种能量元被称为"光子"。光电效应和康普顿效应,使人们不得不承认光的量子性质;而干涉和衍射现象又使人们不能放弃光的波动性。1909 年,爱因斯坦首次提出光的"波粒二象性",把光的两重性质,即波动性和微粒性联系起来。

1925 年,玻恩提出了对波粒二象性的统计解释,在理论上将光的波动性和粒子性联系起来。这种统计的观点,统一了粒子和波动的概念。后来进一步的实验表明,电子、质子、中子、原子等物质粒子都具有波动性。1926 年,奥地利物理学家薛定谔创立了波动力学理论,与 1925 年德国物理学家海森伯、波恩创立的矩阵力学理论异曲同工,都描述了电子的运动规律,称为量子力学。建立在量子力学基础之上,将波粒二象性统一地反映出来的理论是量子电动力学。

1948 年全息术的提出,1955 年光学传递函数的建立,1960 年激光的诞生是现代光学发展史中的三件大事。尤其是以激光的问世为标志,古老的光学又重新青春焕发,与许多科学技术领域紧密结合,相继建立起了一批新的分支学科。光学薄膜的研究和薄膜技术的发展形成了薄膜光学;将集成电路的概念和方法引入光学领域形成了集成光学;随着激光技术的发展,出现了非线性光学、现代光学仪器等研究领域,光学和加工技术相结合出现了现代光学制造工程;数学、通信理论和光的衍射相结合形成了傅里叶光学,并由此出现了光学信息处理、光学传递函数、光学全息术等热点研究领域;对光导纤维的研究,出现了纤维光学或导波光学,导致了光纤通信的飞速发展。进入 20 世纪 80 年代以来,光信息科学技术与通信、计算机、集成电路、微电子、光电控制与检测技术等相互促进、迅猛发展。非线性光学、信息光学及集成光学等理论与技术的结合可能会导致新一代计算机——光计算机的诞生。光计算机的信息处理能力十分强大,据预测它将部分实现人脑的功能,如学习和联想等。2008 年,基于光芯片的 CPU 已经在实验室诞生,基于光计算的光子计算机在不久的将来也将会逐渐投入商用。

光的电磁理论

19世纪60年代,麦克斯韦建立了著名的电磁理论,预言了电磁波的存在,并指出光是一种电磁波,即波长较短的电磁波。1888年,赫兹通过实验证实了电磁波的存在,并测定出电磁波的速度与光速相同,进一步证实了光是电磁波的论断。后来的实践又证明,红外线、紫外线和X射线等也都是电磁波,其区别只是波长不同而已。光的电磁理论描述了光在传播过程中的波动特性。本章基于光的电磁理论,介绍光波的基本特性、光在各向同性介质中的传播特性、光在介质分界面上的反射和折射特性,以及对光波的数学描述。

1.1 电磁波谱及电磁场基本方程

1.1.1 电磁波谱

从波动观点出发,光可以被看作特定波段的电磁波。将电磁波按其频率或波长排列成谱,则构成电磁波谱,如图1-1所示,它覆盖了从γ射线到无线电波的一个相当广阔的频率范围。光学波段波长范围约为1nm~1mm(频率范围约为$10^{12} \sim 4 \times 10^{16}$ Hz,1nm$=10^{-9}$ m)。但是可见光只占电磁波谱中一个很窄的谱带,在真空中的波长范围约为390~760nm,相应

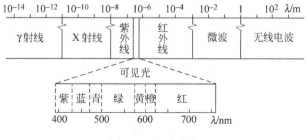

图 1-1　电磁波谱

的频率范围约为 $8 \times 10^{14} \sim 4 \times 10^{14}$ Hz。

一般所谓的光学波段,除可见光外,还包括波长小于紫光波的紫外线和波长大于红光波的红外线。

红外线、可见光和紫外线通常又可以分为下列波段:

$$\text{红外线}(1mm \sim 0.76\mu m) \begin{cases} \text{远红外}(1mm \sim 20\mu m) \\ \text{中红外}(20 \sim 1.5\mu m) \\ \text{近红外}(1.5 \sim 0.76\mu m) \end{cases}$$

$$\text{可见光}(760 \sim 380nm) \begin{cases} \text{红色}(760 \sim 650nm) \\ \text{橙色}(650 \sim 590nm) \\ \text{黄色}(590 \sim 570nm) \\ \text{绿色}(570 \sim 490nm) \\ \text{青色}(490 \sim 460nm) \\ \text{蓝色}(460 \sim 430nm) \\ \text{紫色}(430 \sim 380nm) \end{cases}$$

$$\text{紫外线}(380 \sim 10nm) \begin{cases} \text{近紫外}(380 \sim 300nm) \\ \text{中紫外}(300 \sim 200nm) \\ \text{远紫外}(200 \sim 10nm) \end{cases}$$

不同波段电磁波的产生机制、特征和应用范围各不相同。光源中的原子或分子从高能级向低能级跃迁时会发出光波,在各种加速器中被加速的电子也能辐射光波。整个光学波段的电磁波可以用同一种理论和同类的实验方法进行研究;其特点是波长比周围的物体尺寸小得多,而又比组成物体的原子尺寸大得多,从而可以采取一些合理的近似处理。电磁波在长波端表现出显著的波动性,而在短波端则表现出极强的粒子性。对于光波来说,其波粒二象性的特征表现得更为突出。

光子的能量 E 和动量 p 为: $E=h\nu$, $p=\dfrac{h}{\lambda}$, 其中 h 为普朗克常数, $h=6.62559 \times 10^{-34}$ J·s, ν 为频率, λ 为波长。当 $h \to 0$, $\lambda \to 0$ 时,光波表现为几何光学;当 $h \to 0$, $\lambda \neq 0$ 时,光波表现为波动光学;而当 $h \neq 0$, $\lambda \neq 0$ 时,光波表现为量子光学。

光的频率太高,而每个光子的能量又太小,目前无线电技术的响应速度尚达不到这么快,而核物理技术的灵敏度又达不到这么高,所以一般只能用光敏探测器检测光辐射的平均强度(又称光强)。

光波也可以作为信息的载体远距离传输信息,即光通信。光通信的优点是传输的信息量极大而噪声极低。有人提出利用"光的压缩态",把噪声降低到量子极限以下,从而可以大大提高光通信的效率,并有可能检测到引力波的信号,这在物理学界是十分引人注目的设想。另外,尤其值得一提的是,太赫兹(THz频段, $1T=10^{12}$)技术是近年来的一个研究热点,其所处的频段位置正好处于宏观经典理论向微观量子理论的过渡区($0.1 \sim 10$ THz),具有很好的穿透性,它能以很小的衰减穿透物质,如烟尘、墙壁、布料及陶瓷等,在通信、环境控制与安全检测等领域有很大的发展潜力。

虽然光波在整个电磁波谱中仅占有很窄的波段,它却对人类的生存、生活进程和发展,有着巨大的作用和影响。还由于光在发射、传播和接收方面具有独特的性质,因此很久以来光学作为物理学的一个主要分支一直持续地发展着,尤其是激光问世后,光学领域的研究获得了蓬勃的发展。

1.1.2 电磁场基本方程

1. 麦克斯韦方程组

光波是一种时变电磁场,表征时变电磁场的基本方程是麦克斯韦方程组,其积分形式为

$$\oint_S \boldsymbol{D} \cdot \mathrm{d}\boldsymbol{S} = \int_V \rho \mathrm{d}V \tag{1-1}$$

$$\oint_S \boldsymbol{B} \cdot \mathrm{d}\boldsymbol{S} = 0 \tag{1-2}$$

$$\oint_C \boldsymbol{E} \cdot \mathrm{d}\boldsymbol{l} = -\int_S \frac{\partial \boldsymbol{B}}{\partial t} \cdot \mathrm{d}\boldsymbol{S} \tag{1-3}$$

$$\oint_C \boldsymbol{H} \cdot \mathrm{d}\boldsymbol{l} = \int_S \left(\boldsymbol{J} + \frac{\partial \boldsymbol{D}}{\partial t} \right) \cdot \mathrm{d}\boldsymbol{S} \tag{1-4}$$

其中,$\boldsymbol{E}$、$\boldsymbol{D}$、$\boldsymbol{B}$、$\boldsymbol{H}$ 分别表示电场强度、电位移矢量、磁感应强度、磁场强度;ρ 是电荷体密度;$\boldsymbol{J}$ 是电流密度。以上各式中,式(1-1)表示高斯定律;式(1-2)表示磁通连续性定律;式(1-3)表示法拉第电磁感应定律;式(1-4)表示广义安培环路定律。

与麦克斯韦方程组积分形式相对应的微分形式为

$$\nabla \cdot \boldsymbol{D} = \rho$$

$$\nabla \cdot \boldsymbol{B} = 0$$

$$\nabla \times \boldsymbol{E} = -\frac{\partial \boldsymbol{B}}{\partial t}$$

$$\nabla \times \boldsymbol{H} = \boldsymbol{J} + \frac{\partial \boldsymbol{D}}{\partial t}$$

其中,$\nabla = \boldsymbol{i}\frac{\partial}{\partial x} + \boldsymbol{j}\frac{\partial}{\partial x} + \boldsymbol{k}\frac{\partial}{\partial x}$ 为哈密顿(Hamilton)算符,它具有微分和矢量的双重性质。在电磁场工程数值计算中,积分方程往往用以定量描述、讨论局部范围内的场量,不能计算场中一点及其邻域的情况;为了能够描述场中任一点及其邻近的场,必须使用场量的微分方程即麦克斯韦方程的微分形式。

由上述麦克斯韦方程组可知:不仅电荷和电流是产生电磁场的源,而且时变电场和时变磁场互相激励。因此,时变电场和时变磁场构成了不可分割的统一整体——时变电磁场。

麦克斯韦方程组是电磁理论的核心,是研究各种宏观电磁现象的理论基础。从麦克斯

韦方程组出发,结合具体的边界条件及初始条件,可以定量地研究光的各种传输特性。

2. 物质方程

在研究光与媒质的相互作用时,必须考虑媒质的属性。描述媒质对电磁场量相应的介质特性方程(又称物质本构方程)为

$$\begin{cases} \boldsymbol{D} = \varepsilon\boldsymbol{E} \\ \boldsymbol{B} = \mu\boldsymbol{H} \\ \boldsymbol{J} = \sigma\boldsymbol{E} \end{cases}$$

其中,ε 为媒质的介电常数;μ 为媒质的磁导率;σ 为媒质的电导率。对于理想导体 $\sigma = \infty$;对于理想介质 $\sigma = 0$。对于非铁磁物质,相对磁导率 $\mu_r \approx 1$。根据媒质的电磁特性,可以分为均匀与非均匀媒质、各向同性与各向异性媒质、线性与非线性媒质等。对于各向同性的介质,ε 为一标量;对于各向异性的介质,例如晶体中,ε 为一张量。

3. 边界条件

为了表征电磁场量在媒质分界面上的关系,可以由积分形式的麦克斯韦方程组导出时变电磁场在两种媒质分界面上的边界条件:

$$\boldsymbol{n} \cdot (\boldsymbol{D}_1 - \boldsymbol{D}_2) = \rho_s$$
$$\boldsymbol{n} \cdot (\boldsymbol{B}_1 - \boldsymbol{B}_2) = 0$$
$$\boldsymbol{n} \times (\boldsymbol{E}_1 - \boldsymbol{E}_2) = \boldsymbol{0}$$
$$\boldsymbol{n} \times (\boldsymbol{H}_1 - \boldsymbol{H}_2) = \boldsymbol{J}_s$$

其中,$\boldsymbol{n}$ 为在分界面上由第二媒质指向第一媒质的单位法向矢量;ρ_s 和 $\boldsymbol{J}_s$ 分别是分界面上的电荷密度和电流密度。

光学中,通常是在两种电介质,或者电导率有限的分界面上研究边界条件的特性,此时在无源的情况下有 $\boldsymbol{J}_s = \boldsymbol{0}$,$\rho_s = 0$。因此,其边界条件为

$$\boldsymbol{n} \cdot (\boldsymbol{D}_1 - \boldsymbol{D}_2) = 0$$
$$\boldsymbol{n} \cdot (\boldsymbol{B}_1 - \boldsymbol{B}_2) = 0$$
$$\boldsymbol{n} \times (\boldsymbol{E}_1 - \boldsymbol{E}_2) = \boldsymbol{0}$$
$$\boldsymbol{n} \times (\boldsymbol{H}_1 - \boldsymbol{H}_2) = \boldsymbol{0}$$

可见,在无源的情况下,电介质或者电导率有限的分界面上,$\boldsymbol{H}$ 和 $\boldsymbol{E}$ 的切向分量以及 $\boldsymbol{B}$ 和 $\boldsymbol{D}$ 的法向分量连续。

4. 电磁场的能量密度和光强度

电磁场的能量密度为

$$w = w_e + w_m = \frac{1}{2}\boldsymbol{E} \cdot \boldsymbol{D} + \frac{1}{2}\boldsymbol{H} \cdot \boldsymbol{B}$$

其中,w_e 和 w_m 分别为电场能量密度和磁场能量密度。对于一种沿 z 方向传播的平面光波,光场可以表示为

$$E = e_x E_0 \cos(\omega t - kz) \tag{1-5}$$

$$H = e_y H_0 \cos(\omega t - kz) \tag{1-6}$$

其中,e_x、e_y 分别表示电场、磁场振动方向上的单位矢量。

在电磁场的传播过程中有能量在空间流动。为了描述电磁能量流动的大小和方向,引入电磁能流密度矢量——坡印廷(Poynting)矢量 S。S 的大小表示在任一点处垂直于传播方向上的单位面积在单位时间内流过的能量。S 的方向就是该点处电磁波能量流动的方向。

根据麦克斯韦方程组,并运用能量守恒原理可以得到 S 与场量 E 和 H 之间的关系为

$$S = E \times H \tag{1-7}$$

其中,E、H 和 S 之间满足右手螺旋关系。

由于光的频率太高,而光敏探测器的响应时间相对较慢,只能用光敏探测器检测光辐射的平均强度。在实际应用中都是用能流密度的时间平均值表征光波的能量传播,这个时间平均值称为光强度,以 I 表示。假设光探测器的响应时间为 τ,则有

$$I = \left| \frac{1}{\tau} \int_0^{\tau} S \mathrm{d}t \right| = \left| \frac{1}{\tau} \int_0^{\tau} E \times H \mathrm{d}t \right| \tag{1-8}$$

光波作为信息的载体有其特殊的灵活性,然而对于光波中所包含的信息(光波的强度、偏振态、相位、频率等,其变化都反映了一定的信息)的检测只能通过对光强的测量来实现。这是目前进行光学研究和光学测量中最具有特殊性的。光强是光学中的一个重要的物理量。

光波的电场矢量和磁场矢量相互激励,不能分离。但是从光与物质的相互作用来看,磁场的作用远比电场弱,甚至不起作用。例如,使照相底片感光的是电场而不是磁场,引起人眼视觉作用的也是电场。因此,通常称电场矢量 E 为光矢量,电场的振动称为光振动。

1.2 光波在各向同性介质中的传播

1.2.1 波动方程

麦克斯韦方程组描述了电磁现象的变化规律,指出随时间变化的电场将在周围空间产生变化的磁场,随时间变化的磁场将在周围空间产生变化的电场;变化的电场和磁场之间相互转化,相互激发,并且以一定的速度向周围空间传播。因此,时变电磁场就是在空间以一定速度由近及远传播的电磁波。

从麦克斯韦方程出发,可以证明电磁场的传播具有波动性。设在无界的均匀透明线性介质中(ε、μ 为常数,σ 为零),并且在远离辐射源的无源区域(ρ、J 为零),结合物质本构方程,可将麦克斯韦方程组简化为

$$\nabla \cdot E = 0 \tag{1-9}$$

$$\nabla \cdot \boldsymbol{H} = 0 \tag{1-10}$$

$$\nabla \times \boldsymbol{E} = -\mu \frac{\partial \boldsymbol{H}}{\partial t} \tag{1-11}$$

$$\nabla \times \boldsymbol{H} = \varepsilon \frac{\partial \boldsymbol{E}}{\partial t} \tag{1-12}$$

将式(1-11)两边取旋度,并将式(1-12)代入得

$$\nabla \times (\nabla \times \boldsymbol{E}) = -\varepsilon\mu \frac{\partial^2 \boldsymbol{E}}{\partial t^2}$$

利用矢量恒等式

$$\nabla \times (\nabla \times \boldsymbol{E}) = \nabla(\nabla \cdot \boldsymbol{E}) - \nabla^2 \boldsymbol{E}$$

则有

$$\nabla^2 \boldsymbol{E} - \frac{1}{v^2} \cdot \frac{\partial^2 \boldsymbol{E}}{\partial t^2} = \boldsymbol{0} \tag{1-13}$$

同理可得

$$\nabla^2 \boldsymbol{H} - \frac{1}{v^2} \cdot \frac{\partial^2 \boldsymbol{H}}{\partial t^2} = \boldsymbol{0} \tag{1-14}$$

式(1-13)和式(1-14)分别称为电场和磁场的波动方程,它们描述了电磁波的传播,表明时变电磁场是以速度 v 传播的电磁振动。其中 ∇^2 为拉普拉斯算符,$v = \frac{1}{\sqrt{\varepsilon\mu}}$ 为电磁波的传播速度。在真空中,光波的传播速度为

$$c = \frac{1}{\sqrt{\varepsilon_0\mu_0}} = 2.997\ 92 \times 10^8\ \text{m/s} \tag{1-15}$$

这个数值与实验中测出的在真空中光速的数值非常接近,可以作为光是一种电磁波的重要依据。波速与传输介质有关,在同一介质中,波速随波长(或频率)变化的现象叫做色散。

由线性微分方程描述的系统称为线性系统。线性齐次微分方程的一个重要特性就是它的解满足叠加原理。显然,在各向同性介质中,电磁场满足叠加原理。

光波在真空中的速度与在介质中的速度之比称为介质的折射率,记为 n,即

$$n = \frac{c}{v} = \sqrt{\varepsilon_r\mu_r} \tag{1-16}$$

上式将描述介质光学性质的常数和描述介质电磁学性质的常数联系起来了。

对于一般的非铁磁物质,$\mu_r \approx 1$,因此有

$$n = \sqrt{\varepsilon_r}$$

1.2.2 平面波的特性及参量

振动在空间的传播称为波动。电磁场是由波源激发的电磁波在空间传播的分布。振动同时到达空间点的集合(振动相位相同)组成等相位面,又称波面。等相位面在空间随时间

移动,它的速度称为相速度。按照波面的形状呈球面、柱面或者平面,电磁波又分为球面波、柱面波及平面波三种基本波型。

在观察时间内,光源作持续稳定振动,波场中各点以同一频率、同一振幅作稳定振动,称为定态波;在观察时间内,光源振动短暂,产生的波包在空间移动,称为脉冲波。脉冲波可视为大量不同频率的定态波的叠加。超短脉冲(飞秒量级)常用于宽带谱研究、瞬态谱研究和非线性光学研究。

1. 时谐平面波

波面上的场矢量都相等的平面波称为均匀平面波。如果均匀平面波的空间各点的电磁振动都是以同一频率随时间作正弦或余弦变化(简谐振动),这样的光波就叫做时谐均匀平面波,简称时谐平面波,如图 1-2 所示。其中电场和磁场的关系将在下节介绍。

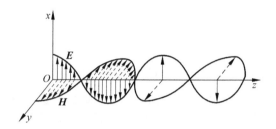

图 1-2 时谐平面波

假设均匀平面波沿 $+z$ 方向传播,即 $\boldsymbol{E}$ 和 $\boldsymbol{H}$ 仅是 z 和 t 的函数,波动方程式(1-13)和式(1-14)简化为

$$\frac{\partial^2 \boldsymbol{E}}{\partial z^2} - \frac{1}{v^2} \cdot \frac{\partial^2 \boldsymbol{E}}{\partial t^2} = \boldsymbol{0} \tag{1-17}$$

$$\frac{\partial^2 \boldsymbol{H}}{\partial z^2} - \frac{1}{v^2} \cdot \frac{\partial^2 \boldsymbol{H}}{\partial t^2} = \boldsymbol{0} \tag{1-18}$$

考虑到平面波是沿 z 方向的行波,则其解的形式为

$$\boldsymbol{E}(z,t) = \boldsymbol{E}\left(t - \frac{z}{v}\right)$$

$$\boldsymbol{H}(z,t) = \boldsymbol{H}\left(t - \frac{z}{v}\right)$$

这表示源点的振动经过一定的时间延迟后才传播到场点。对应频率为 ω 的时谐均匀平面波的特解为

$$\boldsymbol{E}(z,t) = \boldsymbol{E}_0 \cos\left[\omega\left(t - \frac{z}{v}\right) + \varphi_0\right] \tag{1-19}$$

$$\boldsymbol{H}(z,t) = \boldsymbol{H}_0 \cos\left[\omega\left(t - \frac{z}{v}\right) + \varphi_0\right] \tag{1-20}$$

式中,矢量 $\boldsymbol{E}_0$ 和 $\boldsymbol{H}_0$ 的模分别是时谐电场和时谐磁场的振幅,$\boldsymbol{E}_0$ 和 $\boldsymbol{H}_0$ 的方向分别表示时

谐电场和时谐磁场的振动方向；φ_0 为初相位。相位 $\omega(t-z/v)+\varphi_0$ 表示平面波在不同时刻空间各点的振动状态。

理想的时谐均匀平面光波是在时间上无限延续、空间上无限延伸的光波动，具有时间、空间周期性。

时间周期性用周期(T)、频率(ν)、圆频率(ω)表征，三者之间有关系

$$\omega = 2\pi\nu = \frac{2\pi}{T} \tag{1-21}$$

空间周期性可用波长(λ)、空间频率(f)和空间圆频率(k)表征，三者之间有关系

$$k = 2\pi f = \frac{2\pi}{\lambda} \tag{1-22}$$

时间周期性与空间周期性由(相)速度相联系

$$v = \frac{\omega}{k} = \frac{\nu}{f} = \frac{\lambda}{T} \tag{1-23}$$

$$k = \omega\sqrt{\varepsilon\mu} \tag{1-24}$$

时间周期性、空间周期性和频率、速度的关系如表 1-1 所示。

表 1-1 时间周期性、空间周期性和频率、速度的关系

时间周期性	空间周期性	时间周期性	空间周期性
时间周期(T)	空间周期(λ)	时间圆频率($\omega=2\pi\nu$)	空间圆频率($k=2\pi f$)
时间频率($\nu=1/T$)	空间频率($f=1/\lambda$)	两者的联系	$v=\frac{\omega}{k}=\frac{\nu}{f}=\frac{\lambda}{T}$

沿 $-z$ 方向传播的时谐平面波的表示形式为

$$\boldsymbol{E}(z,t) = \boldsymbol{E}_0\cos(\omega t + kz + \varphi_0) \tag{1-25}$$
$$\boldsymbol{H}(z,t) = \boldsymbol{H}_0\cos(\omega t + kz + \varphi_0) \tag{1-26}$$

在同一时间-频率的光波在不同介质中具有不同的传播速度，其空间频率不同。设在真空中的波长为 λ，在介质中将改变为

$$\lambda' = \frac{v}{\nu} = \frac{v\lambda}{c} = \frac{\lambda}{n} \tag{1-27}$$

其中，n 为介质的折射率。

空间圆频率 k 也称为波数，即包含在空间 2π 内的波长个数。真空中的波数 k 与介质中的波数 k' 有下列关系：

$$k' = kn$$

几何路程与介质折射率的乘积定义为等效真空路程，又叫做光程，用 δ 表示：

$$\delta = nz \tag{1-28}$$

即光在折射率为 n 的介质中传播 z 距离引起的相位改变与在真空中传播 nz 距离引起的相位变化相同。与光程对应的相位变化为

$$\Delta\varphi = \frac{2\pi\delta}{\lambda} \qquad (1\text{-}29)$$

与光程差对应的时间差为

$$\Delta t = \delta/c \qquad (1\text{-}30)$$

可见,介质中两点间的光程等于两点间的传输时间乘以真空光速。

2. 复数形式的时谐均匀平面波

由欧拉(Euler)公式 $\exp(\pm i\theta) = \cos\theta \pm i\sin\theta$ 可将沿 $+z$ 方向传播的时谐平面波 $\boldsymbol{E} = \boldsymbol{E}_0\cos(\omega t - kz + \varphi_0)$ 表示为

$$\boldsymbol{E} = \mathrm{Re}\big[\boldsymbol{E}_0\exp[-\mathrm{i}(\omega t - kz + \varphi_0)]\big]$$

式中,$\mathrm{Re}[\ ]$ 表示对方括号内的复函数取实部。为了进一步简化书写,去掉上式中取实部的符号,直接用复数形式表示时谐均匀平面波

$$\boldsymbol{E} = \boldsymbol{E}_0\exp[-\mathrm{i}(\omega t - kz + \varphi_0)] \qquad (1\text{-}31)$$

再将上式改写为

$$\boldsymbol{E} = \boldsymbol{E}_0\exp[\mathrm{i}(kz - \varphi_0)]\exp(-\mathrm{i}\omega t) = \widetilde{\boldsymbol{E}}\exp(-\mathrm{i}\omega t) \qquad (1\text{-}32)$$

其中,$\widetilde{\boldsymbol{E}} = \boldsymbol{E}_0\exp[\mathrm{i}(kz - \varphi_0)]$ 称为复振幅,仅为空间坐标的函数,与时间无关。同样,磁矢量可表示为

$$\boldsymbol{H} = \widetilde{\boldsymbol{H}}\exp(-\mathrm{i}\omega t) \qquad (1\text{-}33)$$

其中

$$\widetilde{\boldsymbol{H}} = \boldsymbol{H}_0\exp[\mathrm{i}(kz - \varphi_0)]$$

在同频率光场中,由于 $\exp(-\mathrm{i}\omega t)$ 因子在空间各处都相同,只考察光场的空间分布时(例如光的干涉、衍射、成像等问题中),可将其略去不计,仅用复振幅描述时谐平面波。

由式(1-7)可得时谐均匀平面波的瞬时能流密度为

$$
\begin{aligned}
\boldsymbol{S} &= \boldsymbol{E} \times \boldsymbol{H} \\
&= \mathrm{Re}[\widetilde{\boldsymbol{E}}\exp(-\mathrm{i}\omega t)] \times \mathrm{Re}[\widetilde{\boldsymbol{H}}\exp(-\mathrm{i}\omega t)] \\
&= \frac{1}{2}[\widetilde{\boldsymbol{E}}\exp(-\mathrm{i}\omega t) + \widetilde{\boldsymbol{E}}^*\exp(\mathrm{i}\omega t)] \times \frac{1}{2}[\widetilde{\boldsymbol{H}}\exp(-\mathrm{i}\omega t) + \widetilde{\boldsymbol{H}}^*\exp(\mathrm{i}\omega t)] \\
&= \frac{1}{4}[\widetilde{\boldsymbol{E}} \times \widetilde{\boldsymbol{H}}\exp(-\mathrm{i}2\omega t) + \widetilde{\boldsymbol{E}}^* \times \widetilde{\boldsymbol{H}}^*\exp(\mathrm{i}2\omega t) + \widetilde{\boldsymbol{E}} \times \widetilde{\boldsymbol{H}}^* + \widetilde{\boldsymbol{E}}^* \times \widetilde{\boldsymbol{H}}] \\
&= \frac{1}{2}\mathrm{Re}[\widetilde{\boldsymbol{E}} \times \widetilde{\boldsymbol{H}}\exp(-\mathrm{i}2\omega t)] + \frac{1}{2}\mathrm{Re}[\widetilde{\boldsymbol{E}} \times \widetilde{\boldsymbol{H}}^*]
\end{aligned}
$$

式中,$\boldsymbol{E}^*$ 是 $\boldsymbol{E}$ 的共轭复矢量;$\boldsymbol{H}^*$ 是 $\boldsymbol{H}$ 的共轭复矢量。

由上式可得在一周期 T 内的时间平均能流密度,即光强为

$$I = \left|\frac{1}{T}\int_0^T \boldsymbol{S}\,\mathrm{d}t\right| = \frac{1}{2}\left|\mathrm{Re}[\widetilde{\boldsymbol{E}} \times \widetilde{\boldsymbol{H}}^*]\right| \qquad (1\text{-}34)$$

如果考虑沿任意方向传播的时谐平面波,如图 1-3 所示,其中引入波矢量 $\boldsymbol{k}$,其大小为波数 k,方向沿传播方向。设 $\boldsymbol{k}_0$ 为传播方向的单位矢量,此平面波可用复数形式表示为

$$\boldsymbol{E} = \boldsymbol{E}_0 \exp[-\mathrm{i}(\omega t - kz' + \varphi_0)]$$

由 $z' = \boldsymbol{k}_0 \cdot \boldsymbol{r}$ 可得

$$\boldsymbol{E} = \boldsymbol{E}_0 \exp[-\mathrm{i}(\omega t - \boldsymbol{k} \cdot \boldsymbol{r} + \varphi_0)] \quad (1\text{-}35)$$

同理可得相应的磁场为

$$\boldsymbol{H} = \boldsymbol{H}_0 \exp[-\mathrm{i}(\omega t - \boldsymbol{k} \cdot \boldsymbol{r} + \varphi_0)] \quad (1\text{-}36)$$

值得一提的是,在各向同性介质中,波矢量与能流矢量方向一致;但是,对于各向异性介质,波矢量与能流矢量方向一般不一致。例如,在电磁超媒质材料(又称左手材料)中波矢量与能流矢量方向还可以相反,此时折射率为负值。

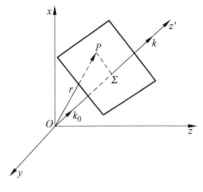

图 1-3　沿任意方向传播的时谐平面波

3. 时谐平面波的性质

电场波动方程和磁场波动方程并不独立,而是通过麦克斯韦方程组相联系。假设时谐均匀平面波仍沿 $+z$ 方向传播,电场和磁场的振动矢量方程为

$$\boldsymbol{E} = \boldsymbol{E}_0 \exp[-\mathrm{i}(\omega t - kz + \varphi_0)]$$

$$\boldsymbol{H} = \boldsymbol{H}_0 \exp[-\mathrm{i}(\omega t - kz + \varphi_0)]$$

在无源空间中,将上面两式分别代入式(1-9)和式(1-10)得

$$\boldsymbol{k}_0 \cdot \boldsymbol{E} = 0$$

$$\boldsymbol{k}_0 \cdot \boldsymbol{H} = 0$$

上面两式表明,电矢量的振动方向和磁矢量的振动方向均恒垂直于波的传播方向。由此可知平面电磁波是横电磁波(TEM 波)。

由式(1-35)式(1-36),可得

$$\nabla \times \boldsymbol{E} = \mathrm{i}k\boldsymbol{k}_0 \times \boldsymbol{E}$$

$$\frac{\partial \boldsymbol{H}}{\partial t} = -\mathrm{i}\omega \boldsymbol{H}$$

将上式和式(1-3)的微分形式(法拉第电磁感应定律方程)比较可得

$$\boldsymbol{H} = \sqrt{\frac{\varepsilon}{\mu}}(\boldsymbol{k}_0 \times \boldsymbol{E}) \quad (1\text{-}37)$$

可见, $\boldsymbol{E}$、$\boldsymbol{H}$ 和波的传播方向 $\boldsymbol{k}_0$ 三者之间满足右螺旋关系。

由式(1-37)可得

$$\frac{E}{H} = \sqrt{\frac{\mu}{\varepsilon}} \quad (1\text{-}38)$$

可见,电场与磁场的数值之比为一正实数。因此, $\boldsymbol{E}$ 与 $\boldsymbol{H}$ 同相位,同步变化,能流有确定的方向,与波的传播方向一致,如图 1-2 所示。

由式(1-38)式(1-34),可得时谐平面波的光强为

$$I = \frac{1}{2}|\mathrm{Re}[\widetilde{\boldsymbol{E}} \times \widetilde{\boldsymbol{H}}^*]| = \frac{1}{2}\sqrt{\frac{\varepsilon}{\mu}}E_0^2 = \frac{1}{2}nE_0^2 \quad (1\text{-}39)$$

在只考虑同一种介质中光强的场合,只关心光强的相对值,因而往往省略比例系数,把光强写成

$$I = E_0^2$$

根据前面的讨论,由于磁场的作用远比电场弱,光波中的电场矢量 E 通常称为光矢量。因此,在讨论光的波动特性时,只考虑电场矢量 E 即可。

1.2.3 球面波和柱面波

理想点光源在各向同性介质中发出的波为球面波。由于球面波具有球对称性,其波动方程仅与 r 有关,与坐标 θ、φ 无关,所以球面光波的振幅只随距离 r 变化。若忽略场的矢量性,采用标量场理论,在球坐标中可将波动方程表示为

$$\frac{1}{r^2} \cdot \frac{\partial}{\partial r}\left(r^2 \frac{\partial E}{\partial r}\right) - \frac{1}{v^2} \cdot \frac{\partial^2 E}{\partial t^2} = 0$$

假定源点振动的初位相为零,对应的时谐球面波可表示为

$$E = \frac{E_0}{r}\cos(\omega t - k \cdot r) \tag{1-40}$$

其中,$k = \frac{\omega}{v}$;E_0 为离开点光源单位距离处的振幅值。由此可知等振幅面与等相位面一致,都是以点光源为中心的同心球面,为均匀球面波。球面波的复数形式为

$$E = \frac{E_0}{r}\exp[-\mathrm{i}(\omega t - k \cdot r)] \tag{1-41}$$

对应的复振幅为

$$\widetilde{E} = \frac{E_0}{r}\exp(\mathrm{i}k \cdot r)$$

实际上严格的点光源是不存在的,从而理想的球面波或平面波是不存在的。在光学上,当光源的尺寸远小于考察点至光源的距离时,往往把该光源称为点光源,由它发出的波可以近似当作球面波处理。

一根各向同性的无限长(同步的)线光源,在各向同性的介质中向外发射的波是柱面光波,其等相位面是以线光源为中心轴、随着距离的增大而逐渐展开的同轴圆柱面。在光学中,用一平面波照射一狭缝可以获得柱面波。

在柱坐标中,柱面波的波动方程表示为

$$\frac{1}{r} \cdot \frac{\partial}{\partial r}\left(r \frac{\partial E}{\partial r}\right) - \frac{1}{v^2} \cdot \frac{\partial^2 E}{\partial t^2} = 0$$

对应的时谐柱面波为

$$E = \frac{E_0}{\sqrt{r}}\cos(\omega t - k \cdot r) \tag{1-42}$$

式中,E_0 是离开光源单位距离处光波的振幅值。可见,柱面光波的振幅与 r 的平方根成反

比。其复数形式和复振幅分别为

$$E = \frac{E_0}{\sqrt{r}}\exp[-\mathrm{i}(\omega t - \pmb{k} \cdot \pmb{r})] \qquad (1\text{-}43)$$

$$\widetilde{E} = \frac{E_0}{\sqrt{r}}\exp(\mathrm{i}\pmb{k} \cdot \pmb{r})$$

平面波、球面波和柱面波的等相位面和等振幅面重合,都是光波的基本形式。只要把光源放在足够远的位置,并且当考察区域比较小时,可忽略振幅随 r 的变化,将球面波和柱面波都近似地看成为平面波,如图 1-4 所示。或者把点光源放在透镜的焦点上,利用透镜的折射将球面光波变为平面光波。

图 1-4　球面波的远场

1.3　光波在介质界面上的反射和折射

当光波投射到两种介质的交界面上时,将发生反射和折射(透射)现象。光在介质界面反射与折射时的传播特性包括传播方向、能流分配、相位变更和偏振态变化等。可以根据麦克斯韦方程组及边界条件讨论光在介质交界面上的反射和折射规律。反射波、透射波(折射波)与入射波传播方向之间的关系由反射定律和折射定律描述;而反射波、透射波与入射波之间的振幅和相位关系由菲涅耳(Fresnel)公式描述。

1.3.1　反射定律、折射定律

设不同媒质的交界面是 $z=0$ 的无限大平面,如图 1-5 所示。媒质 1 和媒质 2 的电磁参数分别为 ε_1、μ_1 和 ε_2、μ_2,界面的法线方向单位矢量为 $\pmb{n}$,入射光、反射光和折射光均为线偏振(光振动方向在同一平面内)平面光波,其电场为

$$\pmb{E}_l = \pmb{E}_{0l}\exp[-\mathrm{i}(\omega_l t - \pmb{k}_l \cdot \pmb{r})], \quad l = \mathrm{i,r,t}$$

式中的下标 i,r,t 分别代表入射光、反射光和折射光。$\pmb{k}_\mathrm{i}$、$\pmb{k}_\mathrm{r}$、$\pmb{k}_\mathrm{t}$ 分别表示入射波、反射波和折射波的波矢量,如下式所示:

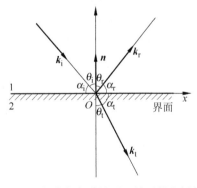

图 1-5　光波在介质界面上的反射和折射

$$\begin{cases} \mid k_i \mid = \omega_i \sqrt{\varepsilon_1 \mu_1} \\ \mid k_r \mid = \omega_r \sqrt{\varepsilon_1 \mu_1} \\ \mid k_t \mid = \omega_t \sqrt{\varepsilon_2 \mu_2} \end{cases} \tag{1-44}$$

在分界面上,电场的切向分量连续,即

$$\boldsymbol{E}_{i\tau}\mid_{z=0} + \boldsymbol{E}_{r\tau}\mid_{z=0} = \boldsymbol{E}_{t\tau}\mid_{z=0}$$

其中,下标 τ 表示分界面的切向分量。将 $z=0$ 的界面上任意一点的位置矢径记为 r_B,得

$$\boldsymbol{E}_{0i\tau}\exp[-\mathrm{i}(\omega_i t - \boldsymbol{k}_i \cdot \boldsymbol{r}_B)] + \boldsymbol{E}_{0r\tau}\exp[-\mathrm{i}(\omega_r t - \boldsymbol{k}_r \cdot \boldsymbol{r}_B)] = \boldsymbol{E}_{0t\tau}\exp[-\mathrm{i}(\omega_t t - \boldsymbol{k}_t \cdot \boldsymbol{r}_B)]$$

由于 t 和 r_B 是两个相互独立的变量,当上式对任意时刻和界面上任意一点均成立时,有

$$\omega_i = \omega_r = \omega_t \tag{1-45}$$

$$\boldsymbol{k}_i \cdot \boldsymbol{r}_B = \boldsymbol{k}_r \cdot \boldsymbol{r}_B = \boldsymbol{k}_t \cdot \boldsymbol{r}_B \tag{1-46}$$

由式(1-45)可知,入射光、反射光和折射光的频率相等,这是线性介质所应有的性质。在 $z=0$ 分界面上,有

$$\boldsymbol{k}_l = k_l(\boldsymbol{i}\cos\alpha_l + \boldsymbol{j}\cos\beta_l + \boldsymbol{k}\cos\gamma_l), \quad l = \mathrm{i,r,t}$$

以及

$$\boldsymbol{r}_B = \boldsymbol{i}x + \boldsymbol{j}y$$

其中 α_l、β_l、γ_l $(l=\mathrm{i,r,t})$ 分别表示入射、反射和折射矢量相应与 x、y、z 轴的夹角。由式(1-46)得

$$k_i\cos\alpha_i x + k_i\cos\beta_i y = k_r\cos\alpha_r x + k_r\cos\beta_r y = k_t\cos\alpha_t x + k_t\cos\beta_t y$$

考虑到对分界面上任意一点上式都成立,则有

$$k_i\cos\alpha_i = k_r\cos\alpha_r = k_t\cos\alpha_t \tag{1-47}$$

$$k_i\cos\beta_i = k_r\cos\beta_r = k_t\cos\beta_t \tag{1-48}$$

当入射面(入射波矢量与界面法线矢量构成的平面)在 xOz 平面时,$\beta_i = 90°$,由式(1-48)可知,$\beta_t = \beta_r = 90°$,由此可见,$\boldsymbol{k}_i$、$\boldsymbol{k}_r$、$\boldsymbol{k}_t$ 三矢量共面,都在入射面内。

进一步由式(1-24)和式(1-16)可得

$$k_i = k_r = \omega\sqrt{\varepsilon_1 \mu_1} = \frac{\omega}{c}n_1$$

$$k_t = \omega\sqrt{\varepsilon_2 \mu_2} = \frac{\omega}{c}n_2$$

其中,n_1 和 n_2 分别为媒质1和媒质2的折射率。设 θ_i、θ_r、θ_t 分别为入射角、反射角和折射角,则由图1-5可知

$$\alpha_l = 90° - \theta_l, \quad l = \mathrm{i,r,t}$$

将以上关系代入式(1-47)得

$$\theta_r = \theta_i \tag{1-49}$$

$$n_1\sin\theta_i = n_2\sin\theta_t \tag{1-50}$$

式(1-49)和式(1-50)分别称为反射定律和折射定律(也称为斯涅耳(Snell)定律)。

1.3.2 菲涅耳公式

反射波、折射波与入射波之间的振幅和相位关系与入射波的振动方向有关。可以将任意振动方向的电矢量分解为垂直于入射面的分量(s 分量)和平行于入射面的分量(p 分量)。菲涅耳公式就是确定这两个振动分量反射、折射特性的定量关系式。为讨论方便起见,规定入射点振幅的 s 分量和 p 分量的正方向如图 1-6(a)所示。其中 θ_1 为入射角(反射角),θ_2 为折射角,n_1、n_2 分别为入射空间和透射空间媒质的折射率。

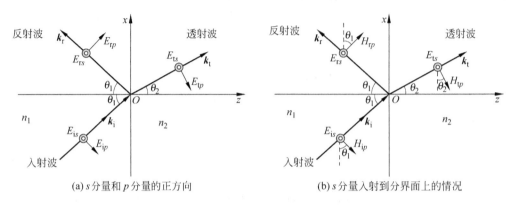

(a) s 分量和 p 分量的正方向   (b) s 分量入射到分界面上的情况

图 1-6   光波在介质分界面上的反射和透射关系

若将入射波、反射波和透射波在界面($z=0$)的电矢量相对于入射面的两分量表示为

$$E_{lm} = E_{0lm}\exp[-\mathrm{i}(\omega_l t - \boldsymbol{k}_l \cdot \boldsymbol{r})], \quad l = \mathrm{i,r,t}; \quad m = s,p \tag{1-51}$$

则任意振动矢量都可以分解为相互独立的 s 分量和 p 分量。定义 s 分量、p 分量的反射系数和透射系数分别为

$$r_m = \frac{E_{0rm}}{E_{0im}}, \quad m = s,p \tag{1-52}$$

$$t_m = \frac{E_{0tm}}{E_{0im}}, \quad m = s,p \tag{1-53}$$

1. s 分量(电矢量垂直于入射面)

由图 1-6(b),根据电磁场的边界条件(切向分量连续)和 s 分量、p 分量的正方向的规定

$$E_{is} + E_{rs} = E_{ts} \tag{1-54}$$

$$H_{ip}\cos\theta_1 - H_{rp}\cos\theta_1 = H_{tp}\cos\theta_2 \tag{1-55}$$

以及相互耦合的电场和磁场分量间的关系:

$$\sqrt{\mu}H_p = \sqrt{\varepsilon}E_s$$

对应非铁磁媒质,式(1-55)可表示为

$$(E_{is} - E_{rs})n_1\cos\theta_1 = E_{ts}n_2\cos\theta_2 \tag{1-56}$$

将式(1-51)代入式(1-54)和式(1-56),并整理得

$$r_s = \frac{E_{0rs}}{E_{0is}} = \frac{n_1\cos\theta_1 - n_2\cos\theta_2}{n_1\cos\theta_1 + n_2\cos\theta_2} = -\frac{\sin(\theta_1 - \theta_2)}{\sin(\theta_1 + \theta_2)} \tag{1-57}$$

$$t_s = \frac{E_{0ts}}{E_{0is}} = \frac{2n_1\cos\theta_1}{n_1\cos\theta_1 + n_2\cos\theta_2} = \frac{2\cos\theta_1\sin\theta_2}{\sin(\theta_1 + \theta_2)} \tag{1-58}$$

由上两式可知 s 分量的反射系数和透射系数间有关系

$$1 + r_s = t_s \tag{1-59}$$

该式表明 r_s 和 t_s 不是独立的,如果已知其中之一,则可由该式求出另一个量。

2. p 分量(电矢量平行于入射面)

用类似方法,可推出 p 分量的反射系数和透射系数分别为

$$r_p = \frac{E_{0rp}}{E_{0ip}} = \frac{n_2\cos\theta_1 - n_1\cos\theta_2}{n_2\cos\theta_1 + n_1\cos\theta_2} = \frac{\tan(\theta_1 - \theta_2)}{\tan(\theta_1 + \theta_2)} \tag{1-60}$$

$$t_p = \frac{E_{0tp}}{E_{0ip}} = \frac{2n_1\cos\theta_1}{n_2\cos\theta_1 + n_1\cos\theta_2} = \frac{2\cos\theta_1\sin\theta_2}{\sin(\theta_1 + \theta_2)\cos(\theta_1 - \theta_2)} \tag{1-61}$$

由上两式可得 p 分量的反射系数和透射系数间有如下关系:

$$1 + r_p = \frac{n_1}{n_2}t_p$$

式(1-57)、式(1-58)、式(1-60)和式(1-61)称为菲涅耳公式。利用折射定律可将菲涅耳公式表示为

$$r_s = \frac{\cos\theta_1 - \sqrt{(n_2/n_1)^2 - \sin^2\theta_1}}{\cos\theta_1 + \sqrt{(n_2/n_1)^2 - \sin^2\theta_1}}$$

$$t_s = \frac{2\cos\theta_1}{\cos\theta_1 + \sqrt{(n_2/n_1)^2 - \sin^2\theta_1}}$$

$$r_p = \frac{(n_2/n_1)^2\cos\theta_1 - \sqrt{(n_2/n_1)^2 - \sin^2\theta_1}}{(n_2/n_1)^2\cos\theta_1 + \sqrt{(n_2/n_1)^2 - \sin^2\theta_1}}$$

$$t_p = \frac{2\cos\theta_1 n_2/n_1}{(n_2/n_1)^2\cos\theta_1 + \sqrt{(n_2/n_1)^2 - \sin^2\theta_1}}$$

由菲涅耳公式可得知反射波和透射波的振幅、光强、能流分配、相位变更和振动状态变化的主要性质。例如,在正入射($\theta_1 = 0$)时,有

$$r_s = -r_p = \frac{n_1 - n_2}{n_1 + n_2} \tag{1-62}$$

$$t_s = t_p = \frac{2n_1}{n_1 + n_2} \tag{1-63}$$

由菲涅耳公式还可以绘出在 $n_1 < n_2$ 和 $n_1 > n_2$ 两种情况下,反射系数、透射系数随入射角 θ_1 的变化曲线,如图 1-7 所示。

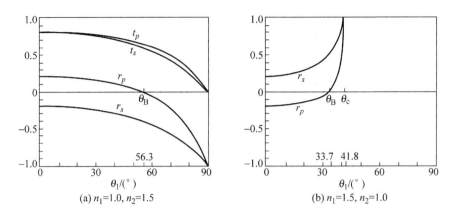

图 1-7　反射系数、透射系数随入射角 θ_1 的变化曲线

可见,对于 s 分量和 p 分量的透射系数总是为正,说明折射光总是与入射光同相位,不会存在下面所述的半波损失。

相对于入射波而言,对透射波,电矢量不会产生相位突变;但是对反射波,其相位关系比较复杂。根据 r_s 和 r_p 的正负可得反射波的相位特性,如图 1-8 所示。

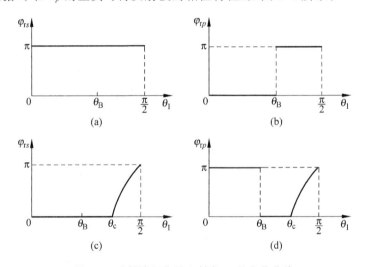

图 1-8　反射波相位随入射角 θ_1 的变化曲线

当 $n_1 < n_2$ 时,反射光的 s、p 分量相对于入射光的 s、p 分量的相位关系分别如图 1-8(a)、(b)所示。由图 1-8(a)可见,反射光的 s 分量相对于入射光的 s 分量存在一个 π 的相位突变(相位相反);而由图 1-8(b)可知,反射光的 p 分量相对于入射光的 p 分量,在 $\theta < \theta_B$ 的范围内二者同相位,在 $\theta > \theta_B$ 的范围内二者相位相反。其中 θ_B 为布儒斯特角,将在第 4 章讨论。

当 $n_1 > n_2$ 时,反射光的 s、p 分量相对于入射光的 s、p 分量的相位关系分别如图 1-8(c)、(d)所示。其中 $\theta > \theta_c$ 的情况将在后面讨论,θ_c 为临界角。

1) 小角度入射时的反射特性

在 $\theta_1 = 0$ 即正入射时,由式(1-57)和式(1-60)得

$$|r_s| = |r_p|$$

当 $n_1 < n_2$ 时,由图 1-7(a)可知,$r_s < 0$,$r_p > 0$。按照光振动正方向的规定,入射光和反射光的 s 分量、p 分量的方向如图 1-9 所示。可见,在入射点处,反射光场矢量和入射光场矢量相位相反,相位发生 π 突变,称为半波损失,相当于在反射时损失了半个波长。对于小角度入射时,反射光都将近似产生半波损失,这在光的干涉中有重要意义。

同理,当 $n_1 > n_2$ 时,由图 1-7(b)可知,$r_s > 0$,$r_p < 0$。入射光和反射光的 s 分量、p 分量的方向如图 1-10 所示。此时,在入射点处,反射光场矢量和入射光场矢量相位相同,无半波损失。

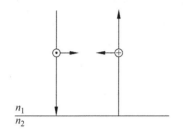

图 1-9　正入射时产生的 π 相位突变($n_1 < n_2$)　　　　图 1-10　正入射时无半波损失($n_1 > n_2$)

2) 掠射时的反射特性

在 $\theta_1 \approx 90°$ 即掠入射时,由式(1-57)和式(1-60)得

$$|r_s| = |r_p|$$

当 $n_1 < n_2$ 时,由图 1-7(a)可知,$r_s < 0$,$r_p < 0$。入射光和反射光的 s 分量、p 分量的方向如图 1-11 所示。此时,在入射点处,反射光场矢量和入射光场矢量相位近似相反,有半波损失。

图 1-11　掠入射时产生半波损失($n_1 < n_2$)

同理,当 $n_1 > n_2$ 时,由图 1-7(b)可知,$r_s > 0$,$r_p > 0$。此时,在入射点处,反射光场矢量和入射光场矢量相位近似相同,无半波损失。

1.3.3 反射率和透射率

下面考虑入射光的能量在两种媒质界面上由反射和折射引起的能量分配问题。

设单位时间投射到界面单位面积上的能量为 W_i（能流），反射光和透射光的能量分别为 W_r、W_t，则分别定义反射率、透射率为

$$R = \frac{W_r}{W_i} \tag{1-64}$$

$$T = \frac{W_t}{W_i} \tag{1-65}$$

在不计吸收、散射等能量损耗的情况下，根据能量守恒有

$$W_i = W_r + W_t$$

$$R + T = 1$$

如图 1-12 所示，若光强为 I_i 的平面光波以入射角 θ_1 斜入射到介质分界面，则由式(1-39)，单位时间入射到界面上单位面积的能量，以及反射光、折射光的能量分别为

$$W_i = \frac{1}{2} n_1 E_{0i}^2 \cos\theta_1$$

$$W_r = \frac{1}{2} n_1 E_{0r}^2 \cos\theta_1$$

$$W_t = \frac{1}{2} n_2 E_{0t}^2 \cos\theta_2$$

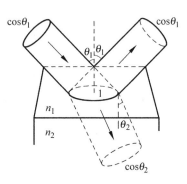

图 1-12　反射光和透射光的能量

由此可以得到反射率和透射率分别为

$$R = \frac{W_r}{W_i} = r^2 \tag{1-66}$$

$$T = \frac{W_t}{W_i} = \frac{n_2 \cos\theta_2}{n_1 \cos\theta_1} t^2 \tag{1-67}$$

将菲涅耳公式代入，可得到 s 分量和 p 分量的反射率和透射率表示式分别为

$$R_s = r_s^2 = \frac{\sin^2(\theta_1 - \theta_2)}{\sin^2(\theta_1 + \theta_2)} \tag{1-68}$$

$$R_p = r_p^2 = \frac{\tan^2(\theta_1 - \theta_2)}{\tan^2(\theta_1 + \theta_2)} \tag{1-69}$$

$$T_s = \frac{n_2 \cos\theta_2}{n_1 \cos\theta_1} t_s^2 = \frac{\sin 2\theta_1 \sin 2\theta_2}{\sin^2(\theta_1 + \theta_2)} \tag{1-70}$$

$$T_p = \frac{n_2 \cos\theta_2}{n_1 \cos\theta_1} t_p^2 = \frac{\sin 2\theta_1 \sin 2\theta_2}{\sin^2(\theta_1 + \theta_2) \cos^2(\theta_1 - \theta_2)} \tag{1-71}$$

根据上述关系式有

$$R_s + T_s = 1$$

$$R_p + T_p = 1$$

在正入射$(\theta_1 = 0)$时,有

$$R_s = R_p = \left(\frac{n_1 - n_2}{n_1 + n_2}\right)^2$$

$$T_s = T_p = \frac{4n_1 n_2}{(n_1 + n_2)^2}$$

1.3.4　全反射与全反射临界角

当光由光密介质射向光疏介质$(n_1 > n_2)$时,存在一个对应折射角$\theta_2 = 90°$的入射角。此时,由式(1-68)和式(1-69)可知$R_s = R_p = 1$,说明光波全部返回第一介质,这种现象称为全反射。此入射角称为全反射临界角,记为θ_c。此时由折射定律可知,对应于折射角$\theta_2 = 90°$,可得到临界角θ_c满足

$$\sin\theta_c = \frac{n_2}{n_1} \tag{1-72}$$

由上式可知,只有当$n_1 > n_2$时,临界角θ_c才有实数解,才可能产生全反射。当$\theta_1 > \theta_c$时,由折射定律可得

$$\sin\theta_2 = \frac{n_1}{n_2}\sin\theta_1 > 1$$

$$\cos\theta_2 = \sqrt{1 - \sin^2\theta_2} = \frac{\mathrm{i}}{n}\sqrt{\sin^2\theta_1 - n^2}$$

其中$n = \frac{n_2}{n_1}$。此时,r_s和r_p为复数,分别有

$$\tilde{r}_s = \frac{\cos\theta_1 - \mathrm{i}\sqrt{\sin^2\theta_1 - n^2}}{\cos\theta_1 + \mathrm{i}\sqrt{\sin^2\theta_1 - n^2}} = |\tilde{r}_s|\exp(\mathrm{i}\varphi_{rs}) \tag{1-73}$$

$$\tilde{r}_p = \frac{n^2\cos\theta_1 - \mathrm{i}\sqrt{\sin^2\theta_1 - n^2}}{n^2\cos\theta_1 + \mathrm{i}\sqrt{\sin^2\theta_1 - n^2}} = |\tilde{r}_p|\exp(\mathrm{i}\varphi_{rp}) \tag{1-74}$$

根据复数的性质,由上两式可得

$$|\tilde{r}_s| = |\tilde{r}_p| = 1$$

$$\tan\frac{\varphi_{rs}}{2} = n^2\tan\frac{\varphi_{rp}}{2} = -\frac{\sqrt{\sin^2\theta_1 - n^2}}{\cos\theta_1}$$

其中,φ_{rs}、φ_{rp}分别为反射光中s分量、p分量光场相对入射光的相位变化。φ_{rs}及φ_{rp}随入射角的变化曲线如图1-13所示。

将式(1-73)和式(1-74)代入式(1-68)、式(1-69)得

$$R_s = \tilde{r}_s \cdot \tilde{r}_s^* = 1, \quad R_p = \tilde{r}_p \cdot \tilde{r}_p^* = 1$$

所以有

$$R = 1$$

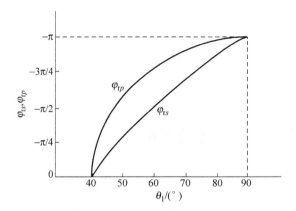

图 1-13   全反射时随入射光的相位变化

此时仍然发生全反射。但是,在全反射时,反射光中的 s 分量和 p 分量的相位变化不同,其相位差取决于入射角 θ_1 和两介质的相对折射率 n,由下式决定

$$\Delta\varphi = \varphi_{rs} - \varphi_{rp} = 2\arctan\frac{\cos\theta_1\ \sqrt{\sin^2\theta_1 - n^2}}{\sin^2\theta_1} \tag{1-75}$$

通过控制入射角 θ_1,即可改变 $\Delta\varphi$,从而可以改变反射光的振动状态。

在全反射时,透入到第二介质中的波是一种沿着 z 方向振幅按指数规律衰减,沿着界面 x 方向传播的非均匀波,这种波称为全反射时的衰逝波(倏逝波),如图 1-14(a)所示。由于衰逝波沿着与介质分界面平行的方向传播,故又称表面波。衰逝波的光场为

$$\begin{aligned}
\boldsymbol{E}_t &= \boldsymbol{E}_{0t}\exp[-\mathrm{i}(\omega t - \boldsymbol{k}_t \cdot \boldsymbol{r})] \\
&= \boldsymbol{E}_{0t}\exp[-\mathrm{i}(\omega t - k_t x\sin\theta_2 - k_t z\cos\theta_2)] \\
&= \boldsymbol{E}_{0t}\exp(-k_t z\ \sqrt{\sin^2\theta_1 - n^2}/n)\exp[-\mathrm{i}(\omega t - k_t x\sin\theta_1/n)]
\end{aligned} \tag{1-76}$$

显然,由式(1-76)可知,衰逝波的等振幅面与等相位面正交,如图 1-14(b)所示。

衰逝波在第二层媒质中能够存在多大的范围呢?定义衰逝波在第二层媒质沿 z 方向衰减到表面强度 $1/\mathrm{e}$ 时为穿透深度,用以表征这个范围。由式(1-76)得穿透深度为

$$z_0 = \frac{n}{k_t\ \sqrt{\sin^2\theta_1 - n^2}} \tag{1-77}$$

衰逝波沿 x 方向传播的波长为

$$\lambda_x = \frac{2\pi}{k_t\sin\theta_1/n} = \frac{\lambda_1}{\sin\theta_1} \tag{1-78}$$

沿 x 方向传播的速度为

$$v_x = \frac{v_1}{\sin\theta_1} \tag{1-79}$$

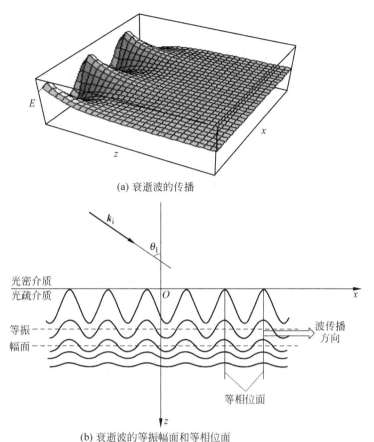

(a) 衰逝波的传播

(b) 衰逝波的等振幅面和等相位面

图 1-14　衰逝波

　　需要说明的是,在发生全反射时,沿界面行波方向有电场分量,衰逝波不是单纯的横波。全反射时,虽然在第二种媒质中有电磁场存在,但是,因为 $R_s = R_p = 1$,并无能流通过界面。尽管在边界法线方向(即 z 方向)瞬时能流密度分量 S_z 不为零,但时间平均值却为零。衰逝波的存在是边界条件所要求的,也不违背能量守恒定律。理论和实验证明,全反射时,在横向传播的倏逝波经过一段距离又回到光密媒质,这段横向距离称为古斯-哈恩斯位移。由于光波进入光疏媒质后,波动表现为向各个方向无限扩展平面的叠加;而各个

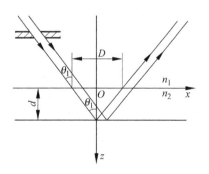

图 1-15　古斯-哈恩斯位移

分量入射方向不同,相位不同,叠加后产生了横向古斯-哈恩斯位移 D,如图 1-15 所示。

光纤中的光波传输利用的就是全反射现象。而利用全反射的衰逝波可制作激光可变输出耦合器,其能量损失小,耦合效率可达 80% 左右。近场扫描光学显微镜就是利用衰逝波来突破传统显微镜的分辨率极限,从而将显微镜分辨本领显著提高。还可以利用入射光于金属层表面产生的衰逝波电场来探测因生物分子反应时在金属界面上产生的微量(折射系数、厚度)变化而进一步量测信号的变化。

1.4　光波场的频率谱

时谐均匀平面光波是一种理想模型,可作为构成实际光波场的基本单元。实际上,由普通光源的大量原子发出的光波(自发辐射、随机过程)由一段段有限长波列组成;每一段波列,其振幅在持续时间内保持不变或缓慢变化,前后各波列之间没有固定的相位关系,甚至各波列光矢量的振动方向不同。

现代波动光学最重要的进展是引入了光学变换的概念,并由此导致空间频谱概念和空间滤波技术,即以频谱改变的眼光去评价成像系统的像质,用改变频谱的手段对图像实施信息处理。

1.4.1　光波场的时间频率谱

单一频率的时谐均匀平面波也称为单色均匀平面波。严格的单色平面光波在时间和空间上都无限扩展,实际上是不存在的。在时间上有限制、空间上有限制的实际光波,根据傅里叶变换,可以表示为不同频率(时间频率)、不同传播方向(不同空间频率)的单色均匀平面波的叠加。

1. 光波场的时间频率谱

若只考虑光波场在时间域内的变化时,可以把电矢量表示为时间的函数 $E(t)$,根据傅里叶变换,可以展成如下形式

$$E(t) = F^{-1}[E(\nu)] = \int_{-\infty}^{\infty} E(\nu)\exp(-i2\pi\nu t)d\nu$$

式中,F^{-1} 表示傅里叶反变换;$\exp(-i2\pi\nu t)$ 为频率域中频率为 ν 的一个基元成分,取实部后得 $\cos(2\pi\nu t)$。因此,可将 $\exp(-i2\pi\nu t)$ 视为频率为 ν 的单位振幅简谐振荡。$E(t)$ 就可以表示为一系列单频成分简谐振荡的叠加。各成分的振幅 $E(\nu)$ 随 ν 的变化称为 $E(t)$ 的时间频谱分布,或简称频谱。$E(\nu)$ 按下式计算

$$E(\nu) = F[E(t)] = \int_{-\infty}^{\infty} E(t)\exp(i2\pi\nu t)dt$$

式中,F 表示傅里叶变换。$|E(\nu)|^2$ 就表征了频率 ν 成分的功率,$|E(\nu)|^2$ 随 ν 的分布称为光波场的功率谱。因此,时域光波场 $E(t)$ 可以在频率域内用它的频谱 $E(\nu)$ 描述。典型的光波场的时域频率谱如下。

1) 持续时间无限的等幅光振动

在时域内,设光波函数为

$$E(t) = E_0 \exp(-\mathrm{i}2\pi\nu_0 t), \quad -\infty < t < \infty$$

其频率谱为

$$\begin{aligned} E(\nu) &= \int_{-\infty}^{\infty} E_0 \exp(-\mathrm{i}2\pi\nu_0 t) \exp(\mathrm{i}2\pi\nu t)\,\mathrm{d}t \\ &= E_0 \int_{-\infty}^{\infty} \exp(\mathrm{i}2\pi(\nu-\nu_0)t)\,\mathrm{d}t \\ &= E_0 \delta(\nu-\nu_0) \end{aligned}$$

其功率谱为

$$|E(\nu)|^2 = E_0^2 \delta(\nu-\nu_0)$$

如图 1-16 所示,持续时间无限长的单色光振动所对应的频谱只含有单一的频率成分 ν_0,是理想的单色波。换句话说,理想的单色波在时间上应是无界的,其频谱为没有宽度(或无限窄)的单频。

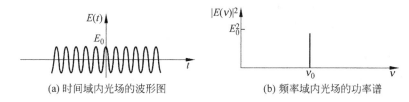

(a) 时间域内光场的波形图   (b) 频率域内光场的功率谱

图 1-16   持续时间无限时光的时域和频域特性

2) 持续时间有限的等幅光振动

在时域内,设光波函数为

$$E(t) = \begin{cases} E_0 \exp(-\mathrm{i}2\pi\nu_0 t), & -\tau/2 < t < \tau/2 \\ 0, & \text{其他} \end{cases}$$

对应的频谱函数为

$$\begin{aligned} E(\nu) &= \int_{-\tau/2}^{\tau/2} E_0 \exp(-\mathrm{i}2\pi\nu_0 t) \exp(\mathrm{i}2\pi\nu t)\,\mathrm{d}t = E_0 \tau \frac{\sin[\pi\tau(\nu-\nu_0)]}{\pi\tau(\nu-\nu_0)} \\ &= E_0 \tau \,\mathrm{sinc}[\pi\tau(\nu-\nu_0)] \end{aligned}$$

相应的功率谱为

$$|E(\nu)|^2 = E_0^2 \tau^2 \mathrm{sinc}^2[\pi\tau(\nu-\nu_0)]$$

持续时间有限的光振动是由若干单色光波组合而成的复色波,如图 1-17 所示。这种光场频谱的主要部分集中在从 ν_1 到 ν_2 的频率范围之内,主峰中心位于 ν_0 处,ν_0 是振荡的表观频率,或称为中心频率。

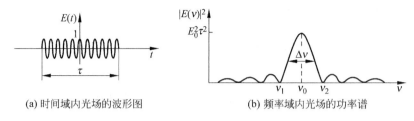

(a) 时间域内光场的波形图   (b) 频率域内光场的功率谱

图 1-17   持续时间有限时的光场及其频谱

为表征频谱的分布特性,定义最靠近 ν_0 的两个强度为零的点所对应的频率 ν_2 和 ν_1 之差的一半为这个有限正弦波的频谱宽度 $\Delta\nu$。由上式可知,当 $\tau(\nu-\nu_0)=\pm 1$ 时,有

$$\left| E(\nu_0 \pm 1/\tau) \right|^2 = 0$$

故有

$$\Delta\nu = \frac{1}{\tau} \tag{1-80}$$

因此,振荡持续的时间越长,频谱宽度越窄。谱线宽度与光波的波列长度都可以作为光波单色性好坏的量度,两种描述是完全等价的。

2. 准单色光

如果等幅振荡持续时间 τ 很长,满足

$$\frac{1}{\tau} \ll \nu_0$$

则其频谱宽度 $\Delta\nu$ 很窄,有

$$\frac{\Delta\nu}{\nu_0} \ll 1$$

可以认为这样的光波接近单色光,称为中心频率为 ν_0 的准单色光。准单色光的场振动可表示为:

$$E(t) = E_0(t)\exp(-\mathrm{i}2\pi\nu_0 t)$$

其中,$E_0(t)$ 作为时间的函数,相对于 $\exp(-\mathrm{i}2\pi\nu_0 t)$ 的变化来说,其变化是缓慢的。这样,在上式中,$E_0(t)$ 是一个振幅的包络,它调制了一个频率为 ν_0 的振动。只有在准单色光的条件下,才能用振幅包络的概念来描述光振动。

3. 相速度与群速度

由式(1-19)可得由单色平面波的表达式为

$$E = E_0\cos(\omega t - kz + \varphi_0)$$

其等相位面方程为

$$\omega t - kz + \varphi_0 = 常数$$

可得

$$\omega \mathrm{d}t - k \mathrm{d}z = 0$$

则有

$$v_{\mathrm{p}} = \frac{\mathrm{d}z}{\mathrm{d}t} = \frac{\omega}{k} = \nu\lambda \qquad (1\text{-}81)$$

其中，v_{p} 代表单色平面波等相位面的传播速率，简称相速度。

准单色光是由中心频率 ν_0 附近很窄的频段内的单色光波群组合而成。由两个频率相近且振幅相等的单色波叠加可构成准单色光，即

$$E = E_0 \cos(\omega_1 t - k_1 z) + E_0 \cos(\omega_2 t - k_2 z)$$

其中

$$\omega_1 = \omega + \delta\omega, \quad k_1 = k + \delta k$$
$$\omega_2 = \omega - \delta\omega, \quad k_2 = k - \delta k$$
$$\delta\omega \ll \omega, \quad \delta k \ll k$$

利用三角函数关系，可将上式改写为

$$E = E_{\mathrm{g}} \cos(\omega t - kz)$$

其中

$$E_{\mathrm{g}} = 2E_0 \cos(t\delta\omega - z\delta k)$$

即二色波是一个振幅缓慢变化的"简谐波"，如图 1-18 所示。

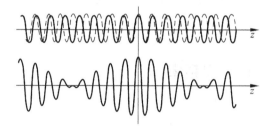

图 1-18　二色波

二色波的光强为

$$I = E_{\mathrm{g}}^2 = 4E_0^2 \cos^2(t\delta\omega - z\delta k)$$
$$= 2E_0^2[1 + \cos 2(t\delta\omega - z\delta k)]$$

根据上式，合成波的强度随时间和位置而变化，这种现象称为拍。其频率称拍频：

$$2\delta\omega = \omega_1 - \omega_2 \qquad (1\text{-}82)$$

其中，$\delta\omega$ 为拍频的一半，ω_1、ω_2 分别为参与合成的二束光的频率。由于拍频变化缓慢，所以容易测定。在测得拍频的情况下，可以利用已知的一个光频率 ω_1，测量另一个未知的光频率 ω_2。

由二色波等振幅面方程：

$$t\delta\omega - z\delta k = 常量$$

得群速度为

$$v_g = \frac{dz}{dt} = \frac{\delta\omega}{\delta k} = \frac{d\omega}{dk} \qquad (1\text{-}83)$$

由式(1-81)和式(1-83)可以得群速度与相速度的关系为

$$v_g = \frac{d\omega}{dk} = \frac{d(v_p k)}{dk} = v_p + k\frac{dv_p}{dk}$$

根据 $k = \frac{2\pi}{\lambda}$,可将上式改写为

$$v_g = v_p - \lambda\frac{dv_p}{d\lambda}$$

由 $v_p = \frac{c}{n}$,上式可进一步表示为

$$v_g = v_p\left(1 + \frac{\lambda}{n}\cdot\frac{dn}{d\lambda}\right)$$

此式表明:在折射率 n 随波长变化的色散介质中,准单色波的相速度不等于群速度;对于正常色散介质($dn/d\lambda < 0$),$v_p > v_g$;对于反常色散介质($dn/d\lambda > 0$),$v_p < v_g$;对于无色散介质($dn/d\lambda = 0$),$v_p = v_g$,实际上,只有真空才属于这种情况。

由于光波的能量正比于电场振幅的平方,而群速度是波群等振幅点的传播速度,所以,群速度是光波能量的传播速度。

严格来说,只有在真空(或色散小的介质)中群速度才可与能量传播速度视为一致。在强色散情况下,如反常色散区内,不同波长的单色光在传播中弥散严重,能量传播速度与群速度显著不同,群速度已不再有实际的意义。

1.4.2　光波场的空间频率谱

对于沿任意方向传播的时谐平面波可以表示为

$$\boldsymbol{E} = \boldsymbol{E}_0\exp[-\mathrm{i}(\omega t - \boldsymbol{k}\cdot\boldsymbol{r} + \varphi_0)]$$

其波矢量 $\boldsymbol{k}$ 用分量表示为

$$\boldsymbol{k} = \boldsymbol{i}k_x + \boldsymbol{j}k_y + \boldsymbol{k}k_z$$
$$= \boldsymbol{i}k\cos\alpha + \boldsymbol{j}k\cos\beta + \boldsymbol{k}k\cos\gamma$$

其中,$\{\cos\alpha, \cos\beta, \cos\gamma\}$ 为波矢量的方向余弦,如图 1-19 所示。

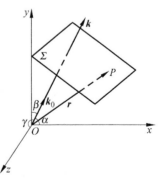

定义在 $\boldsymbol{k}$ 方向的空间频率为

$$f = \frac{1}{\lambda} \qquad (1\text{-}84)$$

则在三个坐标方向的空间频率分别为

$$f_x = \frac{\cos\alpha}{\lambda}, \quad f_y = \frac{\cos\beta}{\lambda}, \quad f_z = \frac{\cos\gamma}{\lambda} \qquad (1\text{-}85)$$

并且有

$$f^2 = f_x^2 + f_y^2 + f_z^2$$

图 1-19　沿任意方向传播
的时谐平面波

因此时谐平面波相应的复振幅可以表示为

$$\widetilde{\boldsymbol{E}} = \boldsymbol{E}_0 \exp[\mathrm{i}(k_x x + k_y y + k_z z - \varphi_0)]$$
$$= \boldsymbol{E}_0 \exp\{\mathrm{i}[2\pi(f_x x + f_y y + f_z z) - \varphi_0]\}$$

这样,一列平面光波的空间传播特性也可以用特征参量空间频率矢量(f_x, f_y, f_z)来描述。不同的空间频率对应不同传播方向的时谐均匀平面光波。

用傅里叶变换方法将空间受限或空间调制的波面进行分解,可以得到许多不同方向或不同空间频率的平面波成分,这个分解称为空间频谱分解(傅里叶光学)。

单色二维光波场$E(x, y)$可分解成多个$\exp[\mathrm{i}2\pi(f_x x + f_y y)]$基元函数的线性组合,即

$$\widetilde{E}(x, y) = \mathrm{F}^{-1}[\widetilde{E}(f_x, f_y)]$$
$$= \iint_{-\infty}^{\infty} \widetilde{E}(f_x, f_y) \exp[\mathrm{i}2\pi(f_x x + f_y y)] \mathrm{d}f_x \mathrm{d}f_y \qquad (1\text{-}86)$$

式中的基元函数$\exp[\mathrm{i}2\pi(f_x x + f_y y)]$可视为由空间频率$(f_x, f_y)$决定的、沿一定方向传播的均匀平面光波,其传播方向的方向余弦为$\cos\alpha = f_x\lambda$,$\cos\beta = f_y\lambda$;相应地,$\widetilde{E}(f_x, f_y)$决定该空间频率成分的基元函数所占比例的大小,称为空间频率谱。因此,可把一个平面上的单色光波场复振幅视为不同方向传播的单色平面光波的叠加,每一个平面光波分量与一组空间频率(f_x, f_y)相对应。这样一来,就可以把对光波各种现象的分析,转变为考察该光波场的平面光波成分组成的变化,也就是通过考察其空间频率谱在各种过程中的变化来研究光波在传播、衍射及成像等过程中的规律。

空间频谱函数与原光场函数的关系为

$$\widetilde{E}(f_x, f_y) = \mathrm{F}[\widetilde{E}(x, y)]$$
$$= \iint_{-\infty}^{\infty} \widetilde{E}(x, y) \exp[-\mathrm{i}2\pi(f_x x + f_y y)] \mathrm{d}x \mathrm{d}y \qquad (1\text{-}87)$$

典型光场的原函数和对应的空间频谱函数如表 1-2 所示,其中$\mathrm{J}_1(x)$为一阶贝塞尔函数。矩形孔和圆形孔的空间频率谱分别表现为矩形孔和圆形孔的夫琅禾费衍射图样。常见函数的图形如图 1-20 所示。

表 1-2　典型光场的原函数和对应的空间频谱函数

光　　场	原　函　数	频谱函数
单色平面波	1	$\delta(f_x, f_y)$
单色平面波通过矩形孔屏	$\mathrm{rect}(x)\mathrm{rect}(y)$	$\mathrm{sinc}(f_x)\mathrm{sinc}(f_y)$
单色平面波通过网状屏	$\mathrm{comb}(x)\mathrm{comb}(y)$	$\mathrm{comb}(f_x)\mathrm{comb}(f_y)$
单色平面波通过圆形孔屏	$\mathrm{circ}\left(\sqrt{x^2 + y^2}\right)$	$\dfrac{\mathrm{J}_1\left(2\pi\sqrt{f_x^2 + f_y^2}\right)}{\sqrt{f_x^2 + f_y^2}}$

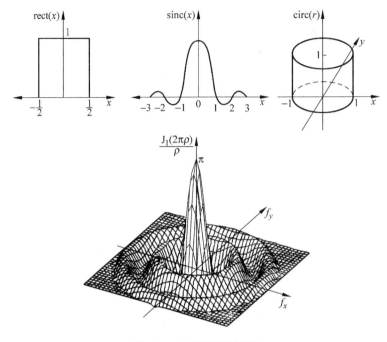

图 1-20　常见函数的图形

　　原函数为常数 1 的单色平面波最显著的特点是它的时间周期性和空间周期性。这表示单色光波是一种时间无限延续、空间无限延伸的波动,它的时间频谱和空间频谱都是 δ 函数,任何时间周期性和空间周期性的破坏都意味着单色光波的单色性的破坏,它是一种理想模型,也是分析实际光波的基础。其他任意复杂的光波比如非线偏振、非单色或非平面波情形,均可以将它们视为线偏振单色平面波的某种集合。

1.4.3　光波场的时间-空间频率谱

　　综合时间分解和空间分解,复杂波可表示为

$$\widetilde{E}(x,y,z,t) = \iiint\int_{-\infty}^{+\infty} \widetilde{\widetilde{E}}(f_x,f_y,f_z,\nu)\exp[\mathrm{i}2\pi(f_xx + f_yy + f_zz - \nu t)]\mathrm{d}f_x\mathrm{d}f_y\mathrm{d}f_z\mathrm{d}\nu$$

　　函数 $\widetilde{E}(x,y,z,t)$ 是在空间-时间域内描述波动,而函数 $\widetilde{\widetilde{E}}(f_x,f_y,f_z,\nu)$ 是在空间频率-时间频率域内描述波动。知道其中一个,就可以通过傅里叶变换或逆变换求出另一个。

　　对于传统物理光学中所讨论的各种光波现象,都可以在空间频率域内进行讨论。在空间频率域内的分析方法,正是傅里叶光学的基本分析方法。在空间频率域内研究各空间频率分量在这些现象中的变化,与在空间域内直接研究光场复振幅或光强度空间变化的分析完全等效。在实际应用中,究竟是在空间域中还是在空间频率域中进行分析,完全视方便而定。

例题

例题 1-1 一束线偏振光在玻璃中传播,其电场为:$E_x = 10^2 \cos\left[\pi 10^{15}\left(t + \dfrac{z}{0.65c}\right)\right]$,其中 c 为光速。试求该光的频率、波长和玻璃的折射率。

解: 由光的表达式可知,光的角频率为

$$\omega = \pi \times 10^{15}\,\text{rad/s}$$

因此,光波频率为

$$f = \frac{\omega}{2\pi} = 5 \times 10^{14}\,\text{Hz}$$

其在真空中的波长为

$$\lambda = \frac{c}{f} = 0.65 \times 10^{-6}\,\text{m}$$

玻璃的折射率为

$$n = \frac{c}{v} = \frac{c}{0.65c} = 1.538$$

例题 1-2 一束自然光以 $70°$ 角入射到空气-玻璃($n=1.5$)的分界面上,求其反射率。

解: 根据折射定律,有

$$\sin\theta_2 = \frac{\sin\theta_1}{n_2} = 0.6265$$

所以

$$\theta_2 = 38.8°$$

因此有

$$r_s = \frac{E_{0rs}}{E_{0is}} = -\frac{\sin(\theta_1 - \theta_2)}{\sin(\theta_1 + \theta_2)} = -0.55, \quad R_s = r_s^2 = 0.3025$$

$$r_p = \frac{E_{0rp}}{E_{0ip}} = \frac{\tan(\theta_1 - \theta_2)}{\tan(\theta_1 + \theta_2)} = -0.21, \quad R_p = r_p^2 = 0.0441$$

反射率为

$$R_n = \frac{1}{2}(R_s + R_p) = 0.17$$

例题 1-3 一束振动方位角为 $45°$ 的线偏振光入射到两种介质的分界面上,第一介质和第二介质的折射率分别为 $n_1 = 1, n_2 = 1.5$。试求当入射角为 $50°$ 时,反射光的振动方位角。

解: 因为 $\theta_1 = 50°$,由折射定律得

$$\sin\theta_2 = \frac{\sin\theta_1}{n_2} = 0.51$$

可以求得

$$\theta_2 = 30.7°$$

所以有

$$r_s = -\frac{\sin(\theta_1 - \theta_2)}{\sin(\theta_1 + \theta_2)} = -\frac{\sin19.3°}{\sin80.7°} = -0.335$$

$$r_p = \frac{\tan(\theta_1 - \theta_2)}{\tan(\theta_1 + \theta_2)} = \frac{\tan19.3°}{\tan80.7°} = 0.057$$

$$\tan\alpha_r = \frac{r_s}{r_p}\tan\alpha_i = \frac{-0.335}{0.057}\tan45° = -5.877$$

因此,反射光的振动方位角为

$$\alpha_r = -80.34°$$

例题 1-4   低头洗脸时,很难看到自己脸部对水面的反射像;站在广阔平静湖面的岸边,却可以看到湖面对岸建筑物、树木等明亮的反射倒像。同样是水平面反射,为什么有时看不见,有时却看起来很明亮?

解:低头洗脸时,总是垂直向下注视水面。脸部发出的光,只有接近于垂直水面入射时的反射光进入人眼,由菲涅耳公式可知,这时的能流反射率为

$$R = r^2 = \left(\frac{n_2 - n_1}{n_2 + n_1}\right)^2 = \left(\frac{1.33 - 1.00}{1.33 + 1.00}\right)^2 = 2\%$$

只有很少一部分光能反射出来,所以看不见自己脸部的像。

在看湖面对岸景物对于湖面反射像时,虽然同样是水面反射,但入射光是近于掠入射才能反射到观察者的眼帘。菲涅耳公式指出掠入射时的能流反射率近于 100%,所以景物的倒像看起来很明亮。

例题 1-5   如例题 1-5 图所示,玻璃周围介质的折射率为 1.4。如果光束到玻璃的入射角为 $60°$,问玻璃的折射率至少为多少才能使得透入光束发生全反射?

解:设玻璃的折射率为 n_2,则发生全发射的临界角为

$$\theta_c = \arcsin\frac{1.4}{n_2}$$

所以

$$\cos\theta_c = \sqrt{1 - \left(\frac{1.4}{n_2}\right)^2}$$

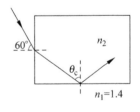

例题 1-5 图

由图中几何关系,折射角

$$\theta_2 = 90° - \theta_c$$

由折射定律得

$$n_1\sin\theta_1 = n_2\sin\theta_2$$

即有

$$1.4 \times \sin60° = n_2\sin(90° - \theta_c) = n_2\sqrt{1 - \left(\frac{1.4}{n_2}\right)^2}$$

所以

$$n_2 = 1.85$$

习题

1-1 计算具有下面表达式的平面波电矢量的振动方向、传播方向、相位速度、振幅、频率和波长：$E = (-2i + 2\sqrt{3}j)e^{-i(\sqrt{3}x + y + 6 \times 10^8 t)}$。

1-2 一列平面波从 A 点传到 B 点，今在 A、B 点之间插入一透明薄片，其厚度为 $0.2mm$，折射率为 1.5。假定光波的波长为 $550nm$，试计算插入薄片前后 B 点光程和相位的变化。

1-3 一个功率为 $100W$ 的单色点光源，发出波长为 $500nm$ 的光波，求其波动的表达式。

1-4 一束光以入射角 $\theta_1 = 30°$ 入射到空气和火石玻璃（$n_2 = 1.7$）的界面，试求电矢量垂直于入射面和平行于入射面时的反射系数。

1-5 一束自然光从空气垂直入射到玻璃（$n = 1.52$）的表面，试问玻璃表面的反射率 R_0 为多少？R_0 与波长是否有关？为什么？如果光以 $45°$ 入射，求其反射率，并说明此时反射率与哪些因素有关。

1-6 如习题 1-6 图所示，当光从空气斜入射到平行平面玻璃片上时，从上、下表面反射的光 R_1 和 R_2 之间的相位关系如何？它们之间是否有半波损失？对于入射角大于和小于布儒斯特角的情况分别进行讨论。

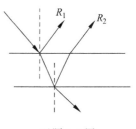

习题 1-6 图

1-7 光波在折射率分别为 n_1 和 n_2 的两介质界面上反射和折射。垂直分量和平行分量的反射系数分别为 r_s 和 r_p，透射系数分别为 t_s 和 t_p；如果光反过来在从 n_2 介质到 n_1 介质的介质界面上产生反射和折射，垂直分量和平行分量的反射系数分别为 r_s' 和 r_p'，透射系数分别为 t_s' 和 t_p'。利用菲涅耳公式证明：（1）$r_s = -r_s'$；（2）$r_p = -r_p'$；（3）$t_s t_s' = T_s$；（4）$t_p t_p' = T_p$。

1-8 如习题 1-8 图所示，望远镜的物镜为一个双胶合透镜，其单透镜的折射率分别为 1.52 和 1.68，采用折射率为 1.60 的树脂胶合。问：胶合前后反射光能的损失分别为多少？

1-9 如习题 1-9 图所示，光束垂直入射到 $45°$ 直角棱镜的一个侧面，经过斜面反射后从第二个侧面透出。设棱镜的折射率为 1.52，不考虑棱镜的吸收。若入射光强为 I_0，问从棱镜透射出的光强为多少？

1-10 线偏振光在玻璃-空气界面上发生全反射。已知光的振动方向与入射面成一非零或 $90°$ 的角度，设玻璃的折射率为 1.5。问线偏振光以多大的角度入射时才能使反射光中的 s 分量和 p 分量相位差为 $40°$？

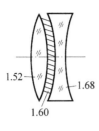
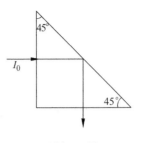

习题 1-8 图　　　　　　　　　　　习题 1-9 图

1-11　电矢量振动方向与入射面成 45°的线偏振光,入射到两种透明介质的分界面上。如果入射角为 50°,并且 $n_1=1.0$ 和 $n_2=1.5$,则反射光的光矢量与入射面间的角度为多大?如果入射角为 60°,该角度又为多大?

1-12　如习题 1-12 图所示,一根直圆柱形光纤,光纤芯的折射率为 n_1,光纤包层的折射率为 n_2,并且 $n_1>n_2$。(1)证明入射光的最大孔径角满足:$\sin\alpha=\sqrt{n_1^2-n_2^2}$;(2)如果 $n_1=1.62$,$n_2=1.52$,最大孔径角为多少?

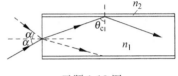

习题 1-12 图

1-13　已知冕牌玻璃对 0.3988μm 波长的光折射率为 1.52546,$\mathrm{d}n/\mathrm{d}\lambda=-0.126\mu\mathrm{m}^{-1}$,求光在该玻璃中的相速度和群速度。

1-14　试计算下面两种色散规律的群速度,其中 v 是相速度。

(1) 电离层中的电磁波,$v=\sqrt{c^2+b^2\lambda^2}$。其中 c 是真空中的光速,λ 是波长,b 是常数。

(2) 充满色散介质($\varepsilon=\varepsilon(\omega)$,$\mu=\mu(\omega)$)的直波导管中的电磁波,$v=c\omega/\sqrt{\omega^2c\mu-c^2a^2}$。其中 c 是真空中的光速,a 是与波导管截面有关的常数。

1-15　证明群速度可以表示为

$$v_{\mathrm{g}}=\frac{c}{n+\omega\dfrac{\mathrm{d}n}{\mathrm{d}\omega}}$$

1-16　利用波的复数形式求下列两个波的合成波:

$$E_1=a\cos(kx+\omega t),\quad E_2=-a\cos(kx-\omega t)$$

第2章

光 的 干 涉

干涉现象是波动的基本特征之一。本章主要从光的干涉现象来说明光的波动性质,由波的叠加原理出发阐述光的干涉规律、干涉装置及其典型应用,并讨论光的相干性。具体介绍光波的非相干叠加和相干叠加、相干条件以及相干光的获得方法;阐述干涉装置光强分布的各种规律,包括分波面干涉、分振幅等倾干涉、分振幅等厚干涉的规律、定域问题及其应用等;介绍干涉场可见度的定义,光源的相干性;分析光波场的空间相干性和时间相干性对干涉可见度的影响。

2.1 光干涉的条件

2.1.1 光的干涉现象

由于光波的相干性,在两束(或多束)光相遇的区域内会形成稳定的明暗交替或彩色条纹,这种现象称为光的干涉。如图 2-1 所示为肥皂泡沫干涉和牛顿环干涉实验图像。

(a) 由肥皂泡观察到的干涉现象　　(b) 由牛顿环观察到的干涉现象

图 2-1　光的干涉

叠加原理:在多束光波相遇的区域内,某点的电矢量等于各个光源在该点单独激励的电矢量的矢量之和,即

$$E(r,t) = \sum_{i=1}^{n} E_i(r,t)$$

其中，E_i 为参与叠加的电矢量。

在线性系统中，波动方程是齐次线性微分方程，其解满足叠加原理。光干涉的理论基础是波的叠加原理。在非线性介质中光不满足叠加原理，并伴随非线性效应。

波具有独立传播的性质，即在多束光波相遇的区域内，某一束光波的传播特性及其对场点的贡献与其他光波存在与否无关。光波相遇后每束光波仍然保持原有的特性（频率、波长、振动方向、传播方向等）。波叠加的结果分为两种情况：非相干叠加和相干叠加。非相干叠加是指在光波叠加的区域内，各点的总光强是各光波光强的直接相加；而相干叠加是指在光波叠加的区域内，各点的总光强不是各光波光强的直接相加，而伴随有强弱分布的现象。光的干涉现象是光波相干叠加引起能量再分配的结果。

按照考察的时间不同，干涉可以分为三个层次，即场的即时叠加、暂态干涉及稳定干涉。在线性媒质中第一层次总是存在的，它能否过渡到第二、第三层次则与观测条件（探测器的响应时间和观测时间）有关。不同的观测条件导致相干条件的不同内涵。

所谓稳定干涉是指在观察时间内，光强的空间分布不随时间改变。强度分布是否稳定是区别相干和不相干的主要标志。能够产生干涉现象的光波必须满足一定的条件（相干条件）。下面以两列单色线偏振光的叠加为例来讨论。

2.1.2　光的干涉条件

如图 2-2 所示，两列单色光波 E_1 和 E_2 在 P 点相遇，设其复数表示形式为

$$E_1 = E_{01} \exp[-\mathrm{i}(\omega_1 t - k_1 \cdot r + \varphi_{01})]$$
$$E_2 = E_{02} \exp[-\mathrm{i}(\omega_2 t - k_2 \cdot r + \varphi_{02})]$$

根据叠加原理，则 P 点的光振动可以表示为

$$E = E_1 + E_2$$

因此，P 点的光强为

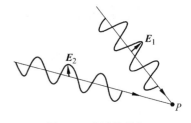

图 2-2　光波的叠加

$$
\begin{aligned}
I = |E|^2 = E \cdot E^* &= (E_1 + E_2)(E_1^* + E_2^*) \\
&= E_{01}^2 + E_{02}^2 + 2E_{01} \cdot E_{02} \cos\varphi \\
&= E_{01}^2 + E_{02}^2 + 2E_{01}E_{02}\cos\theta\cos\varphi = I_1 + I_2 + I_{12}
\end{aligned}
\tag{2-1}
$$

其中，* 表示取共轭；$I_1 = E_{01}^2$，$I_2 = E_{02}^2$ 分别是两束光的光强；θ 为两束光振动方向的夹角；φ 为两束光之间的相位差，即

$$\varphi = (k_2 - k_1) \cdot r + \varphi_{01} - \varphi_{02} + (\omega_1 - \omega_2)t \tag{2-2}$$

I_{12} 为干涉项，表示为

$$I_{12} = 2E_{01} \cdot E_{02}\cos\varphi = 2\sqrt{I_1 I_2}\cos\theta\cos\varphi \tag{2-3}$$

对于叠加区域内任意点 P，当 $I_{12} \equiv 0$ 时，$I = I_1 + I_2$，则不发生干涉现象，两波为非相干

叠加；当 $I_{12} \neq 0$ 时，$I \neq I_1 + I_2$，则发生干涉现象。可见，I_{12} 决定了干涉是否发生以及干涉效应是否明显，因此称为干涉项。当两束光间的相位差在叠加区域内逐点变化时，将形成不均匀的光强分布，即干涉条纹；叠加区域内相位差相同的点组成等光强面（或等光强线），即干涉花样。

由以上分析可知，干涉项不为零是产生干涉的必要条件。为了在一定时间内能够观察或记录到相对稳定的条纹分布，还要求两束光的相位差 φ 不随时间变化。由式(2-2)可得 φ 不随时间变化的条件为：$\omega_1 - \omega_2 = 0$ 和 $\varphi_{01} - \varphi_{02} =$ 常量，即两束光的频率相等且两束光的初相位差恒定。为了使 $I_{12} \neq 0$，则要求 $\boldsymbol{E}_{01} \cdot \boldsymbol{E}_{02}$ 不能为零，或者 $\theta \neq \pi/2$，即两光波振幅必须存在平行分量。两振动方向互相垂直的线偏振光的叠加是不相干的，只有当两个振动有平行分量时才可能相干。当两列波振动方向完全相同时，干涉项最大，其干涉效应最明显（这是与观察或探测仪器的响应时间有关的相干条件）。

综上所述，两列光波叠加产生干涉的必要条件，也称（完全）相干条件为：

(1) 两列光波的振动方向相同；

(2) 两列光波的频率相同（$\omega_1 - \omega_2 = 0$）；

(3) 两列光波的相位差恒定（$\varphi_{01} - \varphi_{02} =$ 常量）。

在满足干涉条件时，由式(2-1)可知，当 $\varphi = \pm 2m\pi, m = 0, 1, 2, \cdots$ 时，有

$$I_{\mathrm{M}} = I_1 + I_2 + 2\sqrt{I_1 I_2}\cos\theta \qquad (2\text{-}4)$$

此时，合成光强取极大值，出现明纹，呈干涉相长。

当 $\varphi = \pm(2m+1)\pi, m = 0, 1, 2, \cdots$ 时，有

$$I_{\mathrm{m}} = I_1 + I_2 - 2\sqrt{I_1 I_2}\cos\theta \qquad (2\text{-}5)$$

此时，合成光强取极小值，出现暗纹，呈干涉相消。

当相位差为其他值时，光强介于极大值和极小值之间。两束自然光的叠加可分解为两对应线偏振光的叠加，可以得到形式上完全相同的结果。

干涉场中随空间位置分布的干涉图样通常呈明暗交替变化的条纹。为了反映干涉场中条纹的清晰度，引入条纹的可见度（或对比度）V 来衡量，定义为

$$V = \frac{I_{\mathrm{M}} - I_{\mathrm{m}}}{I_{\mathrm{M}} + I_{\mathrm{m}}} \qquad (2\text{-}6)$$

其中，I_{M} 和 I_{m} 为 P 点附件光强度的极大值和极小值。

当 $I_{\mathrm{m}} = 0$ 时，$V = 1$，条纹最清晰；

当 $I_{\mathrm{M}} = I_{\mathrm{m}}$ 时，$V = 0$，无干涉条纹；

当 $0 < I_{\mathrm{m}} < I_{\mathrm{M}}$ 时，$0 < V < 1$，条纹清晰度介于上面两种情况之间，如图 2-3 所示。

对于振动方向成夹角 θ 的双光束干涉，将式(2-4)和式(2-5)代入式(2-6)得

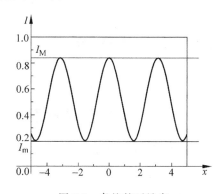

图 2-3　条纹的可见度

$$V = \frac{2\sqrt{I_2/I_1}}{1+I_2/I_1}\cos\theta \qquad (2\text{-}7)$$

当 $\theta=0$，且 $I_2/I_1=1$ 时，$V=1$，此时($I_2=I_1=I_0$)

$$I = 2I_0(1+\cos\varphi) = 4I_0\cos^2(\varphi/2) \qquad (2\text{-}8)$$

当 $\theta=\pi/2$，或 $I_2/I_1=0$ 或 ∞ 时，$V=0$。因此，为了获得最清晰的干涉条纹，要求两叠加光的振动方向相同且强度相等。显然，由式(2-7)可知，如果参与叠加的两束光光强悬殊太大，即使满足干涉的条件，也不容易获得干涉条纹。

2.1.3　从普通光源获得相干光的方法

满足相干条件的光波称为相干光，发出相干光的光源称为相干光源。两个普通(非激光)的独立光源，即使能使得其振动频率相同，振动方向相同，也难有恒定的相位差。同一个光源的不同部分(不同点)发出的光之间也没有恒定的相位差，只有来自光源上同一原子发射的光波初相位才是相同的或同样变化的。扩展光源是由大量互不相干的点光源组成。

相干光波只能来自同一个光源或者确切地说同一个发光原子(一般称发光点)发出的同一波列。

激光器是一种特殊光源，是相干光源。激光光源的发光面(即激光管的输出端面)上各点发出的光都是相干的(在基横模输出的情况下，见第 7 章)，因此，使一个激光光源发光面上的两部分所发的光直接叠加起来，甚至使两个同频率的激光光源发的光叠加，也可以产生明显的干涉现象。现代精密技术中大量利用了激光产生的干涉现象。

利用普通光源获得相干光束的方法可分为两大类：分波阵面法和分振幅法。

分波阵面法是由同一波面分出两部分或多部分子波，然后再使这些子波叠加产生干涉。杨氏双缝干涉是一种典型的分波阵面干涉。

分振幅法是来自同一光源的光波经薄膜上表面和下表面的反射和透射，将光波的振幅分成两部分或多部分，再将这些波束叠加产生干涉。薄膜干涉、迈克耳孙干涉仪和多光束干涉仪都利用了分振幅干涉。

这两类干涉可以构成众多形式不同、用途各异的干涉系统。

2.2　双光束干涉

按叠加的光束数，干涉可分为双光束干涉和多光束干涉。

2.2.1　分波面双光束干涉

1. 杨氏双缝干涉

1801 年，杨氏双缝干涉实验首次证明了光的干涉。杨氏双缝干涉装置示意图如图 2-4 所示。观察点 P 点的光强取决于两束光的相位差。

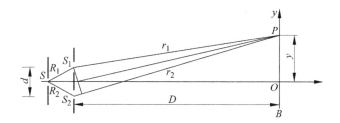

图 2-4　杨氏双缝干涉示意图

　　一强光源照明狭缝 S，来自狭缝 S 的光照明两个平行的狭缝 S_1 和 S_2，双缝间距为 d，观察屏与两缝的距离为 D，S 到 S_1 和 S_2 通常是等距的，即 $R_1=R_2$，且 $d\ll D$。S_1 和 S_2 是从 S 发出的同一波面上分出的很小两部分，作为相干光源，它们发出的次波在观察屏上叠加，形成干涉条纹。

　　狭缝 S 以及 S_1 和 S_2 都很窄，可以视为线光源。在观察屏上的 P 点，SS_1P 和 SS_2P 两束光的光程差为

$$\Delta = n(r_2 - r_1) \approx n\frac{yd}{D} \tag{2-9}$$

在空气中，取 $n=1$，由几何关系可得相位差为

$$\varphi = \frac{2\pi}{\lambda}\Delta = \frac{2\pi}{\lambda} \cdot \frac{yd}{D} \tag{2-10}$$

　　在 O 点附近，$I_1=I_2=I_0$，则由式(2-8)得 P 点的光强为

$$I = 4I_0\cos^2\frac{\varphi}{2} = 4I_0\cos^2\left(\frac{\pi}{\lambda} \cdot \frac{yd}{D}\right) \tag{2-11}$$

红光的杨氏双缝干涉条纹如图 2-5 所示。

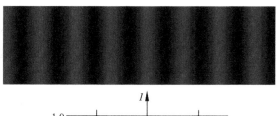

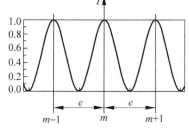

图 2-5　红光杨氏双缝干涉图样

可见,干涉条纹代表着光程差的等值线。条纹形状是与双缝平行的直条纹,呈上、下对称分布。对应 $\varphi=\pm 2m\pi, m=0,1,2,\cdots$ 的亮条纹中心位置为

$$y = \pm m \frac{D\lambda}{d} \qquad (2\text{-}12)$$

式中,m 称为亮条纹级次。$m=0$ 对应零级亮纹或中央亮纹。

同样,对应 $\varphi=\pm(2m+1)\pi, m=0,1,2,\cdots$ 的暗条纹中心位置为

$$y = \pm \left(m+\frac{1}{2}\right)\frac{D\lambda}{d} \qquad (2\text{-}13)$$

式中,m 为暗纹的级次。

其他相位差对应点的光强介于极大值和极小值之间。由于相位差固定,因此可以获得稳定的明暗干涉条纹分布。条纹的位置与波长有关,波长越长,位置离零级中心条纹越远,如图 2-6 所示,图中红光在外,紫光在里。

图 2-6   不同颜色的光形成的干涉条纹

由式(2-12)或式(2-13)可以得到相邻条纹间距(亮条纹或暗条纹)为

$$e = y_{m+1} - y_m = \frac{D\lambda}{d} \qquad (2\text{-}14)$$

条纹间距与干涉级次 m 无关,即条纹是等间距的。

光波的周期性可以通过干涉效应转化为条纹的周期性,这一转化提供了实用中通过测量 D、d 和 e 来计算出光波长 λ 的方法。波长、介质及装置结构变化时干涉条纹将发生移动和变化。

2. 几种其他的分波阵面双光束干涉装置

1)菲涅耳双棱镜

菲涅耳双棱镜干涉装置示意图如图 2-7 所示,由两块顶角 α 很小的相同直角棱镜对接组成。光源 S 发出的光波经过上、下棱镜折射后形成两束相干光。这两束光可以看作是由 S 的两个虚像 S_1 和 S_2 发出的,在屏上的重叠区域形成干涉图样。

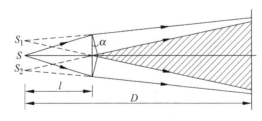

图 2-7   菲涅耳双棱镜示意图

α 很小的情况下，S_1 和 S_2 之间的距离可以表示为 $d = 2(n-1)\alpha$。

2）菲涅耳双面镜

菲涅耳双面镜装置示意图如图 2-8 所示。组成菲涅耳双面镜的反射镜 M_1 和 M_2 之间的夹角 α 很小。光源 S 发出的光波经过 M_1 和 M_2 反射后形成两束光，可以看作是 S 的两个虚像 S_1 和 S_2 发出的，在屏上的重叠区域形成干涉图样。在 α 很小的情况下，S_1 和 S_2 的距离为 $d = 2l\sin\alpha \approx 2l\alpha$，其中 $l = SO$。

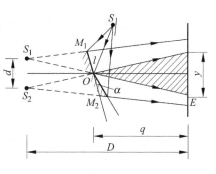

图 2-8 菲涅耳双面镜示意图

3）洛埃镜

洛埃镜干涉装置示意图如图 2-9 所示。点光源 S_1 靠近平面镜所在的平面，S_1 发出的光与其由平面镜反射形成的光束在屏上的重叠区域形成干涉图样。这种干涉可以看成是由 S_1 和它的虚像 S_2 发出的光之间的干涉。在洛埃镜干涉中，反射光存在半波损失，屏幕上明暗纹的位置与杨氏实验相反。

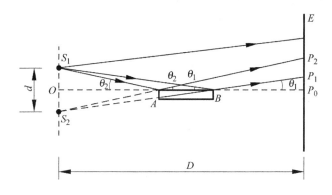

图 2-9 洛埃镜示意图

3. 分波面双光束干涉的共同点

（1）在整个光波叠加区内随处可见干涉条纹，只是不同地方条纹的间距、形状有所不同。这种干涉称为非定域干涉。

（2）在这些干涉装置中，为得到清晰的干涉条纹，都有限制光束的狭缝或小孔，因而干涉条纹的强度很弱，以至于在实际中难以应用。

（3）如果光源是白光，则除了 $m = 0$ 中央亮纹的中部因各单色光重合而显示为白色外，其他各级亮纹将因波长不同，其光强极大位置错开而变成彩色条纹，如图 2-10 所示。

图 2-10 白光入射的杨氏双缝干涉图样照片

2.2.2 分振幅双光束干涉

与分波面法双光束干涉相比,分振幅法干涉的实验装置因其既可以使用扩展光源,又可以获得清晰的干涉条纹而被广泛应用。在干涉计量技术中,分振幅法干涉仪成为众多的重要干涉仪和干涉技术的基础。

分振幅法干涉也正是由于采用了扩展光源,其干涉条纹是定域的。产生分振幅干涉的平板可理解为受两个表面限制而成的一层透明物质,最常见的情形就是玻璃平板和夹于两块玻璃板间的空气薄层。某些干涉仪还利用了所谓"虚平板"。当两个表面是平面且相互平行时,称为平行平板;当两个表面相互成一楔角时,称为楔形平板。对应这两类平板,分振幅干涉分为两类:一类是等倾干涉,另一类是等厚干涉。

1. 等倾干涉

平板干涉装置示意图如图 2-11 所示。扩展光源 S 经过一块厚度为 h 折射率为 n 的玻璃平行板,通过上、下表面反射或者透射产生两束相干光束,在无穷远处会聚,或者通过透镜会聚在焦平面上产生干涉。设玻璃平行板两侧的折射率为 n_0。

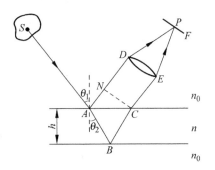

图 2-11 平板干涉装置

光源 S 发出的光以入射角 θ_1 投射到玻璃平板的上表面 A 点,反射光线为 AN,透射光线在下表面 B 点反射,经过上表面 C 点产生透射光线,利用透镜会聚到焦平面上 P 点产生干涉。由图 2-11 可知,该光程差为

$$\Delta = n(AB + BC) - n_0 AN + \frac{\lambda}{2}$$

式中,$\lambda/2$ 是由于两束反射光中反射面的性质不同而引入的附加光程差。

当反射率较低时,可只考虑双光束干涉。无论 $n_0 < n$ 还是 $n_0 > n$,在两反射光束之间,始终存在半波损失,故有 $\lambda/2$ 的额外光程差。当膜两侧的折射率不同,除 $n_1 < n_2 < n_3$ 和 $n_1 > n_2 > n_3$(n_1、n_2、n_3 分别为自上向下介质的折射率)两种情况下无额外光程差外,其他情况都有额外光程差。由几何关系和折射定律可得

$$\Delta = 2nh\cos\theta_2 + \frac{\lambda}{2} \tag{2-15}$$

或

$$\Delta = 2h\sqrt{n^2 - n_0^2\sin^2\theta_1} + \frac{\lambda}{2}$$

则由式(2-1)、式(2-3)、式(2-10)和式(2-15)得焦平面上 P 点的光强分布为

$$I = I_1 + I_2 + 2\sqrt{I_1 I_2}\cos\frac{2\pi\Delta}{\lambda} \tag{2-16}$$

式中，I_1 和 I_2 分别为两反射光的强度。

亮条纹对应的光程差是 $\Delta = m\lambda, m = 0, 1, 2, \cdots$，其相应的位置满足

$$2nh\cos\theta_2 + \frac{\lambda}{2} = m\lambda \qquad (2\text{-}17)$$

暗条纹对应的光程差是 $\Delta = (m+1/2)\lambda, m = 0, 1, 2, \cdots$，其相应的位置满足

$$2nh\cos\theta_2 + \frac{\lambda}{2} = \left(m + \frac{1}{2}\right)\lambda \qquad (2\text{-}18)$$

条纹的形状由等光程差的分布决定。当 n 和 h 均为常数时，则光程差只取决于入射角 θ_1（或折射角 θ_2）。具有相同入射角的光经平板两表面反射所形成的反射光，在其相遇点上有相同的光程差。也就是说，同一级干涉条纹由具有相同倾角的光形成。因此，这样的干涉称为等倾干涉，其干涉条纹称为等倾干涉条纹。

等倾干涉条纹的分布与光束入射角有关，与发光点的位置无关。光源上每一点都产生一组等倾干涉条纹，它们彼此能够准确地重合。因而，光源的扩大不会降低条纹的可见度；相反，还可以提高条纹亮度，以便于测量。

等倾干涉条纹定域于透镜的焦平面，条纹的形状与观察透镜放置的方位有关，如图 2-12 所示。当透镜光轴与平行平板 G 垂直时，等倾干涉条纹是一组以焦点为中心的同心圆环。由式（2-15）可知，圆环中心条纹级次对应的入射角最小（$\theta_1 = \theta_2 = 0$），相应的光程差也最大，因而干涉级次最高。偏离圆环中心越远，其相应的入射角也越大，光程差愈小，干涉条纹级次也愈小。

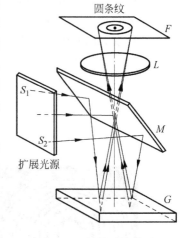

图 2-12　等倾干涉装置

虽然等倾干涉条纹的最大干涉级在中心附近，但是在中心不一定是亮点。设靠近中心的第一个明纹级次为 m_0，由式（2-17）可得

$$2nh + \frac{\lambda}{2} = (m_0 + \varepsilon)\lambda, \quad 0 < \varepsilon < 1 \qquad (2\text{-}19)$$

由中心向外第 N 个亮环的干涉级次为 $m_0 - (N-1)$，满足如下条件

$$2nh\cos\theta_{2N} + \frac{\lambda}{2} = [m_0 - (N-1)]\lambda \qquad (2\text{-}20)$$

式（2-19）和式（2-20）相减得

$$2nh(1 - \cos\theta_{2N}) = (N - 1 + \varepsilon)\lambda \qquad (2\text{-}21)$$

第 N 个亮环对透镜中心的张角 θ_{1N} 满足

$$n_0\sin\theta_{1N} = n\sin\theta_{2N}$$

一般 θ_{1N} 和 θ_{2N} 都很小，利用折射定律可得

$$\theta_{2N} \approx n_0 \theta_{1N}/n$$

因此

$$1 - \cos\theta_{2N} = 1 - \left[1 - 2\sin^2\left(\frac{\theta_{2N}}{2}\right)\right] = 2\sin^2\left(\frac{\theta_{2N}}{2}\right) \approx \frac{\theta_{2N}^2}{2}$$

将以上两式代入式(2-21),得到由中心向外计算,第 N 个亮环对透镜中心的张角 θ_{1N} 为

$$\theta_{1N} \approx \frac{1}{n_0}\sqrt{\frac{n\lambda\,(N-1+\varepsilon)}{h}}$$

相应的第 N 个条纹的半径为

$$r_N = \frac{f}{n_0}\sqrt{\frac{n\lambda\,(N-1+\varepsilon)}{h}}$$

其中, f 为透镜的焦距。相邻条纹的间距为

$$e_N = r_{N+1} - r_N \approx \frac{f}{2n_0}\sqrt{\frac{n\lambda}{h\,(N-1+\varepsilon)}}$$

上式表明:平板越厚条纹越密,离中心越远(N 愈大)条纹也越密。因此,等倾干涉条纹是一组中心疏而边缘密的同心圆环,如图 2-13 所示。

下面分析透射光的等倾干涉条纹。

当两反射光间有附加的半波损失时,两透射光间就没有附加的半波损失,反之亦然。如图 2-14 所示,由于两条透射光之间没有附加的半波损失,其光程差为

$$\Delta = 2nh\cos\theta_2$$

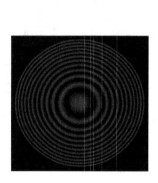

图 2-13　等倾干涉条纹

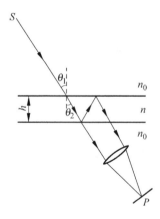

图 2-14　透射光等倾干涉条纹的形成

对应于光源 S 发出的有同一入射角的光束,经平板产生的两支透射光和两支反射光的光程差恰好相差 $\lambda/2$,相位差相差 π。因此,透射光与反射光的等倾干涉条纹是互补的,即对应反射光干涉条纹的亮条纹,在透射光干涉条纹中恰恰是暗条纹;反之亦然。

当表面的反射率低时,两透射光的强度相差很大,条纹的可见度很低,而反射光的等倾

干涉条纹可见度要大得多。对于空气-玻璃($n=1.52$)界面,接近正入射时反射率 R 约为 4%,所产生的反射光等倾条纹的强度分布如图 2-15(a)、(b)所示,透射光等倾条纹的强度分布如图 2-15(c)、(d)所示。所以,在平行平板表面反射率较低的情况下,通常应用的是反射光的等倾干涉。

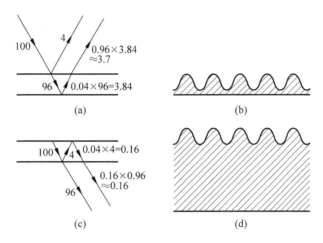

图 2-15　反射与透射光的等倾干涉

2. 等厚干涉

1) 楔形平板产生的等厚干涉

当平行光投射到厚度很薄、夹角很小的楔形平板表面时,由上下两表面反射的光在上表面相遇产生干涉。条纹定域于薄膜表面,如图 2-16 所示。

设入射角为 θ_1,折射角为 θ_2,由上下两表面反射的光在上表面 C 点的光程差可近似地表示为

$$\Delta = 2nh\cos\theta_2 + \frac{\lambda}{2}$$

或

$$\Delta = 2h\sqrt{n^2 - n_0^2\sin^2\theta_1} + \frac{\lambda}{2}$$

式中,厚度 h 不是常数,而折射率 n 和入射角 θ_1 或折射角 θ_2 为常数。

当楔形板的折射率均匀时,楔形板表面各点对应的光程差就随厚度变化。因此,同一级干涉条纹,即等光强度线,是对应于楔形板上厚度相同的点的轨迹(等厚线),这种条纹称为等厚条纹。由于楔形板上厚度相同的点光程差相等,对应于同一级干涉条纹,因此,等厚干涉条纹表现为平行于楔棱的等距直线,如图 2-17 所示。

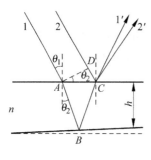

图 2-16　等厚干涉

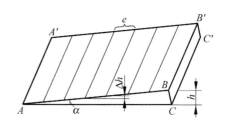

图 2-17　等厚干涉条纹

当正入射,即 $\theta_1 = \theta_2 = 0$ 时,光程差表达式为

$$\Delta = 2nh + \frac{\lambda}{2}$$

对应于明纹满足的条件为

$$2nh_m + \frac{\lambda}{2} = m\lambda$$

相邻条纹厚度差为

$$\Delta h = h_{m+1} - h_m = \frac{\lambda}{2n}$$

当楔形平板的楔角 α 很小时,条纹间距可表示为

$$e = \frac{\Delta h}{\alpha} = \frac{\lambda}{2n\alpha} \tag{2-22}$$

由上式可知,波长、折射率、楔角的变化都会引起条纹间距的改变。

2) 牛顿环

如图 2-18 所示,在半径 R 很大的平凸透镜与一标准平板玻璃组成的牛顿环装置中,球面和平面之间将形成一层薄空气间隙。由于间隙厚度 h 是随离开透镜顶点 C 的距离而变的,因此干涉条纹是以 C 为中心的圆。

当光垂直入射时,透镜曲面和标准平板平面的反射光将形成等厚干涉条纹。由于等厚线是圆,因此干涉花样是一组以 C 点为圆心的同心圆,称做牛顿环,如图 2-19 所示。牛顿环的形状与等倾圆条纹相同,但牛顿环内圈的干涉级次小,外圈的干涉级次大,恰与等倾圆条纹相反。愈向边缘,厚度 h 越大,光程差也越大。由于 $r_m \ll R$,由图 2-18 中的几何关系,得到第 m 级干涉环对应的厚度为

$$h_m = R - \sqrt{R^2 - r_m^2} = R - R\sqrt{1^2 - r_m^2/R^2}$$

$$\approx R - R\left(1 - \frac{r_m^2}{2R^2}\right) = \frac{r_m^2}{2R}$$

反射光 m 级暗纹形成的条件是

$$2nh_m + \frac{\lambda}{2} = (2m+1)\frac{\lambda}{2}, \quad m = 0,1,2,\cdots$$

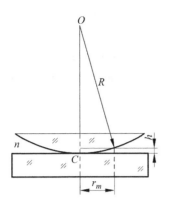

图 2-18　牛顿环形成装置

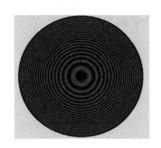

图 2-19　牛顿环照片

由以上两式,可以得到 m 级暗纹的半径为

$$r_m = \sqrt{\frac{mR\lambda}{n}} \tag{2-23}$$

式中,n 为透镜和标准平板之间的介质折射率。在上面的讨论中,介质是空气,故 $n=1$。根据式(2-23),可利用牛顿环来测量透镜的曲率半径 R。

同样可得无半波损失时透射光的 m 级亮纹半径为

$$r_m = \sqrt{\frac{mR\lambda}{n}} \tag{2-24}$$

牛顿环除了用于测量透镜的曲率半径外,还可以用来检验光学零件的表面质量。

2.3　多光束干涉

2.3.1　平行平板的多光束干涉

2.2 节所讨论的平行平板双光束干涉现象,实际上只是在表面反射率较小情况下对反射光的一种近似处理。当表面反射率相当高时,虽然经过多次反射、透射后各束光的光强是递减的,但相邻两束光之间光强差并不是太大,因此,必须考虑多光束产生的干涉效应。

例如,在图 2-15 中,对于玻璃($n=1.52$)来说,在接近正入射时界面的反射率 R 约为 4%。设入射光强为 100%,则第一、第二、第三条反射光线的光强分别为 4%、3.7%、0.006%。可见,第一、第二条反射光线的光强近似相等,而第三条反射光线的光强非常悬殊,所以,用前两束光线来近似处理就可以了。当反射率很高,例如 $R=90\%$ 时,虽然反射光干涉条纹的可见度很低,但是透射光干涉条纹的可见度高,并且必须考虑多光束干涉。仍设入射光强为 100%,则第一、第二、第三、第四条、……透射光线的光强分别为:1%、0.81%、0.66%、0.53%、……。可见,各条透射光线之间的光强相差不太大,必须考虑多光束干涉效应。

利用光束在平板内的多次反射、折射,可实现多光束干涉,如图 2-20 所示。多光束是一组彼此平行的光,相邻两光束的光程差相同,光强依次减弱。

在干涉场上任意一点 P 对应的光强是相互平行的多光束相干叠加的结果。如图 2-21 所示,设多光束的出射角为 θ_0,在平板内的入射角为 θ,则相邻两束光的光程差为

$$\Delta = 2nh\cos\theta \tag{2-25}$$

对应的相位差为

$$\varphi = \frac{2\pi\Delta}{\lambda} = \frac{4\pi}{\lambda}nh\cos\theta$$

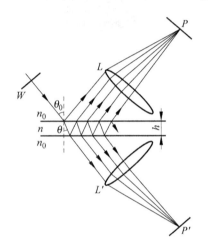

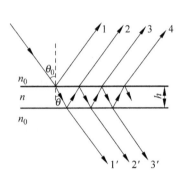

图 2-20　平行平板的多光束干涉　　　　图 2-21　多光束干涉示意图

设入射光电矢量的复振幅为 E_{0i},光在从 n_0 到 n 界面的反射系数为 r,透射系数为 t;光在从 n 到 n_0 界面的反射系数为 r',透射系数为 t'。则各个光束的复振幅分别为

$$E_{01r} = rE_{0i}$$
$$E_{02r} = tr't'E_{0i}\exp(i\varphi)$$
$$\vdots$$
$$E_{0lr} = t'tr'^{(2l-3)}E_{0i}\exp[i(l-1)\varphi]$$
$$\vdots$$

P 点的合成光矢量为

$$\boldsymbol{E}_{0r} = r\boldsymbol{E}_{0i} + r'tt'\boldsymbol{E}_{0i}\exp(i\varphi)\sum_{l=0}^{\infty}r'^{2l}\exp(il\varphi) \tag{2-26}$$

由菲涅耳公式可以证明 r、r'、t 和 t' 之间的关系为

$$r = -r', \quad tt' = 1 - r^2 \tag{2-27}$$

并且 r、r'、t 和 t' 与平板反射率 R 和透射率 T 之间有关系

$$r^2 = r'^2 = R, \quad tt' = 1 - R = T \tag{2-28}$$

式(2-27)、式(2-28)称为斯托克斯倒逆关系。

在图 2-21 中,由于只有第一束光有半波损失,而该半波损失可以由 $r=-r'$ 来表示,所以,各束光之间的光程差可以由式(2-25)表示。利用数学恒等式

$$\sum_{n=0}^{\infty} x^n = \frac{1}{1-x}$$

在反射光数目很大的情况下,式(2-26)可以表示为

$$\boldsymbol{E}_{0r} = \frac{\left[1-\exp(i\varphi)\right]\sqrt{R}}{1-R\exp(i\varphi)}\boldsymbol{E}_{0i}$$

反射光在 P 点的光强为

$$I_r = \boldsymbol{E}_{0r} \cdot \boldsymbol{E}_{0r}^* = \frac{F\sin^2\frac{\varphi}{2}}{1+F\sin^2\frac{\varphi}{2}}I_i = \frac{I_i}{1+\dfrac{1}{F\sin^2\frac{\varphi}{2}}} \tag{2-29}$$

式中

$$F = \frac{4R}{(1-R)^2} \tag{2-30}$$

称为精细度系数,与条纹精细度有关。

用类似的方法可得透射光在 P' 点处的光强为

$$I_t = \frac{T^2}{(1-R)^2+4R\sin^2\frac{\varphi}{2}}I_i \tag{2-31}$$

利用媒质对光无吸收时的条件 $T=1-R$,可得

$$I_t = \frac{1}{1+F\sin^2\frac{\varphi}{2}}I_i \tag{2-32}$$

这里,反射光干涉场和透射光干涉场的光强分布公式(2-29)和式(2-32)通常称为爱里公式。由此可以得知多光束干涉图样的特性。

2.3.2　多光束干涉条纹的特性

1. 等倾性

在特定反射率 R 条件下,根据爱里公式,光强仅随相位 φ 变化,并由式(2-25)和式(2-29)可知,干涉光强只与光束的倾角有关。所以,平行平板在透镜焦平面上产生的多光束干涉条纹,如同双光束干涉条纹一样,是等倾干涉条纹,实验装置示意图如图 2-22 所示。当实验装置中的透镜光轴垂直于平板时,所观察到的等倾条纹仍是一组同心圆环。

2. 互补性

在忽略平板的吸收和其他损耗的情况下,由式(2-29)和式(2-32)可得

$$I_r + I_t = I_i$$

该式反映了能量守恒的普遍规律。若对于某一个方向反射光因干涉加强,则透射光会因干涉而减弱,反之亦然。反射光强分布与透射光强分布互补。

3. 光强极值

由爱里公式,对于反射光,当 $\varphi = (2m+1)\pi$, $m = 0, 1$, $2, \cdots$ 时,形成明纹,其强度为

$$I_{rM} = \frac{F}{1+F} I_i \qquad (2\text{-}33)$$

当 $\varphi = 2m\pi$, $m = 0, 1, 2, \cdots$ 时,形成暗纹,其强度为

$$I_{rm} = 0 \qquad (2\text{-}34)$$

对于透射光,当 $\varphi = 2m\pi$, $m = 0, 1, 2, \cdots$ 时,形成明纹,其强度为

$$I_{tM} = I_i \qquad (2\text{-}35)$$

当 $\varphi = (2m+1)\pi$, $m = 0, 1, 2, \cdots$ 时,形成暗纹,其强度为

$$I_{tm} = \frac{1}{1+F} I_i \qquad (2\text{-}36)$$

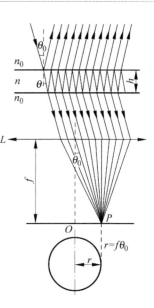

图 2-22　多光束干涉实验装置

4. 反射率对干涉条纹对比度的影响

反射光条纹对比度可通过将式(2-33)和式(2-34)代入式(2-6)求得

$$V_r = 1$$

同理,透射光条纹对比度可由式(2-35)和式(2-36)得

$$V_t = \frac{F}{2+F} = \frac{2R}{1+R^2}$$

为了衡量透射光条纹的对比度,给出透射光强的分布如图 2-23 所示,表示透射光强度随相位差 φ 的变化。

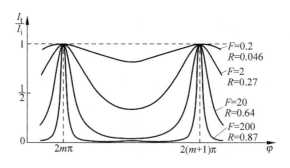

图 2-23　反射条纹与透射条纹

　　可见，V_t 恒小于1，当 R 增大时，反射条纹的亮线越来越宽，而透射条纹的亮线则越来越窄。当 $R \rightarrow 1$ 时，$V_t \rightarrow 1$，反射条纹是亮背景上的一组很细的暗纹；而透射条纹则是暗背景上一组很细的亮纹，后者比前者更容易观察和识别。故对高反射率平板通常应用透射条纹，如图 2-24 所示。

　　由图 2-23 可见，光强分布与反射率 R 有关。当 R 很小时，F 远小于1，由式(2-29)和式(2-32)得

$$\frac{I_r}{I_i} \approx F\sin^2 \frac{\varphi}{2} = \frac{F}{2}(1 - \cos\varphi)$$

$$\frac{I_t}{I_i} \approx 1 - F\sin^2 \frac{\varphi}{2} = 1 - \frac{F}{2}(1 - \cos\varphi)$$

以上两式正是反射光和透射光中前两束光干涉条纹的强度分布。因此，当反射率 R 很小时可以只考虑前面两束光的干涉。

5. 反射率对干涉条纹锐度的影响

　　由式(2-36)可知，随着反射率 R 增大，精细度系数 F 增大，透射光条纹极小值下降，亮条纹宽度变窄。但因透射光强的极大值与 R 无关，所以，在 R 很大时，透射光的干涉条纹是在暗背景上的细亮条纹，条纹锐度增加。与此相反，反射光的干涉条纹则是在亮背景上的细暗条纹，由于不易辨别，故极少应用。

　　干涉条纹的锐度可以用它的半宽度来表示，所谓条纹半宽度是指亮条纹中强度等于峰值强度一半的两点间的距离，记为 $\Delta\varphi$，如图 2-25 所示。

图 2-24　多光束干涉透射条纹

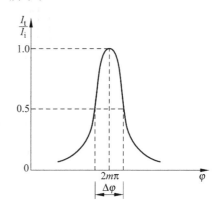

图 2-25　干涉条纹的锐度

　　对于 m 级条纹，$\varphi = 2m\pi \pm \Delta\varphi/2$，代入式(2-32)得

$$\frac{1}{2} = \frac{1}{1 + F\sin^2 \dfrac{\Delta\varphi}{4}}$$

利用关系 $\sin \dfrac{\Delta\varphi}{4} \approx \dfrac{\Delta\varphi}{4}$ 得

$$\Delta\varphi = \frac{4}{\sqrt{F}} = \frac{2(1-R)}{\sqrt{R}} \tag{2-37}$$

能够产生极明锐的透射光干涉条纹,是多光束干涉最显著和最重要的特点。条纹的锐度也常用相邻两条纹间的相位变化(2π)和条纹半宽度($\Delta\varphi$)之比来表示,称为条纹精细度。利用上式,条纹精细度 N 为

$$N = \frac{2\pi}{\Delta\varphi} = \frac{\pi\sqrt{F}}{2} = \frac{\pi\sqrt{R}}{1-R} \tag{2-38}$$

可见,当反射率 $R \to 1$ 时,条纹变得愈来愈细,条纹的锐度愈好。一般对于双光束干涉,条纹的读数精度为条纹间距的 $1/10$;而对于多光束干涉,读数精度则不难达到条纹间距的 $1/100$,甚至 $1/1000$,这在高精密光学加工中非常有利。

6. 滤波特性

由上面的分析可知,当平行板的结构(n, h)给定,入射光方向一定的情况下,相位差 φ 只与光波长 λ 有关,只有波长满足 $\varphi = 2m\pi$ 条件的光波才能最大程度地透过该平行平板。所以,平行平板具有滤波特性。图 2-26 给出了光强随频率的变化曲线,滤波特性显而易见。

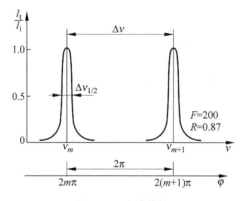

图 2-26　滤波特性

通常,将对应于条纹半宽度 $\Delta\varphi$ 的频率范围 $\Delta\nu_{1/2}$ 称为滤波带宽。

由式(2-25)得

$$\varphi = \frac{2\pi\Delta}{\lambda} = \frac{4\pi}{c}nh\nu\cos\theta$$

因此

$$\Delta\nu_{1/2} = \frac{c\Delta\varphi}{4\pi nh\cos\theta}$$

将式(2-37)代入上式得

$$\Delta\nu_{1/2} = \frac{c(1-R)}{2\pi nh\sqrt{R}\cos\theta} \tag{2-39}$$

由 $\nu_m = c/\lambda_m$ 得

$$|\Delta\nu| = \frac{c}{\lambda^2}\Delta\lambda$$

由图 2-26 可知,在亮条纹时 λ_m 对应的相位 $\varphi = 2m\pi$,所以有

$$\lambda_m = \frac{2nh\cos\theta}{m}$$

因此,透射带的波长半宽度为

$$(\Delta\lambda_m)_{1/2} = \frac{\lambda_m^2}{c}|\Delta\nu|_{1/2} = \frac{\lambda_m^2(1-R)}{2\pi nh\sqrt{R}\cos\theta} = \frac{\Delta}{m^2 N} = \frac{\lambda_m}{mN} \tag{2-40}$$

显然,R 愈大,N 愈大,相应的 $(\Delta\lambda_m)_{1/2}$ 愈小。

如图 2-27 所示为双光束与多光束等倾干涉条纹的比较。其中,图 2-27(a)为多光束干涉条纹,图 2-27(b)为双光束干涉条纹。其相同点为:可使用扩展光源,条纹定域,条纹形状相同,明暗条纹的位置及疏密分布相同。不同点为:双光束干涉条纹光强随相位差变化缓慢,R 较大时,多光束干涉条纹光强随相位差变化急剧,条纹细锐清晰。

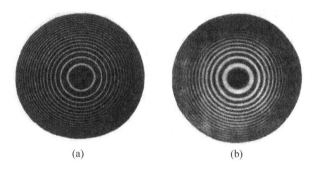

(a) (b)

图 2-27　双光束与多光束等倾干涉条纹比较

多光束干涉的典型应用有:光学薄膜(增透膜、增反膜、滤波片),法布里-珀罗干涉仪等。

2.4　光学薄膜

光学薄膜是在一块透明的平整玻璃基片或金属光滑表面上,用物理或化学的方法涂敷的单层或多层透明介质薄膜。光学薄膜是多光束干涉应用的一个具体实例。利用在薄膜上、下表面反射光干涉相长或相消的原理,使反射光得到增强或减弱,制成光学元件增透膜或增反膜。其基本作用是满足不同光学系统对反射率和透射率的不同要求。

2.4.1　单层光学薄膜

单层光学薄膜是在折射率为 n_2 的基片上镀一层折射率为 n_1、厚度为 h 的介质薄膜,如图 2-28 所示。当光束由折射率为 n_0 的介质入射到薄膜上时,将在膜内产生多次反射,并且在薄膜的两表面上有一系列相互平行的光束射出。

采用类似于平行平板多光束干涉的处理方法,可以得到单层膜的反射系数(不同于单个表面的反射系数)为

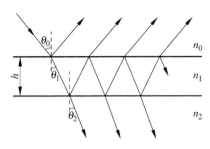

$$r = \frac{E_{0r}}{E_{0i}} = \frac{r_1 + r_2 \exp(\mathrm{i}\varphi)}{1 + r_1 r_2 \exp(\mathrm{i}\varphi)} = |r| \exp(\mathrm{i}\varphi_r)$$

$$(2\text{-}41)$$

式中,r_1 为薄膜上表面的反射系数;r_2 为薄膜下表面的反射系数;φ 为相邻两出射光束间的相位差,表示为

$$\varphi = \frac{4\pi}{\lambda} n_1 h \cos\theta_1$$

图 2-28   单层膜的反射与透射

式(2-41)中 φ_r 为单层膜反射系数的相位因子,由下式决定

$$\tan\varphi_r = \frac{r_2(1 - r_1^2)\sin\varphi}{r_1(1 + r_2^2) + r_2(1 + r_1^2)\cos\varphi}$$

可以把薄膜的上、下两个界面用一个等效分界面来表示,则薄膜的反射率 R,或者说,这个等效分界面的反射率 R 为

$$R = \left| \frac{E_{0r}}{E_{0i}} \right|^2 = rr^* = \frac{r_1^2 + r_2^2 + 2r_1 r_2 \cos\varphi}{1 + r_1^2 r_2^2 + 2r_1 r_2 \cos\varphi}$$

当光束正入射时,由菲涅耳公式可得薄膜两表面的反射系数分别为

$$r_1 = \frac{n_0 - n_1}{n_0 + n_1}, \quad r_2 = \frac{n_1 - n_2}{n_1 + n_2}$$

此时,对应的正入射时单层膜的反射率 R 为

$$R = \frac{(n_0 - n_2)^2 \cos^2 \dfrac{\varphi}{2} + \left(\dfrac{n_0 n_2}{n_1} - n_1 \right)^2 \sin^2 \dfrac{\varphi}{2}}{(n_0 + n_2)^2 \cos^2 \dfrac{\varphi}{2} + \left(\dfrac{n_0 n_2}{n_1} + n_1 \right)^2 \sin^2 \dfrac{\varphi}{2}}$$

$$(2\text{-}42)$$

图 2-29 给出了 $n_0 = 1, n_2 = 1.5$ 时,对给定波长 λ_0 和不同折射率 n_1 的介质膜,按式(2-42)计算出的单层膜反射率 R 随膜层光学厚度 $n_1 h$ 的变化曲线。

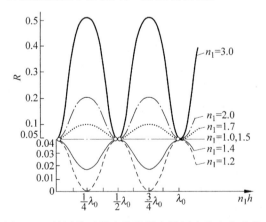

图 2-29   单层膜反射率随膜层光学厚度的变化曲线

由式(2-42)可知,对单层膜反射率 R 随膜层光学厚度 $n_1 h$ 的变化曲线可得如下结论。

(1) 当 $n_1 = n_0$ 或 $n_1 = n_2$ 时,R 和未镀膜时的反射率 R_0 一样,即

$$R = R_0 = \left(\frac{n_0 - n_2}{n_0 + n_2}\right)^2$$

(2) 当 $n_1 < n_2$ 时,$R < R_0$,即单层膜的反射率较之未镀膜时减小,透射率增大,即该膜具有增透的作用,称为增透膜。常用氟化镁(MgF_2,$n = 1.38$)材料镀制单层增透膜,其最小反射率可以达到 $R_m \approx 1.3\%$。

(3) 当 $n_1 > n_2$ 时,$R > R_0$,即单层膜的反射率较之未镀膜时增大,透射率减小,即该膜具有增反的作用,称为增反膜。常用的增反膜材料为硫化锌(ZnS,$n = 2.35$),其相应的单层增反膜的最大反射率可以达到 33%。

(4) 当光学厚度 $n_1 h = 2m\lambda_0/4 = m\lambda_0/2$,$m = 1, 2$ 时,$\sin^2(\varphi/2) = 0$,有 $R = R_0$。这说明:当薄膜的光学厚度 nh 为 $\lambda_0/4$ 的偶数倍或半波长 $\lambda_0/2$ 的整数倍时,薄膜层对光的反射毫无影响,好像根本没有镀膜,相当于光是直接从折射率为 n_0 的介质入射到折射率为 n_2 的基底上一样。

(5) 当光学厚度 $n_1 h = (2m+1)\lambda_0/4$,$m = 1, 2$ 时,$\cos^2(\varphi/2) = 0$,反射率为

$$R = \left(\frac{n_0 n_2 - n_1^2}{n_0 n_2 + n_1^2}\right)^2 = \left(\frac{n_0 - n_1^2/n_2}{n_0 + n_1^2/n_2}\right)^2$$

当 $n_1 < n_2$ 时,反射率最小,$R = R_m$,有最好的增透效果。最小反射率为

$$R_m = \left(\frac{n_0 n_2 - n_1^2}{n_0 n_2 + n_1^2}\right)^2 = \left(\frac{n_0 - n_1^2/n_2}{n_0 + n_1^2/n_2}\right)^2$$

当 $n_1 = \sqrt{n_0 n_2}$ 时,$R_m = 0$,达到完全增透的效果。

当 $n_1 > n_2$ 时,反射率最大,$R = R_M$,有最好的增反效果。最大反射率为

$$R_M = \left(\frac{n_0 n_2 - n_1^2}{n_0 n_2 + n_1^2}\right)^2 = \left(\frac{n_0 - n_1^2/n_2}{n_0 + n_1^2/n_2}\right)^2$$

当薄膜的光学厚度 nh 为 $\lambda_0/4$ 的奇数倍时(一般 $nh = \lambda_0/4$),则薄膜的反射率 R 有极大值或极小值。但究竟是极大值还是极小值,要看膜层材料的折射率是大于还是小于基底折射率 n_2。

上述结果是正入射时对一个给定的单层膜的情况,仅对某一波长 λ_0 反射率才为 R_m 或 R_M;而对于其他波长,由于该膜层的光学厚度不是它们的 $1/4$ 或其奇数倍,增透或增反效果要变差。

2.4.2 多层光学薄膜

单层膜的功能有限,通常只用于一般的增反、增透和分束。为满足更高的光学特性要求,实际上常更多地采用多层膜系。

可采用等效界面法分析多层膜系的光学特性。利用等效分界面和等效折射率的概念,可以将多层膜问题简化成单层膜来处理。

1. 多层高反膜

多层高反膜的结构是由光学厚度 nh 都是 $\lambda_0/4$ 的高折射率膜层和低折射率膜层交替镀

制的膜系,与基底和空气相邻的都是高折射率膜层,如图 2-30 所示。多层高反膜可用下面的符号来表示:

$$GHLHL\cdots HLHA = G(HL)^p HA$$

其中,G 为基底;A 为空气;H 为高折射率膜层;L 为低折射率膜层。

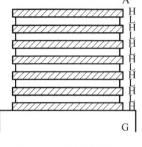

图 2-30　多层高反膜

由式(2-42),对于厚度为 $\lambda_0/4$ 的单层光学薄膜,其反射率为

$$R = \left(\frac{n_0 - n_1^2/n_2}{n_0 + n_1^2/n_2}\right)^2$$

引入等效折射率 n_1 为

$$n_I = n_1^2/n_2 \tag{2-43}$$

则有

$$R = \left(\frac{n_0 - n_I}{n_0 + n_I}\right)^2 \tag{2-44}$$

在折射率为 n_1 的 $\lambda_0/4$ 膜层上光的反射率与在折射率为 n_I 的单个分界面上的反射率是相同的,因此 n_I 为等效折射率,如图 2-31 所示。

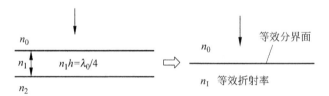

图 2-31　单个分界面上的反射率

可以借助于等效分界面和等效折射率来讨论 $\lambda_0/4$ 多层高反射膜的反射率 R。设基底的折射率为 n_2,空气的折射率为 n_0,当在基底上首先镀了一层 $\lambda_0/4$ 厚的高折射率膜层 H 之后,如图 2-32(a),则薄膜的反射率为

$$R_1 = \left(\frac{n_0 - n_I}{n_0 + n_I}\right)^2$$

其中,$n_1 = \dfrac{n_H^2}{n_2}$ 为单层膜 H 的等效折射率,如图 2-32(b)所示。再镀一层 $\lambda_0/4$ 厚的低折射率膜层 L,构成 HL 层,如图 2-32(c)所示。此时双层膜 HL 的反射率 R_2 为

$$R_2 = \left(\frac{n_0 - n_{II}}{n_0 + n_{II}}\right)^2$$

其中,$n_{II} = \dfrac{n_L^2}{n_I} = \dfrac{n_L^2}{n_H^2} n_2$ 为双层膜 HL 层的等效折射率,如图 2-32(d)所示。

再继续镀上一层 H 层,构成 HLH 层,如图 2-32(e)所示,实际上又等效于在折射率为 n_{II} 的表面上镀上一层 H 层。对于这样一个三层膜 HLH,其反射率 R_3 为

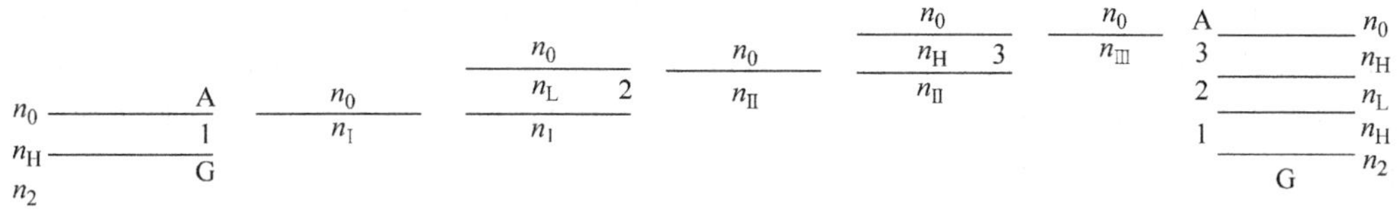

图 2-32 多层高反射膜的反射率

$$R_3 = \left(\frac{n_0 - n_{\text{III}}}{n_0 + n_{\text{III}}}\right)^2$$

其中，$n_{\text{III}} = \dfrac{n_H^2}{n_{\text{II}}} = \left(\dfrac{n_H}{n_L}\right)^2 \dfrac{n_H^2}{n_2^2} n_2$ 为三层膜 HLH 层的等效折射率。

按照上述分析方法类推，可以得到 $2p+1$ 层薄膜 $(\text{HL})^p\text{H}$ 的等效折射率为

$$n_{2p+1} = \left(\frac{n_H}{n_L}\right)^{2p} \frac{n_H^2}{n_2^2} n_2$$

相应的 $2p+1$ 层 $(\text{HL})^p\text{H}$ 高反膜的反射率 R_{2p+1} 为

$$R_{2p+1} = \left(\frac{1 - n_0/n_{2p+1}}{1 + n_0/n_{2p+1}}\right)^2 \tag{2-45}$$

当 p 较大时，则 $n_{2p+1} \gg n_0$，式(2-45)简化为

$$R_{2p+1} \approx 1 - 4\left(\frac{n_L}{n_H}\right)^{2p} \frac{n_0 n_2}{n_H^2}$$

由于 n_L/n_H 小于 1，p 越大，R_{2p+1} 就越接近于 1。膜层数越多，多层反射膜的反射率 R 越高，以至于接近于 1。不同层数多层膜等效折射率、反射率和透射率的计算值如表 2-1 所示。其中，$n_0 = 1$，$n_2 = 1.52$，$n_H = 2.3(\text{ZnS})$，$n_L = 1.38(\text{MgF}_2)$。

表 2-1　不同层数多层膜等效折射率、反射率和透射率的计算值

膜　　系	层数	等效折射率	反射率/%	透射率/%
GA	0		4.3	95.7
GHA	1	3.48	30.6	69.4
GHLHA	3	9.665	66.2	33.8
$\text{G(HL)}^2\text{HA}$	5	26.84	86.1	13.9
$\text{G(HL)}^3\text{HA}$	7	74.53	94.8	5.2
$\text{G(HL)}^4\text{HA}$	9	207	98.0	2.0
$\text{G(HL)}^5\text{HA}$	9	575	99.30	0.70
$\text{G(HL)}^6\text{HA}$	11	1596	99.75	0.25
$\text{G(HL)}^7\text{HA}$	13	4434	99.91	0.09
$\text{G(HL)}^8\text{HA}$	17	1.23×10^5	99.97	0.03
$\text{G(HL)}^9\text{HA}$	19	3.42×10^5	99.99	0.01

无论单层光学薄膜还是多层光学薄膜,都是利用光的干涉效应来增加或减小反射率。薄膜的反射率都是对一定的中心波长 λ_0 而言的。如果入射光波的波长偏离中心波长,则反射率将随之改变。高反膜只在一定的波长范围内产生高反射。随着膜系层数的增加,高反射率的波长区(反射带宽)变窄,如图 2-33 所示。

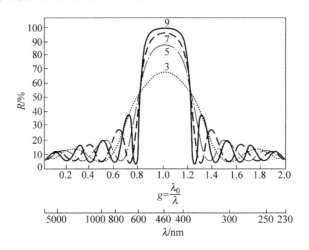

图 2-33　多层高反射膜的反射率曲线

2. 干涉滤波片

干涉滤波片是多层光学薄膜应用的又一个例子。为得到透射率高,且透射波带宽窄的滤波片,采用如图 2-34 所示的结构,可表示为

$$GH(LH)^p LL(HL)^{p-1}HA$$

其中,G 为基底;A 为空气;H 和 L 分别是光学厚度为 $\lambda_0/4$ 的高折射率膜层和低折射率膜层。

此多层膜系可视为两组高反射率膜系相对组合在一起构成的,也称为法布里-珀罗型干涉滤波片。中间的 LL 的光学厚度为 $\lambda_0/2$,对波长为 λ_0

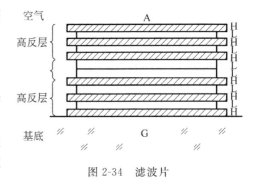

图 2-34　滤波片

的光毫无影响,可以略去。当略去中间层 LL 以后,剩下的中间层将成 HH 层,同样是光学厚度为 $\lambda_0/2$ 的膜层,也对波长为 λ_0 的光不起作用。于是,HH 层也可略去。依此类推,整个干涉滤光片的膜层对于波长为 λ_0 的光来说都可以略去。其结果是,对于波长 λ_0 的光,其透过率相当于光从空气 A 直接照射在基底 G 上。但对于波长不是 λ_0 而是其他波长的光,透过率迅速下降。于是,滤光片只通过波长为 λ_0 的光而滤掉了其他波长的光。干涉滤波片具有透射率大和透射带窄的优点。

光学薄膜的应用还包括激光谐振腔的高反射镜、激光陀螺的高反射镜、密集波分复用中的分波器和合波器(窄带滤波片)等,以及利用光学谐振腔透射谱线的精细度来测量高反射率,利用光腔衰荡方法测量高反射率等,在此不再一一介绍。

2.5　典型的干涉仪及其应用

利用光干涉原理制作的各种干涉仪已广泛应用于光学工程中。特别是在光谱学、精密计量及检测仪器中,干涉仪具有重要的实际应用。本节将介绍三种典型的干涉仪的原理及其应用。

2.5.1　迈克耳孙干涉仪

迈克耳孙(Michelson)干涉仪是利用分振幅法产生双光束干涉的干涉仪,许多其他的干涉仪都是它的变形。利用迈克耳孙干涉仪可观察等倾干涉条纹和等厚干涉条纹。迈克耳孙干涉仪的结构如图 2-35 所示。其中,G_1为分光板,G_2为补偿板。

反射镜 M_2 相对于半反射面 A 的虚像为 M_2'。在平面反射镜 M_1、M_2 两反射光之间的干涉,可以等效于由实反射平面 M_1 和虚反射平面 M_2' 之间形成的“空气薄膜”的干涉,其光程差为

$$\Delta = 2h\cos\theta + \frac{\varphi_0}{2\pi}\lambda_0$$

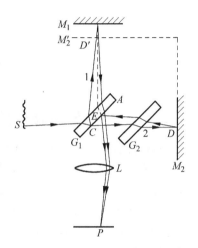

图 2-35　迈克耳孙干涉仪的结构

其中 h 为 M_1、M_2' 之间的间隔。当 M_1 与 M_2 严格垂直时,M_1 与 M_2' 平行,M_1 与 M_2' 之间形成厚度均匀的空气膜,可观察等倾干涉条纹。式中的 φ_0 是 M_1 和 M_2 两反射光在半反射面 A 的内外表面反射时所引起的相位改变,由 A 的材料性质决定。

当使 M_1 向 M_2' 移动时(虚平板厚度减小),圆环条纹向中心收缩,并在中心一一消失。每移动一个 $\lambda/2$ 的距离,在中心就消失一个条纹。可以根据条纹消失的数目,确定 M_1 移动的距离。随着虚平板厚度的增大,条纹不断从中心冒出,条纹越来越细且变密。

当 M_1 与 M_2 不严格垂直时,M_1 与 M_2' 之间形成劈形空气膜,可观察等厚干涉条纹。所得到的等厚干涉条纹是直线,这些直线和 M_1、M_2' 的交线相平行。与平行平板条纹一样,M_1 每移动一个 $\lambda/2$ 距离,就相应地移动一个条纹。迈克耳孙干涉仪图样如图 2-36 所示。

迈克耳孙干涉仪的优点主要表现为:两束相干光完全分开,并可由一个镜子的平移来改变它们的光程差;也可以很方便地在光路中安置测量样品,用以精密测量长度、折射率、光的波长及相干长度等。这些优点使其有许多重要的应用,并且是许多干涉仪的基础。

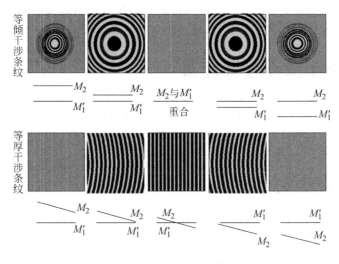

图 2-36　迈克耳孙干涉仪图样

2.5.2　马赫-泽德干涉仪

马赫-泽德(Mach-Zehnder)干涉仪也是一种分振幅双光束干涉仪,与迈克耳孙干涉仪相比,在光通量的利用率上,大约要高出一倍。这是因为在迈克耳孙干涉仪中,有一半光通量将返回到光源方向,而马赫-泽德干涉仪却没有这种返回光源的光。

马赫-泽德干涉仪的结构如图 2-37 所示。S 是一单色点光源,发出的光波经 L_1 准直后入射到玻璃板 G_1 的半反射面 A_1 上,经 A_1 透射和反射并由 M_1 和 M_2 反射的平面光波的波面分别为 W_1 和 W_2。G_1 平行于玻璃板 G_2。在一般情况下,W_1 相对于 G_2 的半反射面 A_2 的虚像 W_1' 与 W_2 互相倾斜,形成一个空气间隙,在 W_2 上将形成平行等距的干涉条纹,条纹与 W_2 和 W_1' 所形成空气楔的楔棱平行。

当由于某种物理原因,例如使 W_2 通过被研究的气流时,使 W_2 发生变形,则干涉图形不再是平行等距的直线,从而可以从干涉图样的变化测出相应物理量的变化。例如,所研究区域的折射率或密度等。

马赫-泽德干涉仪是一种大型光学仪器,被广泛应用于研究空气动力学中气体的折射率变化、可控热核反应中等离子体区的密度分布,并且在测量光学零件、制备光信息处理中的空间滤波器等许多方面,有着极其重要的应用。特别是,它已在光纤传感技术中被广泛采用。

用于温度传感器的马赫-泽德干涉仪结构如图 2-38 所示。激光器发出的相干光,经分束器分别送入两根长度相同的单模光纤,这两根光纤分别称为参考臂和信号臂,其中参考臂光纤不受外场作用,而信号臂则放在需要探测的温度场中,由两光纤出射的两激光束产生干涉。通过测量此干涉效应的变化,即可确定外界温度的变化。

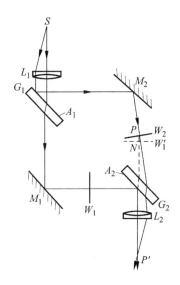

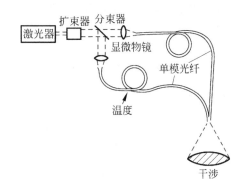

图 2-37　马赫-泽德干涉仪　　　　　图 2-38　用于温度传感器的马赫-泽德干涉仪

2.5.3　法布里-珀罗干涉仪

法布里-珀罗(Fabry-Perot)干涉仪(简称 F-P 干涉仪)是分振幅多光束干涉的一个重要应用实例,是一种应用非常广泛的干涉仪。其特殊价值在于它除了是一种分辨本领极高的光谱仪器外,还可用于构成激光器的谐振腔。

法布里-珀罗干涉仪的结构如图 2-39 所示。它实质上是由两块玻璃或石英平板 G_1、G_2 组成。G_1、G_2 的内表面镀有高反射率的金属膜或介质膜,并且彼此严格平行。

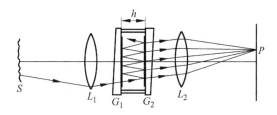

图 2-39　法布里-珀罗干涉仪

法布里-珀罗干涉仪采用扩展光源照明,从光源 S 来的光经过透镜 L_1 照射到平板 G_1、G_2 上,在 G_1、G_2 平行平板之间发生多次反射和透射,产生多光束干涉。所有的透射光束经透镜 L_2 会聚在观察屏上形成等倾干涉圆环。

如果 G_1、G_2 的内表面所形成的平行平板之间距离是可调的,一般称为法布里-珀罗干涉仪,常用做扫描干涉仪的核心(在时间上将不同光谱成分分开)。

　　假若 G_1、G_2 内表面之间的间隔是固定的,例如是用殷钢或石英做成的圆环,那么称这种装置为法布里-珀罗标准具,常用于光谱分析(在空间上将不同光谱成分分开)。在激光技术中,经常把两个具有高反射率的平面反射镜彼此相对平行放置,构成所谓法布里-珀罗谐振腔,激光器输出的纵模频率(见第 7 章)实际上是满足法布里-珀罗干涉仪干涉亮条纹条件的一系列频率。无论是干涉仪、标准具或是谐振腔,其核心部分都是相同的,即有一对相互平行的高反射率的平面反射镜。

　　在透镜 L_2 焦平面上可形成图 2-40(a)所示的等倾干涉同心圆条纹,与迈克耳孙干涉仪产生的等倾干涉条纹(图(b)所示)比较可见,法布里-珀罗干涉仪产生的条纹要精细很多,但是两种条纹角半径和角间距的计算公式相同。

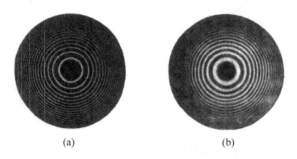

(a)　　　　　　　　　　(b)

图 2-40　法布里-珀罗标准具与迈克耳孙干涉仪产生的条纹

　　法布里-珀罗标准具能够产生十分细而亮的等倾干涉条纹,它的一个重要应用就是研究光谱线的精细结构,即将一束光中不同波长的光谱线分开——分光。

　　分光元件特性的三个指标是:

　　(1) 能够分光的最大波长间隔——自由光谱范围;

　　(2) 能够分辨的最小波长差——分辨本领;

　　(3) 能够使不同波长光分开的程度——角色散率。

　　1) 自由光谱范围

　　设波长为 λ_1 和 λ_2 的光($\lambda_1 < \lambda_2$)入射到标准具,由于对应的同级干涉条纹的角半径不同,则可以得到两组干涉圆环,如图 2-41 所示。如果入射光的波长范围 $\Delta\lambda$ 较大,则同级谱线中各色谱线的色散会太大,以至于超过了该处条纹的间距,就会发生各级谱的超级交叠,谱线变得模糊不清。将各色光干涉极大值不发生级次交叠的最大波长范围称为分光仪器的自由光谱范围,记为 $(\Delta\lambda)_f$。

　　设在靠近中心的条纹处,λ_2 的第 m 级条纹与 λ_1 的第 $m+1$ 级条纹重叠,其光程差相等,则

$$(m+1)\lambda_1 = m\lambda_2 = 2nh$$
$$\lambda_2 = \lambda_1 + (\Delta\lambda)_f, \quad 且\ \lambda_1\lambda_2 \approx \lambda^2$$

可得

$$(\Delta\lambda)_f = \frac{\lambda}{m} = \frac{\lambda^2}{2nh} \tag{2-46}$$

可见,h 或 m 增大时,$(\Delta\lambda)_f$ 将减小。

2)分辨本领

分辨本领 A 表征光谱仪对相近谱线的分辨能力,定义为

$$A = \frac{\lambda}{(\Delta\lambda)_m} \tag{2-47}$$

式中,$\Delta\lambda$ 为光谱仪刚能分辨的最小波长差。根据瑞利(Rayleigh)判据:两个等强度的不同波长的亮条纹只有当它们的合强度曲线中央极小值低于两边极大值的 81% 时,才刚好能被分辨,如图 2-42 所示。可以按照这个判据来计算标准具的分辨本领。根据光强的分布公式,经过分析可得

$$A = \frac{\lambda}{(\Delta\lambda)_m} = \frac{2mN}{2.07} = 0.97mN \tag{2-48}$$

上式指出了提高分辨本领 A 的两条途径:一是增大 m,它可以通过增大两反射面的距离 h 来实现;另一是增大条纹精细度 N,它可通过提高反射面的反射率 R 来实现。

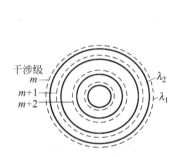

图 2-41　光谱仪的分光特性

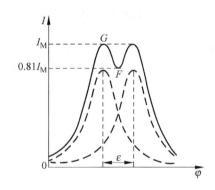

图 2-42　瑞利(Rayleigh)判据

光谱仪的分辨本领可高达 10^6 以上,这是其他光谱仪(例如棱镜或普通光栅)所难以达到的。

3)角色散率

角色散率是表征能够将不同波长的光分开程度的重要指标。它定义为单位波长间隔的光经分光仪所分开的角度,用 D_θ 表示:

$$D_\theta = \frac{\mathrm{d}\theta}{\mathrm{d}\lambda} \tag{2-49}$$

相应的线色散率为

$$D_l = \frac{\mathrm{d}l}{\mathrm{d}\lambda} = f\frac{\mathrm{d}\theta}{\mathrm{d}\lambda} \tag{2-50}$$

其中,f 为透镜的焦距。由法布里-珀罗干涉仪透射光极大值条件

$$\Delta = 2nh\cos\theta = m\lambda$$

可知,当不计平行板材料的色散时,对同级亮纹(m 一定),上式两边微分可得

$$D_\theta = \left| \frac{m}{2nh\sin\theta} \right| \tag{2-51}$$

可见,角度 θ 愈小,仪器的角色散愈大。因此,对给定波长差 $\Delta\lambda$ 的两谱线,愈靠近干涉图样中心其分离量愈大,这说明在法布里-珀罗干涉仪的干涉环中心处光谱最纯。

2.6 光的相干性

本节讨论光源尺度扩展对干涉条纹对比度的影响,以及光源频谱扩展对干涉条纹对比度的影响。由光源的大小对条纹可见度的影响而引入光的空间相干性,即在多大空间范围内,不同点发出的光是相干的;由光源的复色性对可见度的影响而引入光的时间相干性,即在空间一固定点,考查两个波列经过这点时在多长时间内是相干的。实际上,当光源既是扩展光源,光源上各点又发出非单色光时,光场的时、空相干性都需要同时考虑。

2.6.1 光的空间相干性

以杨氏干涉为代表的分波面干涉系统中,采用单色点(线)光源,则可产生清晰的干涉条纹。如果采用单色扩展光源,其干涉条纹的可见度将降低。下面讨论光源大小对条纹可见度的影响,并由此引出光的空间相干性的概念。

将扩展光源看成是大量点源的集合,其中每一点源产生一组干涉条纹。由于各点源之间发光的随机性和独立性,彼此为非相干点源,故观测到的干涉场是一组组彼此有错位的干涉条纹的非相干叠加。非相干叠加的结果使可见度 V 值有所下降,如图 2-43 所示。当光源大到一定程度时,甚至使 V 值降为零,即无强度起伏。

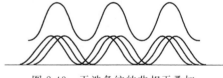

图 2-43　干涉条纹的非相干叠加

在杨氏干涉系统中,设光源为如图 2-44 所示的以 S 为中心、宽度为 b 的扩展带光源 $S'S''$。将其视为由许多无穷窄的线光源元组成,整个扩展光源所产生的光强度是这些线光源元所产生的光强度之和。对于光源 S 点的线光源在 P 点产生的干涉为

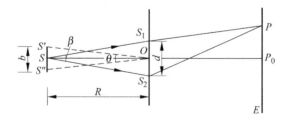

图 2-44　光的空间相干性

$$dI = 2I_0\,dx\left(1 + \cos\frac{2\pi}{\lambda}\Delta\right)$$

其中，$I_0\,dx$ 是元光源通过双缝产生的干涉光强度，Δ 为光程差。

对于距离 S 为 x 的 C 点处（如图 2-45）的元光源在 P 点产生的光强度为

$$dI = 2I_0\,dx\left(1 + \cos\frac{2\pi}{\lambda}\Delta'\right)$$

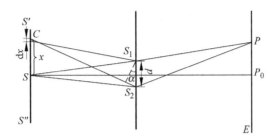

图 2-45　光源在 P 点产生的光强度

式中，Δ' 为 C 处元光源发出的光经过双缝到达 P 点的光程差。因此有

$$CS_2 - CS_1 \approx \alpha d \approx \left(\frac{x + d/2}{R}\right)d \approx \frac{xd}{R} = x\beta$$

$$\Delta' = \Delta + x\beta$$

其中，d 为双缝 S_1 与 S_2 的距离。所以

$$dI = 2I_0\,dx\left[1 + \cos\frac{2\pi}{\lambda}(\Delta + x\beta)\right]$$

宽度为 b 的扩展光源在 P 点产生的光强度为

$$
\begin{aligned}
I &= \int_{-b/2}^{b/2} 2I_0\left[1 + \cos\frac{2\pi}{\lambda}(\Delta + x\beta)\right]dx \\
&= 2I_0 b + 2I_0\,\frac{\lambda}{\pi\beta}\sin\frac{\pi b\beta}{\lambda}\cos\frac{2\pi}{\lambda}\Delta
\end{aligned}
\tag{2-52}
$$

式中第一项与 P 点的位置无关，表示干涉场的背景强度，随着光源宽度的增大而不断增强；第二项表示干涉场的光强度周期性地随 Δ 变化，不超过 $2I_0$，所以，随着光源宽度的增大条纹的可见度会下降。由式(2-52)可得光强的极大值和极小值为

$$I_M = 2I_0 b + 2I_0\,\frac{\lambda}{\pi\beta}\sin\frac{\pi b\beta}{\lambda}$$

$$I_m = 2I_0 b - 2I_0\,\frac{\lambda}{\pi\beta}\sin\frac{\pi b\beta}{\lambda}$$

因此，根据式(2-6)，条纹可见度为

$$V = \left|\frac{\lambda}{\pi b\beta}\sin\frac{\pi b\beta}{\lambda}\right| = \left|\operatorname{sinc}\frac{b\beta}{\lambda}\right|$$

条纹可见度随光源宽度的变化关系如图 2-46 所示。对于一定的光波长和干涉装置,通常称 V 第一次降为零的光源宽度 λ/β 为光源临界宽度 b_c,即

$$b_c = \frac{\lambda}{\beta} \qquad (2\text{-}53)$$

光源临界宽度对应光源边缘 S' 发出的光经 S_1 和 S_2 后在 P_0 点的光程差为 $\lambda/2$。因此, S' 在屏上产生的干涉条纹与光源中心 S 产生的干涉条纹彼此错位开半个条纹宽度,并且两组条纹非相干叠加后总光强不随空间变化。整个光源可视为这样的光源对的组合,叠加的结果使干涉条纹完全消失,从而使条纹的对比度为零,如图 2-47 所示。

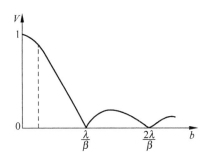

图 2-46　随光源宽度增大条纹
　　　　　可见度的变化

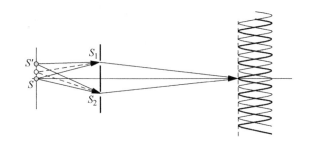

图 2-47　两组条纹非相干叠加

当光源宽度不超过临界宽度的 $1/4$ 时,可见度 $V>0.9$。此光源宽度称为光源许可宽度 b_p,即有

$$b_p = \frac{b_c}{4} = \frac{\lambda}{4\beta} \qquad (2\text{-}54)$$

对宽度为 b 的长条光源,称光通过 S_1 和 S_2 恰好不发生干涉时所对应的这两点的距离为横向相干长度,以 d_t 表示,如图 2-48 所示。由式(2-53)可得

$$d_t = \frac{\lambda R}{b_c} = \frac{\lambda}{\theta} \qquad (2\text{-}55)$$

式中 $\theta = b/R$ 为扩展光源对 S_1S_2 连线的中点 O 的张角。凡是在横向相干长度内的两点的次波都是相干的。

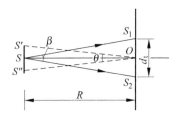

图 2-48　横向相干长度

横向相干长度可以作为能否产生干涉的标志。在光波场中,相干长度越大,可认为空间相干性越好。

对于方形扩展光源,其照明平面上相干范围的面积(相干面积)为

$$A_C = d_t^2 = \left(\frac{\lambda}{\theta}\right)^2$$

对于圆形扩展光源,其照明平面上横向相干长度和相干面积分别为

$$d_t = \frac{1.22\lambda}{\theta}, A_C = \pi\left(\frac{0.61\lambda}{\theta}\right)^2 \qquad (2\text{-}56)$$

有时用相干孔径角 β_C 表征相干范围会更直观、方便。相干孔径角 β_C 是光场中保持相干性的两点的最大横向距离相对于光源中心的张角，如图 2-49 所示，即

$$\beta_C = \frac{d_t}{R} = \frac{\lambda}{b} \qquad (2\text{-}57)$$

当给定 b 和 λ 时，凡是在该孔径角以外的两点（如 S_1' 和 S_2'）都是不相干的，在孔径角以内的两点（如 S_1'' 和 S_2''）都具有一定程度的相干性。相干孔径角 β_C 与光源宽度 b 的关系为

$$b\beta_C = \lambda \qquad (2\text{-}58)$$

称该式为空间相干性的反比公式。空间相干性直接决定于普通光源的大小，光源小，则相干空间大，光源的空间相干性好。可忽略大小的点光源应有最好的空间相干性。

利用空间相干性可以测量星体的角直径（星体直径对地面考察点的张角）。图 2-50 所示为迈克耳孙测星干涉仪。当干涉仪对准某个星体时，逐渐增大 M_1 和 M_2 的距离 d，焦平面上干涉条纹的可见度逐渐降低。由式(2-56)，当条纹完全消失时，有

$$d = d_t = \frac{1.22\lambda}{\theta}$$

只要测量出这时 M_1 和 M_2 的距离 d_t，便可计算星体直径。

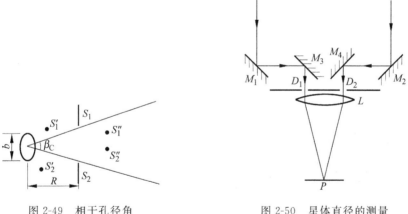

图 2-49 相干孔径角   图 2-50 星体直径的测量

综上所述，光场的空间相干性来源于光源的空间展宽；普通光源的空间展宽越大，其光场的空间相干范围越小，因而通过限制光源线度可实现同时异地光振动的关联。空间相干性反映了光波场的横向相干性。

2.6.2 光的时间相干性

以迈克耳孙干涉仪为代表的分振幅干涉系统中，如果采用单色光源，则可产生清晰的干涉条纹；如果采用复色光源，其干涉条纹的可见度将降低。下面讨论光源的非单色性对条

纹可见度的影响,并由此引出光的时间相干性的概念。

实际光源都有一定的光谱宽度 $\Delta\lambda$,每一种波长的光都生成一组干涉条纹,不同波长的条纹间距不同,除零级干涉级外,各组条纹间均有位移,如图 2-51 的下部曲线所示。干涉场总强度分布(图 2-51 的上部曲线)的条纹可见度随着光程差的增大而下降,最后降为零。因此,光源的光谱宽度限制了干涉条纹的可见度。

假设光程差不随波长变化,在 Δk 宽度内各光谱分量产生的总光强度为

$$I = \int_{k_0-\Delta k/2}^{k_0+\Delta k/2} 2I_0(1+\cos k\Delta)\,\mathrm{d}k = 2I_0\Delta k\left[1+\frac{\sin(\Delta k\Delta/2)}{\Delta k\Delta/2}\cos(k_0\Delta)\right]$$

式中的第一项是常数,表示干涉场的平均光强度,随 Δk 增大而增大;第二项随光程差 Δ 的大小变化,但变化的幅度越来越小。由上式可得光强的极大值、极小值和可见度分别为

$$I_M = 2I_0\Delta k\left[1+\frac{\sin(\Delta k\Delta/2)}{\Delta k\Delta/2}\right]$$

$$I_m = 2I_0\Delta k\left[1-\frac{\sin(\Delta k\Delta/2)}{\Delta k\Delta/2}\right]$$

$$V = \left|\frac{\sin(\pi\Delta\lambda\Delta/\lambda^2)}{\pi\Delta\lambda\Delta/\lambda^2}\right| = \left|\mathrm{sinc}(\Delta\lambda\Delta/\lambda^2)\right|$$

对应使 $V=0$ 的光程差是能够发生干涉的最大光程差,称为相干长度,用 Δ_C 表示,如图 2-52 所示。即有

$$\Delta_C = \frac{2\pi}{\Delta k} = \frac{\lambda^2}{\Delta\lambda} \tag{2-59}$$

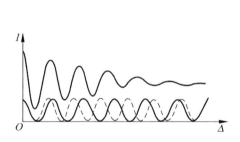

图 2-51 各种波长的光的叠加

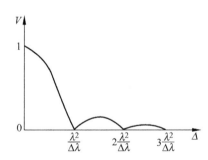

图 2-52 条纹可见度随着光程差的增大而下降

在实际应用中,除了利用相干长度描述复色性的影响外,还经常采用相干时间 τ_C 来度量。相干长度 Δ_C 与相干时间 τ_C 之间的关系为

$$\tau_C = \frac{\Delta_C}{c} \tag{2-60}$$

式中,c 为光速。相干时间 τ_C 反映了同一点光源在不同时刻发出光的干涉特性,凡是在相干时间 τ_C 内不同时刻发出的光,均可以产生干涉;而在大于 τ_C 期间发出的光不能干涉。所以,这种光的相干性叫做光的时间相干性。

由式(1-80),时间相干性与单色性的关系为

$$\tau_C \Delta\nu = 1 \tag{2-61}$$

该式说明,$\Delta\nu$ 愈小(单色性愈好),τ_C 愈大,光的时间相干性愈好。

下面讨论光的相干长度 Δ_C 和相干时间 τ_C 的物理意义。

任意一个实际光源所发出的光波都是一段段有限波列的组合,各波列的初相位是无关的,因而它们之间不相干。若这些波列的持续时间为 τ,则相应的空间长度为 $L=c\tau$,实际上,相干时间 τ_C 就是波列的持续时间 τ,则相干长度 Δ_C 就是波列的空间长度 L。相干长度表征了光波场的纵向相干性。因此可以说,光源复色性对干涉的影响,实际上反映了时域中不同两时刻光场的相关联程度,因而是光的时间相干性问题。

迈克耳孙干涉仪中,对一定谱宽的光源,当光程差超过一定值(波列长度)后,条纹对比度降为零,由此可测定出光源的相干长度。当薄膜厚度较大时不会出现干涉条纹,也是由于光程差超过了波列长度的缘故。

综上所述:光场的时间相干性来源于光源所发光波列长度的有限性或发光持续时间的有限性,亦即光源的非单色性或光谱展宽。

时间相干性可用相互等价的三个量来描述:纵向相干长度(波列长度)、相干时间(光源辐射一个波列的时间)和光谱宽度($\Delta\nu$ 或 $\Delta\lambda$)。普通光源的光谱展宽越大,其光场的时间相干范围越小,因而可以通过限制光源的光谱宽度以实现同地异时信号的关联。时间相干性反映了光波场的纵向相干性。

从物理本质上看,时间相干性来源于发光过程在时间上的断续性,空间相干性来源于扩展光源不同部分发光的独立性;从表现形式上看,时间相干表现在波场的纵向,空间相干性表现在波场的横向;从数学描述上看,时间相干性用相干长度、相干时间和相干性反比公式表征,空间相干性用横向相干长度、相干面积、相干孔径角和相干性反比公式表征。

例题

例题 2-1 沿 x 轴正方向传播的两列平面波,波长分别为 5890Å 和 5896Å,$t=0$ 时刻两波的波峰在 O 点重合。试问:

(1) 自 O 点算起,沿传播方向多远的地方两波列的波峰还会重合?

(2) 在 O 点由 $t=0$ 算起,经过多长时间以后,两列波的波峰又会重合?

解:(1) 两列波 $t=0$ 时刻在 O 点波峰与波峰相重合,设传播距离为 x 时波峰与波峰又重合,则距离 x 必是两波长 $\lambda_1=5890$Å 和 $\lambda_2=5896$Å 的公倍数,即

$$x = (k+n)\lambda_1 = k\lambda_2$$

由上式得

$$k = n\frac{\lambda_1}{\Delta\lambda} = \frac{n}{3} \times 2945$$

式中 k 和 n 都是整数,取 $n=3$, $k=2945$,得最小公倍数

$$x_m = n\frac{\lambda_1 \lambda_2}{\Delta\lambda} = 2945\lambda_2 \approx 0.1736\text{cm}$$

即两列波传播 x_m 距离时波峰与波峰再重合。而且,以后每传播距离 x_m,两列波的波峰和波峰都会重合,这是由光波的空间周期性决定的。

（2）光波具有时间周期性,两光波的时间周期分别为 $T_1 = \lambda_1/c$ 和 $T_2 = \lambda_2/c$。两光波在 O 点 $t=0$ 时刻波峰与波峰相重合,当扰动时间间隔是这两个周期的公倍数时,波峰与波峰会再重合。仿照上面的讨论,可以求出这个时间的公倍数。但是简单的方法是,利用时间周期和空间周期的相互关系,可以直接求得两波峰再次相重合的时间间隔为

$$t_m = x_m/c \approx 5.7879\times 10^{-12}\text{s}$$

例题 2-2　如例题 2-2 图杨氏实验装置中,两小孔的间距为 0.5mm,光屏离小孔的距离为 50cm。当以折射率为 1.60 的透明薄片贴住小孔 S_2 时,发现屏上的条纹移动了 1cm,试确定该薄片的厚度。

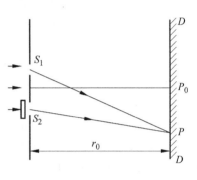

解：在小孔 S_2 未贴以薄片时,从两小孔 S_1 和 S_2 至屏上 P_0 点的光程差为零。当小孔 S_2 被薄片贴住时,如图所示,零光程差点从 P_0 移到 P 点。按题意 P 点相距 P_0 为 1cm,则 P 点光程差的变化量为

$$\Delta = \frac{d}{r_0}y = \frac{0.5}{500}\times 10 = 0.01\text{mm}$$

例题 2-2 图

P 点光程差的变化等于 S_2 到 P 的光程的增加,即 $\delta = nt - t$,这里 t 表示薄片的厚度。设空气的折射率为 1,则 $(n-1)t = \dfrac{d}{r_0}y$,所以有

$$t = \frac{d}{(n-1)r_0}y = \frac{0.5}{0.6\times 500}\times 10 = 1.67\times 10^{-2}\text{mm}$$

例题 2-3　一迈克耳孙干涉仪中补偿板 G_2 的厚度 $t=2$mm,其折射率 $n_2 = \sqrt{2}$。若将补偿板 G_2 由原来与水平方向成 45°位置转至竖直的位置,设入射光的波长为 6328Å,试求在视场中,将会观察到多少条亮条纹移过。

解：当 G_2 与水平方向成 45°时,通过补偿板内的光程计算如下。

设入射角、折射角分别为 i_1 和 i_2,由折射定律得

$$n_1 \sin i_1 = n_2 \sin i_2$$

因此,光线在补偿板内的折射角

$$i_2 = \arcsin\left(\frac{n_1}{n_2}\sin i_1\right) = \arcsin\left(\frac{\sin 45°}{\sqrt{2}}\right) = 30°$$

故光线在补偿板内的路程

$$t' = \frac{t}{\cos 30°}$$

补偿板由原来与水平方向成 $45°$ 转到竖直位置,光程差的改变为

$$n\Delta t = n(t' - t) = nt\left(\frac{1}{\cos 30°} - 1\right) = \sqrt{2} \times 2 \times \left(\frac{2}{\sqrt{3}} - 1\right) = 0.438\text{mm}$$

故

$$N = \frac{n\Delta t}{\lambda/2} = \frac{2 \times 4.38 \times 10^{-4}}{6328 \times 10^{-10}} = 1384 \text{ 条}$$

在视场中将有 1384 条亮条纹移过。

例题 2-4　盛于玻璃器皿中的一盘水绕中心轴以角速度 ω 旋转,水的折射率为 $4/3$,用波长 $\lambda = 6328\text{Å}$ 的单色光垂直照射,即可在反射光中形成等厚干涉条纹。若观察到中央为亮条纹,第 20 条亮条纹的半径为 10.5mm,则水的旋转角速度为多少(rad/s)?

解:如例题 2-4 图所示,取水面最低点 O 为坐标原点,y 轴铅垂直向上,r 轴水平向右。当水以匀角速度 ω 旋转时,水面成一曲面。在曲面上任取一点 P,看作质量为 $\text{d}m$ 的质点,该质点将受到重力

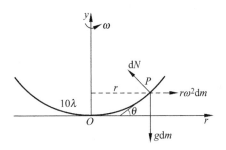

例题 2-4 图

$g\text{d}m$、内部水所施的法向力 $\text{d}N$ 以及沿着 r 正方向的惯性离心力 $r\omega^2\text{d}m$ 的作用。

在这三个力的作用下,质点处于相对平衡,由图可知其平衡方程为

$$\text{d}N\sin\theta = r\omega^2\text{d}m$$
$$\text{d}N\cos\theta = g\text{d}m$$

其中,r 为 P 点到器皿中心轴的距离;θ 为点 P 的切线和 r 轴的夹角。将上两式相除得

$$\tan\theta = \frac{r\omega^2}{g}$$

$$\frac{\text{d}y}{\text{d}r} = \tan\theta = \frac{r\omega^2}{g}$$

解此微分方程,得

$$y = \frac{\omega^2}{2g}r^2 + C$$

该式表明水面是以 y 轴为对称轴的旋转抛物面。$r=0$ 处为液面的最低点,其中 $y=0$,因而 $C=0$,故 $y = \frac{\omega^2}{2g}r^2$。

进入旋转抛物面水柱的光束一部分由抛物面反射回去;另一部分透入水层,遇玻璃平面发生反射。这两束反射光的光程差为 $\Delta = 2ny$。当 $\Delta = j\lambda$ 时为干涉相长,即

$$\Delta = 2ny = j\lambda$$

将抛物面方程代入上式得

$$\omega = \frac{1}{r} \sqrt{\frac{j\lambda}{n}g}$$

把题中各已知量代入得

$$\omega = \frac{1}{1.05} \times \sqrt{\frac{20 \times 6328 \times 10^{-8}}{4/3} \times 980} = 0.919 \text{rad/s}$$

例题 2-5   我们大致知道某谱线的能量分布在 $600 \sim 600.018\text{nm}$ 范围内,并且其中包含很多细结构,最细结构的波长间隔为 $6 \times 10^{-4}\text{nm}$。试设计一标准具,用它可以研究这一谱线的全部结构。

解:由于要分析的谱线能量在 $600 \sim 600.018\text{nm}$ 范围内,要求所设计的标准具(即 d 固定的法布里-珀罗干涉仪)自由光谱范围应为

$$\Delta\lambda_{自} = \frac{\lambda^2}{2d} = 0.018\text{nm}$$

由此计算出标准具反射面之间距离最大应为

$$d \leqslant \frac{\lambda^2}{2\Delta\lambda_{自}} = \frac{600^2}{2 \times 0.018} = 1 \times 10^7 \text{nm} = 10\text{mm}$$

所得最大的干涉级次为

$$m = \frac{2d}{\lambda}$$

因最细结构的波长间隔为 $6 \times 10^{-4}\text{nm}$,此为要求的最小可分辨波长间隔。由此求出对标准具分辨本领的要求,即

$$A = \frac{\lambda}{\Delta\lambda_{辨}} = \frac{600}{6 \times 10^{-4}} = 1 \times 10^6$$

根据式(2-48),有

$$A = 0.97m \frac{\pi r}{1 - r^2}$$

将 m 代入可求得反射面的反射系数为

$$r \geqslant 0.95$$

因此,要分析能量分布在 $600 \sim 600.018\text{nm}$ 范围内,最细结构的波长间隔为 $6 \times 10^{-4}\text{nm}$ 的谱线,标准具 d 最大为 10mm,反射系数 $r = 0.95$。

例题 2-6   在玻璃($n_c = 1.52$)片上涂镀硫化锌薄膜($n = 2038$),入射光波长为 500nm。求正入射时最大反射率和最小反射率的膜厚及相应的反射率数值。

解:由式(2-42)得反射率为

$$R = \frac{(n_0 - n_c)^2 \cos^2 \frac{\varphi}{2} + \left(\frac{n_0 n_c}{n} - n\right)^2 \sin^2 \frac{\varphi}{2}}{(n_0 + n_c)^2 \cos^2 \frac{\varphi}{2} + \left(\frac{n_0 n_c}{n} + n\right)^2 \sin^2 \frac{\varphi}{2}}$$

其中 $\varphi = \frac{4\pi}{\lambda}nh$。可见,当 $\varphi = \pi$ 或者 $nh = \lambda/4$ 时,反射率有最大值;当 $\varphi = 2\pi$ 或者 $nh = \lambda/2$

时，反射率有最小值。所以，反射率有最大值的膜厚是

$$h = \frac{\lambda}{4n} = \frac{500}{4 \times 2.38} = 52.52 \text{nm}$$

相应的反射率为

$$R = \frac{\left(\dfrac{n_0 n_c}{n} - n\right)^2}{\left(\dfrac{n_0 n_c}{n} + n\right)^2} = \frac{\left(\dfrac{1.52}{2.38} - 2.38\right)^2}{\left(\dfrac{1.52}{2.38} + 2.38\right)^2} = 0.33$$

反射率有最小值的膜厚是

$$h = \frac{\lambda}{2n} = \frac{500}{2 \times 2.38} = 105.04 \text{nm}$$

相应的反射率为

$$R = \frac{(n_0 - n_c)^2}{(n_0 + n_c)^2} = \frac{(1 - 1.52)^2}{(1 + 1.52)^2} = 0.04$$

习题

2-1 用钠光灯做杨氏干涉实验，光源宽度被限制为 2mm，双缝屏到光源的距离 $D = 2.5$m。为了使屏幕上获得可见度较好的干涉条纹，双缝间距选多少合适？

2-2 在杨氏干涉实验中，两小孔的距离为 1.5mm，观察屏离小孔的垂直距离为 1m，若所用光源发出波长 $\lambda_1 = 650$nm 和 $\lambda_2 = 532$nm 的两种光波，试求两光波分别形成的条纹间距以及两组条纹的第 8 级亮纹之间的距离。

2-3 观察肥皂水薄膜（$n = 1.33$）的反射光呈绿色（$\lambda = 500$nm），且这时法线和视线间角度为 $i_1 = 45°$，问膜最薄的厚度是多少？若垂直注视，将呈现何色？

2-4 菲涅耳双面镜干涉装置中，双面镜 M_1 和 M_2 的夹角是 20′，准单色缝光源 S 对 M_1 和 M_2 成两个虚的相干光源 S_1 和 S_2，S 到双面镜交线的距离 $L_1 = 100$cm，接收屏幕与双面镜交线的距离 $L_2 = 100$cm，光源所发光的波长 $\lambda = 600$nm。试问屏幕上干涉条纹间距是多少？

2-5 如习题 2-5 图所示的集成光学中的劈状薄膜光耦合器，由沉积在玻璃衬底上的 Ta_2O_5 薄膜构成，薄膜劈形端从 a 到 b 厚度逐渐减小到零。能量由薄膜耦合到衬底中。为了检测薄膜的厚度，以波长为 6328Å 的氦-氖激光垂直投射，观察到薄膜

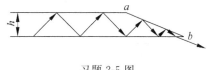

习题 2-5 图

劈形端共展现 15 条暗纹，而且 a 处对应一条暗纹。已知 Ta_2O_5 对波长 6328Å 激光的折射率为 2.20，试问 Ta_2O_5 薄膜的厚度为多少？

2-6 折射率分别为 1.45 和 1.62 的两块玻璃板，使其一端接相触，形成 6′ 的尖劈。将波长 5500Å 的单色光垂直投射在尖劈上，并在上方观察劈的干涉条纹。(1)试求条纹间距；

（2）若将整个劈浸入折射率为 1.52 的杉木油中，则条纹的间距变成多少？（3）定性说明当劈浸入油中后，干涉条纹将如何变化？

2-7　机加工中常常要用块规来校对长度，如习题 2-7 图中，块规 G_1 的长度是标准的，G_2 是要校准的块规，两块块规的两个端面经过磨平抛光。G_1 和 G_2 的长度不等，在它们的上面盖以透明的平板玻璃 G，G 与 G_1、G_2 之间形成空气隙，当用单色光照明 G 的表面时，可产生干涉条纹。（1）设所用光波波长为 500nm，图中，间距 $l=5$cm，观察到等间距的干涉条纹，条纹间距为 0.5mm。试求块规的高度差。怎样判断它们之中哪个长？（2）如果 G 和 G_1 间干涉条纹间距是 0.5mm，G 和 G_2 间干涉条纹间距是 0.3mm，则说明什么问题？

2-8　干涉滤光片结构如习题 2-8 图所示。已知镀银面反射率 $R=0.96$，透明膜的折射率为 1.55，膜厚 $d=4\times10^{-5}$cm，平行光正入射。问：（1）在可见光范围内，透射最强的谱线有几条？（2）每条谱线宽度为多少？

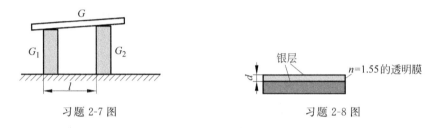

习题 2-7 图　　　　　习题 2-8 图

2-9　如习题 2-9 图所示，单色光源 S 照射平行平板 G，经反射后通过透镜 L 在其焦平面 E 上产生等倾干涉条纹，光源不直接照射透镜，其波长 $\lambda=600$nm，板厚 $d=2$mm，折射率 $n=1.5$。为了在给定系统下看到干涉环，照射在板上的谱线最大允许宽度是多少？

2-10　如习题 2-10 图所示，G_1 是待检物体，G_2 是一标定长度的标准物，T 是放在两物体上的透明玻璃板。假设在波长 $\lambda=550$nm 的单色光垂直照射下，玻璃板和物体之间的锲形空气层产生间距为 1.8mm 的条纹，两物体之间的距离 R 为 80mm，问两物体的长度之差为多少？

2-11　如习题 2-11 图所示的尖劈形薄膜，右端厚度 d 为 0.0417mm，折射率 $n=1.5$，波长为 0.589μm 的光以 $30°$角入射到表面上，求在这个面上产生的条纹数。若以两块玻璃片形成的空气劈尖代替，产生多少条纹？

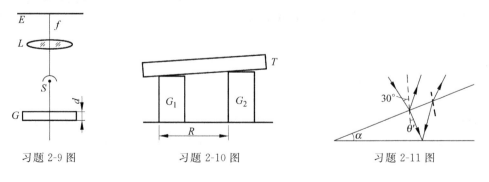

习题 2-9 图　　　习题 2-10 图　　　习题 2-11 图

2-12 焦距为 50cm 的薄正透镜从正中切去宽度为 a 的部分,再将剩下的两半粘接在一起,形成一块比累对切透镜,如习题 2-12 图所示。在透镜一侧的对称轴上放置一个波长为 600nm 的单色点光源,另一侧远方的垂轴屏幕上出现干涉直条纹。测得条纹间距为 0.5mm,且沿轴向移动屏幕时条纹间距不变,求 a。

2-13 透镜表面通常覆盖一层氟化镁(MgF_2)($n=1.38$)透明薄膜,为的是利用干涉来降低玻璃表面的反射。为使波长为 632.8nm 的激光毫不反射地透过,这一覆盖层至少有多厚?

2-14 如习题 2-14 图所示,两平板玻璃在一边相连接,在与此边距离 20cm 处夹一直径为 0.05mm 的细丝,以构成空气楔。若用波长为 589nm 的钠黄光垂直照射,相邻暗条纹间隔为多宽?这一实验有何意义?

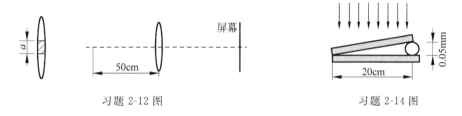

习题 2-12 图   习题 2-14 图

2-15 在牛顿环实验中,平凸透镜的凸面曲率半径为 5m,透镜直径为 20mm,在钠光的垂直照射下($\lambda=589nm$),能产生多少个干涉条纹?若把整个装置浸入 $n=1.33$ 的水中,又会看见多少条纹?

2-16 光学冷加工抛光过程中,经常用"看光圈"的办法检查工件的质量是否符合设计要求。方法是将标准件平凸透镜的球面放在工件平凹透镜的凹面之上,用来检验凹面的曲率。此时,凸面和凹面之间形成一空气层,在光线照射下,可以看到环状干涉条纹。试证明:由中央外数第 k 个明环的半径 r_k 和凸面半径 R_1、凹面半径 R_2 以及波长 λ 之间的关系为 $r_k^2=\left(k-\dfrac{1}{2}\right)\lambda\dfrac{R_1R_2}{R_2-R_1}$。

2-17 用 $\lambda=0.5\mu m$ 的准单色光做牛顿环实验。借助于低倍测量显微镜测得由中心往外数第九个暗环的半径为 3mm,试求牛顿环装置中平凸透镜凸球面半径 R 和由中心往外数第 24 个亮环的半径。

2-18 用迈克耳孙干涉仪作精密测长。光源为 632.8nm 的氦-氖激光,其谱线宽度为 $10^{-4}nm$,光电转换接收系统的灵敏度可达到 1/10 个条纹,求这台仪器的测长精度和测长量程。

2-19 迈克耳孙干涉仪的可调反射镜移动 0.25mm 时,看到条纹移过的数目为 909 个,求所用光波波长。

2-20 调节一台迈克耳孙干涉仪,当用波长 $\lambda=500nm$ 的扩展光源照明时,会出现同心圆环条纹,若要使圆环相继出现 1000 个圆环条纹,则必须调节螺旋使 M_1 移动多远距离?

若中心为亮斑,试计算第一暗环的角半径。

2-21 在玻璃片(n_0=1.6)上镀单层增透膜,膜层材料是氟化镁(n=1.38),控制膜厚使得在正入射下,对于波长 500nm 的光给出最小反射率。试求这个单层膜在下列条件下的反射率(入射光为自然光):

(1) 波长 500nm,入射角为 0°;

(2) 波长 600nm,入射角为 0°;

(3) 波长 500nm,入射角为 30°;

(4) 波长 600nm,入射角为 30°。

2-22 如习题 2-22 图所示为干涉膨胀仪结构示意图,A 为平凸透镜,B 为平玻璃板,C 为金属圆柱,D 为框架,AB 间形成空气膜。若温度变化时,C 发生伸缩,而 A、B 和 D 发生的伸缩可忽略不计,现用波长为 λ=632.8nm 的激光垂直照射。试问:(1)在反射光中观察,看到牛顿环条纹移向中央,这表明金属柱 C 的长度在增加还是减少?(2)若观察到有 10 个亮条纹移到中央而消失,试问 C 的长度变化了多少毫米?

2-23 如习题 2-23 图,若两束相干平行光夹角为 α,在垂直于角平分线的方位,放置一观察屏。证明:屏上干涉亮条间的宽度为 $\Delta x=\dfrac{\lambda}{2\sin\dfrac{\alpha}{2}}$。

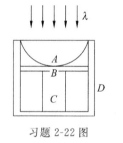 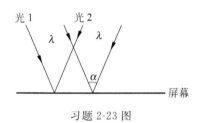

习题 2-22 图　　　　　　　　习题 2-23 图

2-24 如习题 2-24 图是制作全息光栅的装置图。今要在干板处获得每毫米 1200 条线的光栅,试问两反射镜间的夹角是多少?

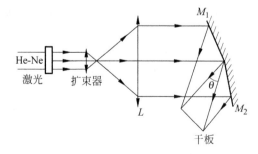

习题 2-24 图

2-25　一平面单色光波垂直投射在厚度均匀的薄油膜上,此油膜覆盖在玻璃板上,所用光源的波长可以连续变化,在 5000Å 与 7000Å 这两个波长处观察到反射光束中的完全相消干涉,而在这两波长之间没有其他的波长发生相消干涉。已知 $n_油=1.30, n_玻璃=1.50$,求油膜厚度。

2-26　在平面干涉仪中。常用条纹半宽度表征条纹的细锐程度,所谓半宽度即光强的最大值一半处所对应的宽度,常以波长间隔 $\Delta\lambda$ 或相邻两相干光的相位差的差 $\Delta\delta$ 来表示。

试由 $I_T=\dfrac{I_0}{1+\dfrac{4R}{(1-R)^2}\sin^2\dfrac{\delta}{2}}$ 推导 $\Delta\delta$ 及 $\Delta\lambda$ 的表达式,并说明其物理意义。

2-27　试证明平面干涉仪的角色散与间隔无关。

2-28　F-P 干涉仪中镀金属膜的两玻璃板内表面的反射系数为 $r=0.8944$,试求锐度系数、条纹半宽度及条纹锐度。

2-29　已知汞绿线的超精细结构为 546.0753nm、546.0745nm、546.0734nm、546.0728nm。问用 F-P 标准具分析这一结构时应如何选取标准具的间距?(设标准具面的反射率 $R=0.9$。)

2-30　在杨氏双缝干涉实验中,准单色光的波长宽度为 0.06nm,平均波长为 540nm。问在小孔 S_1 处贴上多厚的玻璃片,可以使干涉中心 P_0 点附近的条纹消失?设玻璃的折射率为 1.5。

2-31　在杨氏双缝干涉实验中,照射小孔的光源是一个直径为 3mm 的圆形光源。光源发射的光波长为 $0.5\mu\text{m}$,到小孔的距离为 2m。问小孔能够发生干涉的最大距离是多少。

2-32　太阳的直径对地球表面的张角为 $32'$。在暗室中,若直接用太阳光作光源进行干涉实验(不用限制光源尺寸的单缝),则双缝间距不能超过多大?(设太阳光的平均波长为 $0.55\mu\text{m}$,日盘上各点的亮度差可以忽略。)

第3章

光 的 衍 射

　　波动具有两大特性,即干涉现象和衍射现象。光的衍射现象是光的波动性的主要标志之一。本章将根据光的衍射现象和实验事实进一步揭示光的波动性,说明衍射是光在空间或物质中传播的一种基本方式,介绍衍射现象的几种重要应用;将在基尔霍夫衍射公式的基础上讨论菲涅耳近似和夫琅禾费近似,并着重研究夫琅禾费衍射的处理方法及其应用;然后,基于菲涅耳半波带法研究菲涅耳衍射及其应用。

3.1　光的衍射现象

　　光的干涉现象是几束光相干叠加的结果。但是让一束光通过狭缝后,照射到一条金属细线上(作为对光的障碍物),再投射到观察屏上,在影的中央,应该是最暗的地方,实际观察到的却是亮的。光通过狭缝,甚至经过任何物体的边缘,在不同程度上都有类似的情况。这种光波在空间传播遇到障碍时,其传播方向会偏离直线方向,弯入到障碍物的几何阴影中,并呈现光强不均匀分布的现象,叫做光的衍射。

　　衍射现象的出现与否,主要决定于障碍物线度和波长大小的对比,只有在障碍物线度和波长可以相比拟时,衍射现象才明显地表现出来。

3.2　光的衍射原理

3.2.1　惠更斯原理

　　在电磁波传播时,总可以找到相位相同的各点的几何位置,这些点的轨迹是等相面,叫做波面,如图 3-1 所示。惠更斯曾提出利用次波的假设来阐述波的传播现象,从而建立了惠更斯原理,即:任何时刻波面上的每一点都可以作为次波的波源,并各自发出球面次波;在其后的任何时刻,所有这些次波波面的包络面形成整个波在该时刻的新波面。

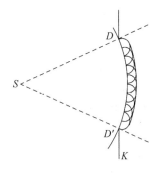

根据这个原理,可以从某一时刻已知的波面位置,求出另一时刻波面的位置,从而可以解释光的直线传播、反射、折射方向。惠更斯原理还可解释晶体的双折射现象。但是,惠更斯原理比较粗糙,还会导致倒退波的存在,不能说明光的衍射过程及其强度分布。

图 3-1　惠更斯原理

3.2.2　惠更斯-菲涅耳原理

菲涅耳根据惠更斯的"次波"假设,考虑到来自于同一波源的子波应该是相干的,因此补充了描述次波的基本特征——相位和振幅的定量表示式,并增加了"次波相干叠加"的原理,

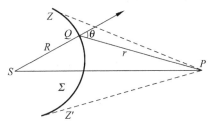

从而发展成为惠更斯-菲涅耳原理,如图 3-2 所示。

根据惠更斯-菲涅耳原理,波面 Σ 上每个面积元 $\mathrm{d}\sigma$ 都可以看成新的波源,波面前方空间某一点 P 的振动可以由 Σ 面上所有次波在该点叠加后的合振幅来表示。面积元 $\mathrm{d}\sigma$ 所发出的各次波的振幅和相位符合下列四个假设。

（1）波面是一个等相位面,因而可以认为 $\mathrm{d}\sigma$ 面上各点所发出的所有次波都有相同的初相位（可令

图 3-2　惠更斯-菲涅耳原理

初相 $\varphi=0$）。

（2）次波在 P 点处所引起振动的振幅与 r 成反比,这相当于表明次波是球面波。

（3）从面积元 $\mathrm{d}\sigma$ 所发次波在 P 点处的振幅正比于 $\mathrm{d}\sigma$ 的面积,且与倾角 θ（面元法线与 QP 的夹角）有关,振幅随 θ 的增大而减小。

（4）次波在 P 点处的相位由光程差 $\Delta=nr$ 决定 $\left(\varphi=\dfrac{2\pi}{\lambda}\Delta\right)$。

根据以上假设,设点光源 S 点的振幅为 A,则波面 Σ 上 Q 点的复振幅可以表示为

$$\widetilde{E}_Q = A\,\frac{\exp(\mathrm{i}kR)}{R} \tag{3-1}$$

其中,R 是光源 S 到 Q 点的距离;k 是波数。

Q 点的波面 $\mathrm{d}\sigma$ 发出的次波在 P 点的振动可表示为

$$\mathrm{d}\widetilde{E}(P) = CK(\theta) \cdot \widetilde{E}_Q \cdot \frac{\exp(\mathrm{i}kr)}{r}\mathrm{d}\sigma$$

其中,C 为比例系数;$r=QP$;$K(\theta)$ 为倾斜引子,与 θ 有关。按照菲涅耳的假设,当 $\theta=0$ 时,$K(\theta)=\mathrm{Max}$（最大值）,随着 θ 增大,K 迅速减小;$\theta \geqslant \pi/2$ 时,$K(\theta)=0$。因此,波面 Σ 上只有

ZZ' 范围内的点对 P 点的光振动有贡献。P 点的复振幅为

$$\widetilde{E}(P) = \frac{CA}{R}\exp(\mathrm{i}kR)\iint\limits_{\Sigma}K(\theta)\frac{\exp(\mathrm{i}kr)}{r}\mathrm{d}\sigma \qquad (3\text{-}2)$$

上式称为菲涅耳衍射积分,一般来说计算此积分式是相当复杂的,但在波面对于通过 P 点的波面法线具有旋转对称性的情况下,积分就比较简单,可用代数加法或矢量加法来代替积分。求解此公式的主要问题是 C、$K(\theta)$ 没有确切的表达式。另外,按照式(3-2)计算出来的相位比实际相位滞后 $\pi/2$,并且假设当 $\theta=0$ 时,$K(\theta)=1$,$\theta\geqslant\pi/2$ 时,$K(\theta)=0$ 作为原理的附加条件。

借助于惠更斯-菲涅耳原理可以解释光的衍射现象。在讨论时,通常根据光源和观察点到障碍物的距离,将衍射现象分为两类:第一类是菲涅耳衍射,障碍物离光源和考察点的距离都是有限的,或其中之一的距离是有限的,也称近场衍射;第二类是夫琅禾费衍射,光源和考察点到障碍物的距离可以认为是无限远,即实际上使用的是平行光束,又称远场衍射。由于实验中常采用平行光束,夫琅禾费衍射较菲涅耳衍射更为重要。

3.2.3　基尔霍夫衍射理论

基尔霍夫从波动方程出发,用场论得出菲涅耳衍射积分比较完善和严格的数学公式,建立起光的衍射理论。

1. 基尔霍夫衍射公式

如图 3-3 所示,用单色点光源 S 照射开孔 Σ,在 Σ 后任一点 P 处产生的光场复振幅可由基尔霍夫衍射公式表示为

$$\widetilde{E}(P) = \frac{A}{\mathrm{i}\lambda}\iint\limits_{\Sigma}\frac{\exp(\mathrm{i}kl)}{l}$$

$$\cdot\frac{\exp(\mathrm{i}kr)}{r}\left[\frac{\cos(\boldsymbol{n},\boldsymbol{r})-\cos(\boldsymbol{n},\boldsymbol{l})}{2}\right]\mathrm{d}\sigma$$

$$(3\text{-}3)$$

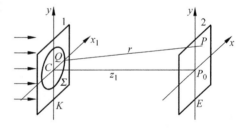

图 3-3　基尔霍夫衍射的近似

其中,A 是离光源单位距离处的振幅;l 是点 S 到 Σ 上点 Q 的距离;r 是点 P 到点 Q 的距离;并设定方向角 $(\boldsymbol{n},\boldsymbol{l})$ 和 $(\boldsymbol{n},\boldsymbol{r})$ 为 Σ 的法向与 $\boldsymbol{l}$ 和 $\boldsymbol{r}$ 的夹角。将式(3-3)与式(3-2)比较,可得

$$K(\theta) = \frac{\cos(\boldsymbol{n},\boldsymbol{r})-\cos(\boldsymbol{n},\boldsymbol{l})}{2}, \quad C = \frac{1}{\mathrm{i}\lambda}, \quad \widetilde{E}_Q = \frac{\exp(\mathrm{i}kl)}{l}$$

其中 $K(\theta)$ 有了具体的表达式;并且 C 的引入,表示次波源的振动相位超前于入射波 $\pi/2$,弥补了惠更斯-菲涅耳原理的不足。

当平行光垂直入射时:$\cos(\boldsymbol{n},\boldsymbol{l})=-1$,$\cos(\boldsymbol{n},\boldsymbol{r})=\cos\theta$;$\dfrac{\exp(\mathrm{i}kl)}{l}\approx\dfrac{\exp(\mathrm{i}kR)}{R}$,则

$$K(\theta) = \frac{1+\cos\theta}{2}$$

可见，当 $\theta=0$ 时，$K(\theta)=1$，倾斜因子达到最大；当 $\theta=\pi$ 时，$K(\theta)=0$，正好弥补了菲涅耳公式中 $K(\pi/2)=0$ 的不足。

2. 基尔霍夫衍射公式的近似

虽然基尔霍夫衍射公式具有明确的数学表达式，但是被积函数往往很复杂，不易得到解的解析形式。在实际工程应用中，可以作一些简化处理。

1）傍轴近似（两点近似）

如图 3-3 所示，单色平面波照射到衍射屏的开孔 Σ 上。在 Σ 与观察屏之间的距离足够大，并且开孔的限度和观察范围都很小时，可以作如下的傍轴近似。

（1）取 $\cos(\boldsymbol{n}\cdot\boldsymbol{r})=\cos\theta\approx1$，因此

$$K(\theta) = \frac{1+\cos\theta}{2} \approx 1$$

（2）在振幅项中取 $\frac{1}{r}\approx\frac{1}{z_1}$；

（3）设定孔径函数 $\widetilde{E}(x_1,y_1)\mathrm{d}\sigma=\widetilde{E}(x_1,y_1)\mathrm{d}x_1\mathrm{d}y_1$，它在 Σ 之外 $\widetilde{E}(x_1,y_1)=0$，在 Σ 之内 $\widetilde{E}(x_1,y_1)=A\frac{\exp(\mathrm{i}kR)}{R}$。

这样，式(3-3)可以近似为

$$\widetilde{E}(x,y) = -\frac{\mathrm{i}}{\lambda z_1}\iint_{-\infty}^{\infty}\widetilde{E}(x_1,y_1)\exp(\mathrm{i}kr)\mathrm{d}x_1\mathrm{d}y_1 \tag{3-4}$$

在上式中，以防引起相位的很大变化，故指数中的 r 未用 z_1 代替。

2）菲涅耳近似

按图 3-3 所示建立孔径平面坐标系 (x_1,y_1) 和观察平面坐标系 (x,y)，则

$$r = \sqrt{z_1^2+(x-x_1)^2+(y-y_1)^2} = z_1\sqrt{1+\frac{(x-x_1)^2+(y-y_1)^2}{z_1^2}}$$

根据级数展开式 $(1+x)^n=1+nx+\frac{n(n-1)}{2!}x^2+\frac{n(n-1)(n-2)}{3!}x^3+\cdots$，上式展开为

$$r = z_1+\frac{(x-x_1)^2+(y-y_1)^2}{2z_1}-\frac{[(x-x_1)^2+(y-y_1)^2]^2}{8z_1^3}+\cdots$$

当 z_1 大到一定程度，第三项引起的相位变化远小于 π 时，即

$$k\frac{[(x-x_1)^2+(y-y_1)^2]^2}{8z_1^3} \ll \pi \tag{3-5}$$

此时，上式第三项及后面的各项均可以忽略，只取前两项得

$$r \approx z_1+\frac{(x-x_1)^2+(y-y_1)^2}{2z_1} \tag{3-6}$$

式(3-6)称为菲涅耳近似,式(3-5)称为菲涅耳近似条件。将式(3-6)代入式(3-4)得 P 点的光场振幅为

$$\widetilde{E}(x,y) = \frac{\mathrm{e}^{\mathrm{i}kz_1}}{\mathrm{i}\lambda z_1} \iint\limits_{-\infty}^{\infty} \widetilde{E}(x_1,y_1) \exp\left\{\mathrm{i}\frac{k}{2z_1}\left[(x-x_1)^2+(y-y_1)^2\right]\right\} \mathrm{d}x_1\mathrm{d}y_1 \qquad (3\text{-}7)$$

3) 夫琅禾费近似

将式(3-6)展开得

$$r = z_1 + \frac{-x_1x-y_1y}{z_1} + \frac{x^2+y^2}{2z_1} + \frac{x_1^2+y_1^2}{2z_1}$$

如果观察屏的距离很远,使得上式的第四项满足

$$k\frac{(x_1^2+y_1^2)_{\max}}{2z_1} \ll \pi \qquad (3\text{-}8)$$

则式(3-6)进一步简化为

$$r \approx z_1 + \frac{-x_1x-y_1y}{z_1} + \frac{x^2+y^2}{2z_1} \qquad (3\text{-}9)$$

式(3-9)称为夫琅禾费近似,式(3-8)称为夫琅禾费近似条件。此时,将式(3-9)代入式(3-4)得 P 点的光场振幅为

$$\widetilde{E}(x,y) = \frac{\exp\left[\mathrm{i}k\left(z_1+\frac{x^2+y^2}{2z_1}\right)\right]}{\mathrm{i}\lambda z_1} \iint\limits_{-\infty}^{\infty} \widetilde{E}(x_1,y_1) \exp\left[-\mathrm{i}\frac{k}{z_1}(xx_1+yy_1)\right]\mathrm{d}x_1\mathrm{d}y_1$$

$$(3\text{-}10)$$

3.3   典型孔径的夫琅禾费衍射

3.3.1   衍射系统及透镜对衍射系统的作用

夫琅禾费衍射是远场衍射,在平行光入射的情况下,观察屏必须放置在离衍射屏很远的地方。例如,设 $\lambda=600\mathrm{nm}$,$(x_1^2+y_1^2)_{\max}=2\mathrm{cm}^2$,则按照式(3-8),对 z_1 的要求为

$$z_1 \gg \frac{(x_1^2+y_1^2)_{\max}}{\lambda} \approx 330\mathrm{m}$$

可见,这个距离通常在实际夫琅禾费衍射装置中难以达到。因此,可如图 3-4 所示,将点光源 S 放在透镜 L_1 的焦点上,观察屏放在透镜 L_2 的焦点上,其焦距为 f。

如果开孔面上的光场均匀,则 $\widetilde{E}(x_1,y_1)$ 可近似为常数。又因为透镜 L_2 紧贴开孔,$z_1 \approx f$,因此,后焦平面上的光场复振幅可以表示为

$$\widetilde{E}(x,y) = C \iint\limits_{\Sigma} \exp\left[-\mathrm{i}k\left(x_1\frac{x}{f}+y_1\frac{y}{f}\right)\right]\mathrm{d}x_1\mathrm{d}y_1 \qquad (3\text{-}11)$$

其中,C 为复数因子,$C=\dfrac{A}{\mathrm{i}\lambda f}\exp\left[\mathrm{i}k\left(f+\dfrac{x^2+y^2}{2f}\right)\right]$。

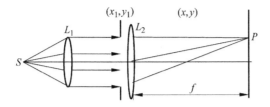

图 3-4 夫琅禾费衍射装置

如图 3-5 所示,将 C 中的指数项取近似得

$$f+\frac{x^2+y^2}{2f}\approx\sqrt{f^2+(x^2+y^2)}=\mid CP\mid\approx r$$

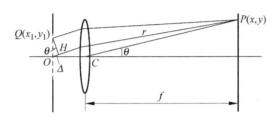

图 3-5 夫琅禾费衍射原理

因此,若孔径很靠近透镜,r 是孔径原点 O 处发出的子波到 P 点的光程,而 kr 则是 O 点到 P 点的相位延迟。即复数因子与 O 点到 P 点的相位延迟有关。

孔径上其他点发出的光波与 O 点光波的光程差为

$$\Delta=OH=\mid OP\mid-\mid QP\mid=\overrightarrow{OQ}\cdot\boldsymbol{q}=x_1\sin\theta_x+y_1\sin\theta_y=\frac{x}{f}x_1+\frac{y}{f}y_1$$

式中,$\theta_x\approx\dfrac{x}{f}$,$\theta_y\approx\dfrac{y}{f}$,因此在积分因子中,相位差 $\dfrac{2\pi}{\lambda}\left(x_1\dfrac{x}{f}+y_1\dfrac{y}{f}\right)$ 恰好是积分中的相位因子,所以式(3-11)积分中是孔径上各点子波的相干叠加。

3.3.2 矩形孔衍射

设夫琅禾费衍射孔为矩形孔,其长和宽分别为 a 和 b,用单位平面波照射,有

$$\widetilde{E}(x_1,y_1)=\begin{cases}1,&\text{在矩形孔以内}\\0,&\text{在矩形孔以外}\end{cases}$$

设 $l=\dfrac{x}{f}$,$m=\dfrac{y}{f}$,即 $l=\sin\theta_x$,$m=\sin\theta_y$,则式(3-11)表示为

$$\widetilde{E}(x,y) = C \int_{-\frac{a}{2}}^{\frac{a}{2}} \int_{-\frac{b}{2}}^{\frac{b}{2}} \exp[-ik(lx_1 + my_1)] dx_1 dy_1$$

积分可得

$$\widetilde{E}(x,y) = Cab \frac{\sin\left(\frac{kla}{2}\right)\sin\left(\frac{kmb}{2}\right)}{\left(\frac{kla}{2}\right) \cdot \left(\frac{kmb}{2}\right)}$$

令 $\alpha = \frac{kla}{2} = \frac{\pi x}{\lambda f}a$, $\beta = \frac{kmb}{2} = \frac{\pi y}{\lambda f}b$ 和 $\widetilde{E}_0 = abC$, 则

$$\widetilde{E}(x,y) = \widetilde{E}_0 \frac{\sin\alpha}{\alpha} \cdot \frac{\sin\beta}{\beta} \tag{3-12}$$

得到 P 点的光强为

$$I = I_0 \left(\frac{\sin\alpha}{\alpha}\right)^2 \left(\frac{\sin\beta}{\beta}\right)^2 \tag{3-13}$$

其中

$$I_0 = |E_0|^2 = (Cab)^2$$

先讨论光强沿 y 轴方向的分布。

在 y 轴上: $x=0$, $\alpha \to 0$, $\left(\frac{\sin\alpha}{\alpha}\right)^2 \to 1$, 所以由式(3-13)得

$$I_y = I_0 \left(\frac{\sin\beta}{\beta}\right)^2 \tag{3-14}$$

对式(3-14)求导,并令一阶导数为零,得

$$\frac{dI_y}{d\beta} = 2I_0 \frac{\sin\beta}{\beta} \frac{\beta\cos\beta - \sin\beta}{\beta^2} = 0 \tag{3-15}$$

1) 主极大值的位置

显然,由式(3-15)可知,当 $\beta=0$ 时,I_y 有主极大值 $I_{max}=I_0$。

2) 极小值的位置

当 $\beta=n\pi$, $n=+1,+2,\cdots$ 时,即当满足 $\frac{\pi yb}{\lambda f}=n\pi$ 条件时,由式(3-14)可知,$I_y=0$,有极小值。极小值的位置为

$$\sin\theta_y = \frac{n\lambda}{b}, \quad n=\pm1,\pm2,\cdots \tag{3-16}$$

$$y = n\frac{\lambda f}{b}$$

主极大值两侧相邻极小值的间隔即主极大值的宽度。此时 $\beta=\pm\pi$, $n=+1$, 所以主极大值半宽度为

$$\Delta y = \frac{\lambda f}{b} \tag{3-17}$$

3）次极大值的位置

由式(3-15)可知,对于其他的极大值点,有

$$\tan\beta = \beta \tag{3-18}$$

β 可用几何作图法求解,如图 3-6 所示。

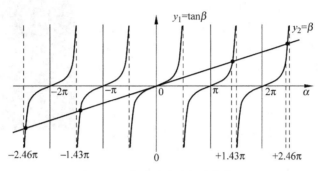

图 3-6　几何法确定次极大值位置

由式(3-18)求解得到的各级次极大的位置如下:

$$\beta = 0, \quad \beta_1 = \pm 1.43\pi, \quad \beta_2 = \pm 2.46\pi, \quad \beta_3 = \pm 3.47\pi, \quad \beta_4 = \pm 4.48\pi, \quad \cdots$$

即

$$\sin\theta_{10} = \pm 1.43\frac{\lambda}{b} \approx \frac{3}{2} \cdot \frac{\lambda}{b}$$

$$\sin\theta_{20} = \pm 2.46\frac{\lambda}{b} \approx \frac{5}{2} \cdot \frac{\lambda}{b}$$

$$\sin\theta_{30} = \pm 3.47\pi \approx \frac{7}{2} \cdot \frac{\lambda}{b}$$

$$\vdots$$

$$\sin\theta_{k0} \approx \pm \left(k + \frac{1}{2} \right)\frac{\lambda}{b}$$

$$I_1 = 0.0472A_0^2, \quad I_2 = 0.0165A_0^2, \quad I_3 = 0.0083A_0^2, \quad \cdots$$

次极大值之间的间隔,即条纹线宽度 e 由两个相邻的极小值决定,如图 3-7 所示。

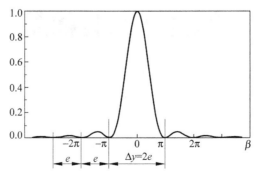

图 3-7　矩形孔衍射在 y 轴的分布

$$e = \frac{\lambda f}{b} \qquad (3-19)$$

同理,衍射在 x 轴上呈现与 y 轴同样的分布。在空间的其他点上,由两者的乘积决定。

矩形孔的夫琅禾费衍射图样如图 3-8 所示。

可见,中央亮斑集中了绝大部分的光能,其宽度的大小可以作为衍射效应强弱的标志。对于给定的波长,由式(3-17)可知,矩形孔尺寸越大,主极大值半值宽度越小,衍射场能量越集中;反之,对光束的限制越大,能量越弥散。当波长远小于孔的尺寸时,主极大值宽度趋于零,此时,光线近似为直线传播,透镜的焦平面上的衍射斑收缩为几何像点。因此,在衍射孔与波长相比拟的情况下会出现衍射效应,几何光学是 $\lambda \to 0$ 时的极限情形。

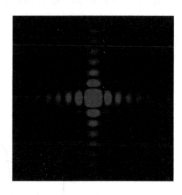

图 3-8　矩形孔的夫琅禾费衍射图样

3.3.3　夫琅禾费单缝衍射

在矩形孔衍射装置中,当 $a \gg b$(或者 $b \gg a$)时,矩形孔变为狭缝。设 $a \gg b$,此时,入射光在 x 方向上的衍射效应可以忽略,只考虑在 y 方向上的衍射效应,如图 3-9 所示。因此,单缝衍射的光强分布为

$$I = I_0 \left(\frac{\sin\beta}{\beta} \right)^2$$

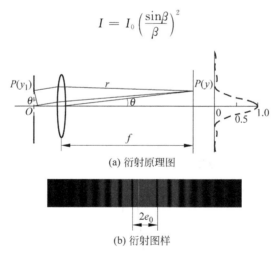

(a) 衍射原理图

(b) 衍射图样

图 3-9　夫琅禾费单缝衍射

由式(3-16),得到极小值的位置为

$$b\sin\theta = n\lambda, \quad n = \pm 1, \pm 2, \cdots \qquad (3-20)$$

其中, $\beta = \frac{kmb}{2} = \frac{\pi}{\lambda} b \sin\theta$, θ 是衍射角。

因为 θ 较小，$\sin\theta = x/f = \theta$，所以中央极大条纹的角半径半宽度为

$$\theta_0 = \frac{\lambda}{b} \qquad (3\text{-}21)$$

相应的线半径半宽度为

$$e_0 = \frac{\lambda}{b} \cdot f$$

单缝衍射图样具有以下特点。

(1) 各级极大值光强不相等，第一级次极大值不到中央极大值的 5%。

(2) 亮条纹到透镜中心所张的角度称为角宽度，中央亮条纹的角宽度等于其他亮条纹角宽度的 2 倍。

说明如下：

$$\sin(\theta_{k0} + \Delta\theta) - \sin\theta_{k0} = \sin\theta_{k0}\cos\Delta\theta + \sin\Delta\theta\cos\theta_{k0} - \sin\theta_{k0}$$

$$\approx \Delta\theta = (k+1)\frac{\lambda}{b} - k\frac{\lambda}{b} = \frac{\lambda}{b}$$

若 L_2 的焦距为 f，则中央亮条纹的线宽度为

$$\Delta l = f(2\Delta\theta) = f\frac{2\lambda}{b}$$

(3) 暗纹是等间距的，次极大值则是不等间距的。

(4) 如用白光作为光源，中央亮纹的中心仍是白色；但由于条纹的宽度是波长的函数，所以中央亮纹的边缘伴有色彩，其他各彩色条纹则逐次重叠展开。

(5) 缝宽 b 对衍射花样产生的影响。

中央极大值的半角宽度 $\Delta\theta = \dfrac{\lambda}{b}$，随着缝的加宽，$\dfrac{\lambda}{b}$ 值减小，在 $b \gg \lambda$ 的极限情况下，$\Delta\theta = 0$，衍射花样压缩为一条亮线，这条亮线正好是没有障碍时光源经透镜 L_1、L_2 后所成的像。由此可见，障碍物使光强分布偏离几何光学规律的程度，可以用中央极大值的半角宽度来衡量，只有在 $\lambda \ll b$ 时，衍射现象才可忽略不计。

(6) $\Delta\theta = \dfrac{\lambda}{b}$ 称为衍射反比率，限制范围越紧，扩展现象越显著，在何方向限制，就在该方向扩展，这有着深刻的物理、哲学意义。

3.3.4　夫琅禾费圆孔衍射

夫琅禾费圆孔衍射如图 3-10 所示，设圆孔半径为 a，圆孔中心位于光轴上，则圆孔上任一点的极坐标 (r_1, ψ_1) 与相应的直角坐标 (x_1, y_1) 的关系为

$$\begin{cases} x_1 = r_1\cos\psi_1 \\ y_1 = r_1\sin\psi_1 \end{cases}$$

同样，在观察平面上任一点 P 的位置，其极坐标 (r, ψ) 与相应的直角坐标 (x, y) 的关系为

$$\begin{cases} x = r\cos\psi \\ y = r\sin\psi \end{cases}$$

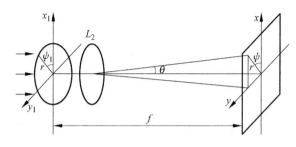

图 3-10　夫琅禾费圆孔衍射

孔径上积分面元取 $\mathrm{d}x_1\mathrm{d}y_1 = r_1\mathrm{d}r_1\mathrm{d}\psi_1$，设孔径函数变为

$$\widetilde{E}(r_1,\psi_1) = \begin{cases} 1, & r \leqslant a \\ 0, & r > a \end{cases}$$

代入夫琅禾费衍射公式(3-11)，得到极坐标的夫琅禾费衍射公式

$$\widetilde{E}(r,\psi) = C\int_0^{2\pi}\!\!\int_0^a \exp\Big[-\mathrm{i}k\,\frac{r}{f}(r_1\cos\psi_1\cos\psi + r_1\sin\psi_1\sin\psi)\Big]r_1\mathrm{d}r_1\mathrm{d}\psi_1$$

设 $r/f = \theta$，则可得到

$$\widetilde{E}(\theta,\psi) = C\int_0^{2\pi}\!\!\int_0^a \exp\big[-\mathrm{i}k\theta r_1\cos(\psi_1-\psi)\big]r_1\mathrm{d}r_1\mathrm{d}\psi_1$$

其中 $\int_0^{2\pi}\exp[-\mathrm{i}k\theta r_1\cos(\psi_1-\psi)]\mathrm{d}\psi_1 = 2\pi \mathrm{J}_0(kr_1\theta)$，$\mathrm{J}_0(kr_1\theta)$ 是零阶贝赛尔函数。利用递推公式

$$\int_0^t x\mathrm{J}_0(x)\mathrm{d}x = t\mathrm{J}_1(x)$$

即有

$$\int_0^{k\theta a}(kr_1\theta)\mathrm{J}_0(kr_1\theta)\mathrm{d}(kr_1\theta) = \int_0^{k\theta a}x\mathrm{J}_0(x)\mathrm{d}x = ka\theta \mathrm{J}_1(ka\theta)$$

最后整理可得

$$\widetilde{E}(\theta,\psi) = \pi a^2 C\,\frac{2\mathrm{J}_1(ka\theta)}{ka\theta} \tag{3-22}$$

其中 πa^2 是圆孔面积。设 $I_0 = (\pi a^2 c)^2$，可由上式得到夫琅禾费圆孔衍射光强分布

$$I(\theta) = I_0\Big(\frac{2\mathrm{J}_1(ka\theta)}{ka\theta}\Big)^2, \quad \theta = \frac{r}{f}$$

令 $I(z) = I_0\Big(\frac{2\mathrm{J}_1(z)}{z}\Big)^2$，其中 $z = ka\theta$。当 $z=0$ 时，$\lim\limits_{z\to 0}\frac{\mathrm{J}_1(z)}{z} = \frac{1}{2}$，$I = I_0$，在中心有极大强度点；当 $z \neq 0$，满足 $\mathrm{J}_1(z) = 0$ 时，$I = 0$，出现暗环位置。

出现次级极大的位置由式(3-22)的二阶贝赛尔函数的零点决定

$$\frac{\mathrm{d}}{\mathrm{d}z}\left[\frac{\mathrm{J}_1(z)}{z}\right] = -\frac{\mathrm{J}_2(z)}{z} = 0$$

夫琅禾费圆孔衍射光强分布如图 3-11 所示。可见,相邻暗环间隔不等,次极大光强比中央极大小得多。其中中央亮斑称为爱里斑,其半径满足(由第一暗纹的位置决定)$z_0 = 1.22\pi$,即

$$z_0 = ka\theta_0 = ka\frac{r_0}{f} = 1.22\pi$$

中央极大值的位置为

$$\sin\theta_0 = 0$$

极小值的位置为

$$\sin\theta_1 = 0.610\frac{\lambda}{a}$$

$$\sin\theta_2 = 1.116\frac{\lambda}{a}$$

$$\sin\theta_3 = 1.619\frac{\lambda}{a}$$

$$\vdots$$

极大值的相对强度为

$$I_0 = 1$$
$$I_1 = 0.0175$$
$$I_2 = 0.0042$$
$$I_3 = 0.0016$$
$$\vdots$$

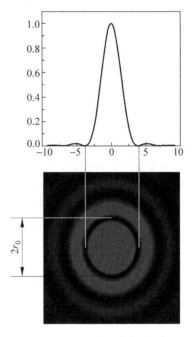

图 3-11 夫琅禾费圆孔衍射
图样及光强分布

爱里斑的半角宽度为

$$\Delta\theta_1 = \sin\theta_1 = 0.61\frac{\lambda}{a} = 1.22\frac{\lambda}{D} \tag{3-23}$$

爱里斑的半径为

$$r_0 = 1.22\frac{\lambda}{D}f \tag{3-24}$$

其中,D 为圆孔直径。

3.4 光学成像系统的衍射和分辨本领

3.4.1 像平面的夫琅禾费衍射

在图 3-12 所示的成像系统中,L 为成像透镜,D 为孔径光阑,S 为物点,S' 为像点(斑)。如果没有衍射效应,则 S' 应为点像。但是,考虑到光波的传播过程,还有孔径光阑的作用,S' 应是会聚球面波经过 D 后的衍射像斑。由于孔径光阑有一定线度,下面用菲涅耳衍射公

式来计算像平面的光强分布。

在菲涅耳近似下对球面波函数作近似处理

$$\widetilde{E}(x_1,y_1) = \frac{A}{R}e^{-ikR}\exp\left[-i\frac{k}{R}(x_1^2 + y_1^2)\right]$$

将上式代入式(3-7)得

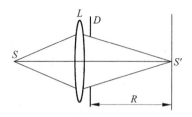

图 3-12　成像系统对近物点
成像示意图

$$\widetilde{E}(x,y) = \frac{A'}{i\lambda R}e^{\frac{ik}{2R}(x^2+y^2)}\iint\limits_{-\infty}^{\infty}\exp\left[-i\frac{k}{R}(xx_1 + yy_1)\right]\mathrm{d}x_1\mathrm{d}y_1$$

$$(3\text{-}25)$$

其中,$A' = A/R$ 是入射波在光阑面上的振幅。可见,式(3-25)与夫琅禾费衍射式(3-11)比较,用 R 代替了 f。这说明,不仅成像系统对于无穷远处的点物在像面上的成像为一个夫琅禾费衍射像,而且成像系统对于近处物点在像面上的成像也为一个夫琅禾费衍射像。一个实际光学系统,对于物点所成的像也不是一个点而是一个衍射光斑。这个衍射光斑中的光强分布与系统孔径的夫琅禾费衍射图样完全相同。

设光学系统通光孔的直径为 D,则由式(3-24),它产生的爱里斑的半径为

$$\rho_0 = \frac{1.22\lambda}{D}f$$

当对点源成像时,衍射斑纹在其像面上,爱里斑的半径为

$$r_0 = \frac{1.22\lambda}{D}R$$

其中,R 为出瞳距。

3.4.2　成像系统的分辨率

光学系统的分辨本领是指光学系统分辨细微结构的能力,即将两个靠近的点物或者物体细节分辨开来的能力。

由于实际光学系统对点物的"像"是因孔径光阑的限制而产生的夫琅禾费衍射图样,所以,当两个物点距离足够近时,其衍射图样可能重合,造成像点不能被有效地分辨开来。具体地讲,实际光学系统的分辨本领是由爱里斑半径的大小决定的。为方便起见,在下面的讨论中,假设两物点的光是独立、不相干的。

如图 3-13 所示为对两个物点成像的光学系统。L 为成像透镜,S_1 与 S_2 为物点,S_1' 与 S_2' 为像点(斑),即衍射图样。在图 3-13(a)中,两个像斑不重合,能够很好地分辨;在图 3-13(c)中,两个像斑已经重合,不能够分辨;在图 3-13(b)中,两个像斑刚好不重合,能够恰好分辨。这时,一个点物衍射图样的中央极大正好与近旁另一个点物衍射图样的中央极小重合,可以作为对光学成像系统恰好分辨两个点物的极限。该分辨标准称为瑞利判据。此时,$\alpha = \theta_0$,其中 α 为两个物点对透镜的张角;θ_0 为点物衍射斑的角半径。显然,当 $\alpha \geqslant \theta_0$ 时,两个点物可以分辨。

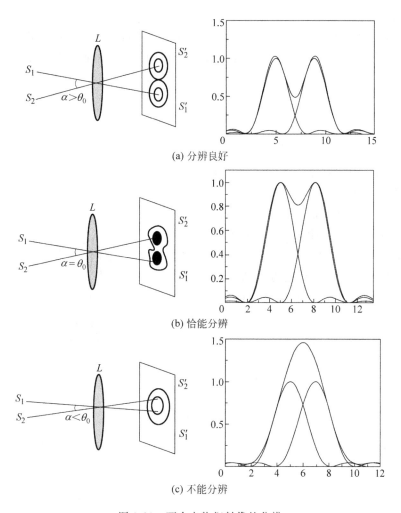

(a) 分辨良好

(b) 恰能分辨

(c) 不能分辨

图 3-13　两个点物衍射像的分辨

1）望远镜的分辨本领

望远镜用于对远处物体进行成像，其分辨本领为恰好能分辨的两个点物对物镜的张角，如图 3-14 所示。设望远镜的通光孔直径为 D，则根据瑞利判据，分辨本领为爱里斑角半径

$$\alpha = \theta_0 = \frac{1.22\lambda}{D} \quad (3\text{-}26)$$

此即望远镜的分辨率公式。望远镜的通光孔直径 D 越大，分辨率越高。可以通过合成孔径的方法使望远镜的直径达到十几米以上。

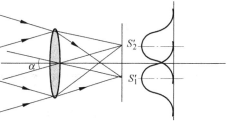

图 3-14　望远镜物镜分辨率示意图

2）照像物镜的分辨本领

照像物镜一般用于对较远的物体成像,其分辨率以平面上每毫米能分辨的直线数 N 来表示。设照像物镜孔径为 D,则在感光底片上能分辨的最靠近的两直线间的距离为

$$\varepsilon' = f\theta_0 = 1.22f\frac{\lambda}{D} \tag{3-27}$$

其中,f 为照像物镜的焦距。显然

$$N = \frac{1}{\varepsilon'} = \frac{D}{1.22f\lambda}(线对/mm) \tag{3-28}$$

其中,D/f 为物镜的相对孔径。同样,物镜的相对孔径 D 越大,分辨率越高。

3）显微镜的分辨本领

显微镜用于观察近处的小物体,其分辨本领为恰好能分辨的两个点物的距离。一般情况下,显微物镜可以限制显微镜的分辨本领。如图 3-15 所示,S_1 和 S_2 为物点,位于焦点附近,它们的像 S_1' 和 S_2' 也是夫琅禾费衍射图样,但是离物镜较远。爱里斑半径为

$$r_0 = 1.22\frac{l'\lambda}{D}$$

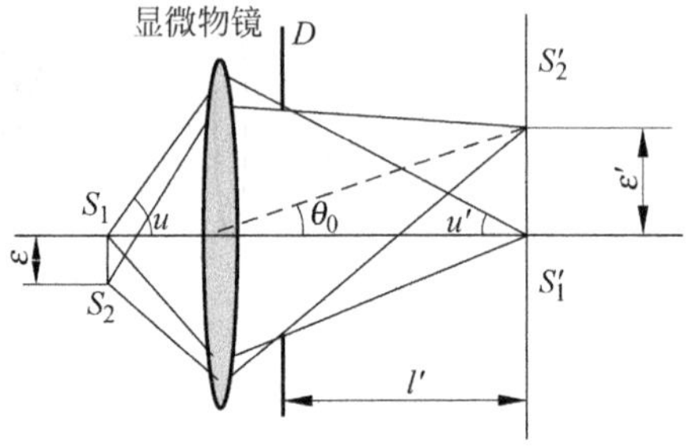

其中 l' 是像距,D 是物镜直径。根据阿贝正弦条件

图 3-15　显微物镜成像原理图

$$n\sin u = n'\sin u'$$

其中,n 和 n' 分别为物方和像方的折射率,一般取 $n'=1$。由于 $l'\gg D$,因此,$\sin u' \approx u' = \frac{D}{2l'}$,所以,分辨本领为

$$\varepsilon = \frac{0.61\lambda}{n\sin u} \tag{3-29}$$

其中,$n\sin u$ 又称显微镜的数值孔径。

3.5　夫琅禾费多缝衍射

本节先讨论夫琅禾费双缝衍射,然后推广到夫琅禾费多缝衍射,最后讨论光栅衍射现象及其特点。

3.5.1　夫琅禾费双缝衍射

夫琅禾费双缝衍射装置如图 3-16 所示。其中 b 为缝宽,d 为双缝的距离,L_1、L_2 为透镜,S 为线光源。在双缝所在平面上建立 x_1-y_1 坐标系,在观察平面上建立 x-y 坐标系。

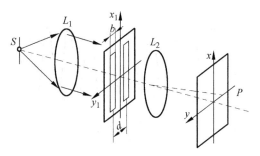

图 3-16 夫琅禾费双缝衍射装置

根据夫琅禾费衍射公式(3-11),即

$$\widetilde{E}(x,y) = C \iint \exp\left[-\mathrm{i}k\left(x_1\frac{x}{f} + y_1\frac{y}{f}\right)\right]\mathrm{d}x_1\mathrm{d}y_1$$

可以计算双缝衍射在观察平面上任一点 P 的衍射光场

$$\widetilde{E}(y) = C\int_{-\infty}^{\infty}\widetilde{E}(y_1)\exp(-\mathrm{i}kmy_1)\mathrm{d}y_1$$

$$= C\int_{-\left(\frac{d}{2}+\frac{b}{2}\right)}^{-\left(\frac{d}{2}-\frac{b}{2}\right)}\exp(-\mathrm{i}kmy_1)\mathrm{d}y_1 + C\int_{\frac{d}{2}-\frac{b}{2}}^{\frac{d}{2}+\frac{b}{2}}\exp(-\mathrm{i}kmy_1)\mathrm{d}y_1$$

$$= 2aC\frac{\sin\dfrac{kmb}{2}}{\dfrac{kmb}{2}}\cos\left(km\frac{d}{2}\right)$$

其中,令 $\delta = kmd = kd\sin\theta$,是双缝对应 P 点的相位差,$k=\dfrac{2\pi}{\lambda}$,如图 3-17 所示。由此得到 P 点的光强为

$$I(y) = \widetilde{E}\cdot\widetilde{E}^* = 4I_0\left(\frac{\sin\beta}{\beta}\right)^2\cos^2\left(\frac{\delta}{2}\right) \tag{3-30}$$

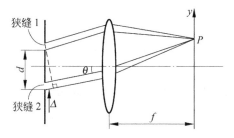

图 3-17 夫琅禾费双缝衍射示意图

夫琅禾费双缝衍射光强分布如图 3-18 所示,此时 $d=3b$,可见光强分布是单缝衍射因子 $4I_0\left(\dfrac{\sin\beta}{\beta}\right)^2$ 对双缝干涉因子 $\cos^2\left(\dfrac{\delta}{2}\right)$ 的调制。

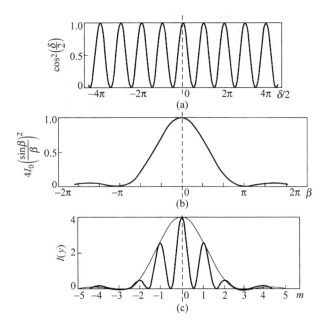

图 3-18　夫琅禾费双缝衍射光强分布

3.5.2　夫琅禾费多缝衍射理论

在夫琅禾费多缝衍射中,设 b 为缝宽, d 为双缝的距离,缝数为 N,实验装置如图 3-19 所示。

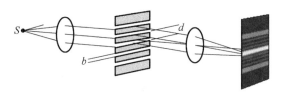

图 3-19　夫琅禾费多缝衍射实验装置

相邻两个缝中心之间到 P 点的光程差 $\Delta = d\sin\theta$,相位差 $\delta = \dfrac{2\pi}{\lambda}d\sin\theta$,其中 $\sin\theta = y/f$。对于夫琅禾费单缝衍射,由式(3-12)可知沿 y 轴方向分布时在观察点 P 的复振幅为

$$\widetilde{E} = E_0 \left(\frac{\sin\beta}{\beta} \right)$$

其中 $\beta = \dfrac{kb}{2}\sin\theta$,考虑到观察点 P 的复振幅为所有相干单缝复振幅的合成,因此有

$$\widetilde{E} = \widetilde{E}_0 \frac{\sin\beta}{\beta} + \widetilde{E}_0 \frac{\sin\beta}{\beta}e^{i\delta} + \widetilde{E}_0 \frac{\sin\beta}{\beta}e^{i2\delta} + \cdots + \widetilde{E}_0 \frac{\sin\beta}{\beta}e^{i(N-1)\delta}$$

$$= \widetilde{E}_0 \frac{\sin\beta}{\beta}[1 + e^{i\delta} + e^{i2\delta} + \cdots + e^{i(N-1)\delta}]$$

$$= \widetilde{E}_0 \frac{\sin\beta}{\beta} \cdot \frac{e^{iN\delta/2}(e^{-iN\delta/2} - e^{iN\delta/2})}{e^{i\delta/2}(e^{-i\delta/2} - e^{i\delta/2})}$$

$$= \widetilde{E}_0 \frac{\sin\beta}{\beta} \cdot \frac{\sin(N\delta/2)}{\sin(\delta/2)}e^{i(N-1)\delta/2}$$

所以 P 点处光强度为

$$I = \widetilde{E}\,\widetilde{E}^* = I_0\left(\frac{\sin\beta}{\beta}\right)^2 \cdot \left[\frac{\sin(N\delta/2)}{\sin(\delta/2)}\right]^2 \tag{3-31}$$

可见,光强度由两个因子决定:单缝衍射因子 $\left(\frac{\sin\beta}{\beta}\right)^2$ 和多缝干涉因子 $\left[\frac{\sin(N\delta/2)}{\sin(\delta/2)}\right]^2$。这表明,多缝衍射也是衍射和干涉两种效应共同作用的结果,是单缝衍射对多缝干涉的调制。

1. 多缝衍射的特点

1) 主极大值条件

当 $\delta = \frac{2\pi}{\lambda}d\sin\theta = 2m\pi, m = 0, \pm1, \pm2, \cdots$ 时,即

$$d\sin\theta = m\lambda, \quad m = 0, \pm1, \pm2, \cdots \tag{3-32}$$

$$\left[\frac{\sin(N\delta/2)}{\sin(\delta/2)}\right]^2 \to N^2$$

此时,在 θ 方向上产生极大,各级主极大值为

$$I_{p\max} = N^2 I_0\left(\frac{\sin\beta}{\beta}\right)^2 \tag{3-33}$$

这表明多缝衍射在各级主极大的强度是单缝衍射在各级主极大强度的 N^2 倍,零级主极大的强度最大,等于 $N^2 I_0$。主极大的位置与缝数无关,主极大的级次受到衍射角的限制。d 越小,条纹间隔越大。由于 $|\sin\theta| \leqslant 1$,m 的取值有一定的范围,故只能看到有限级的衍射条纹。式(3-32)又称光栅方程。

2) 极小值条件

当 $\frac{\delta}{2} = \left(m + \frac{m'}{N}\right)\pi, m' = 1, 2, \cdots, N-1$ 时,即

$$d\sin\theta = (m + \frac{m'}{N})\lambda, \quad m' = 1, 2, \cdots, N-1 \tag{3-34}$$

干涉因子 $\left[\frac{\sin(N\delta/2)}{\sin(\delta/2)}\right]^2$ 有零值,此时光强在两主极大间有 $N-1$ 个零值。

3) 条纹的角宽度

条纹的角宽度是指相邻两极小之间的距离。由式(3-34)得到各级条纹的角宽度为

$$\Delta\theta = \frac{\lambda}{Nd\cos\theta} \qquad\qquad (3\text{-}35)$$

这也是主极大的半角宽度。此式表明缝数 N 越大,主极大的宽度越小,反映在观察面上主极大亮纹越亮、越细。

4）次极大的特点

在两个极大之间有 $N-1$ 个零点,有 $N-2$ 个次级极值,也称次极大。次极大的位置由多缝干涉因子求导决定。可以证明,主极大旁边的次极大,其强度也只有主极大强度的 4% 左右。多缝衍射图样如图 3-20 所示,其中 $N=4$,$d=4b$。

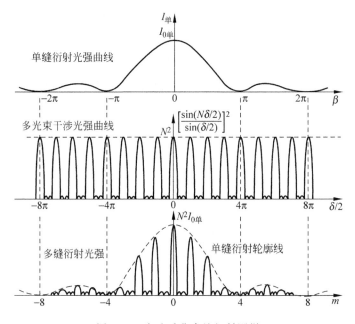

图 3-20   夫琅禾费多缝衍射图样

5）缺级

若干涉因子的某级主极大值刚好与衍射因子的某级极小值重合,则这些级次对应的主极大就消失了,形成缺级现象。即,由于单缝衍射的影响,在应该出现亮纹的地方,不再出现亮纹。缺级时衍射角同时满足如下条件。

由式(3-20)确定单缝衍射极小条件:

$$b\sin\theta = n\lambda, \quad n = \pm 1, \pm 2, \cdots$$

由式(3-32)确定缝间光束干涉极大条件:

$$d\sin\theta = m\lambda, \quad m = 0, \pm 1, \pm 2, \cdots$$

因此,缺级的条件为

$$m = n\left(\frac{d}{b}\right) \qquad\qquad (3\text{-}36)$$

其中,m 就是所缺的级次。当 $N=5,d=3b$ 时引起的缺级现象如图 3-21 所示。

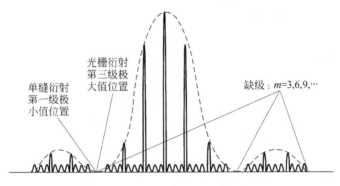

图 3-21 夫琅禾费多缝衍射缺级现象示意图

2. 衍射图样的特点

夫琅禾费单缝、双缝、4 缝、8 缝、16 缝的衍射图样如图 3-22 所示。其衍射图样的特点如下。

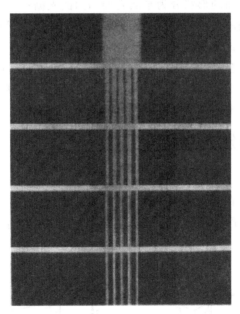

图 3-22 衍射图样照片
（从上到下依次为单缝、双缝、4 缝、8 缝、16 缝）

(1) $\theta=0$ 的一组平行光会聚于一点,形成中央明纹,两侧出现一系列明暗相间的条纹;

(2) 衍射明纹亮且细锐,其亮度随缝数 N 的增多而增强,且变得越来越细,条纹明暗对比度高;

(3) 单缝衍射的中央明纹区内的各主极大很亮,而两侧明纹的亮度急剧减弱,其光强分布曲线的包络线具有单缝衍射光强分布的特点。

3.6 衍射光栅

能对入射光波的振幅或相位进行空间周期性调制,或对振幅和相位同时进行空间周期性调制的光学元件称为衍射光栅。衍射光栅的夫琅禾费衍射图样为光栅光谱。光栅光谱是在焦面上一条条亮而窄的条纹,条纹位置随照明波长而变。复色光波经过光栅后,每一种波长形成各自一套条纹,且彼此错开一定距离,这样就可区分照明光波的光谱组成,这是光栅的分光作用。利用光栅还可以精确地测量光的波长,它是重要的光学元件,广泛应用于物理、化学、天文、地质等基础学科和近代生产技术的许多部门。

衍射光栅可以按照以下方式进行分类:

(1) 按照对光波的调制方式分为振幅型和相位型;

(2) 按照工作方式分为透射型和反射型;

(3) 按照光栅工作表面的形状分为平面光栅和凹面光栅;

(4) 按照对入射波调制的空间分为二维平面光栅和三维体积光栅;

(5) 按照光栅制作方式分为机刻光栅、复制光栅、全息光栅。

其中,透射光栅是在光学平玻璃上刻划出一道道等间距的刻痕,刻痕处不透光,未刻处是透光的狭缝;反射光栅是在金属反射镜上刻划一道道刻痕,刻痕上发生漫反射,未刻处在反射光方向发生衍射,相当于一组衍射条纹。

3.6.1 光栅的分光性能

1. 光栅方程

决定各级主极大位置的公式称为光栅方程。在正入射时,设计和使用的基本光栅方程为式(3-32)。图 3-23 为平行光以入射角斜入射到反射光栅上时的情况。在图 3-23(a)中的光程差为

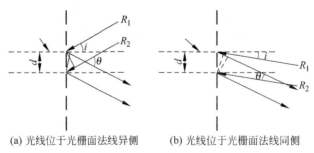

(a) 光线位于光栅面法线异侧　　(b) 光线位于光栅面法线同侧

图 3-23　反射光栅示意图

$$\Delta = d(\sin i - \sin \theta) = m\lambda$$

其中，i 为入射角；θ 为衍射角。图 3-23(b)中的光程差为

$$\Delta = d(\sin \theta + \sin i) = m\lambda$$

因此，光栅方程为

$$d(\sin i + \sin \theta) = m\lambda, \quad m = 0, \pm 1, \pm 2, \cdots \tag{3-37}$$

其中符号规则为：光线位于光栅面法线异侧，取"－"号；反之，取"＋"号。

2. 光栅光谱与色散

由光栅方程式(3-32)可知，除零级外，不同波长的同一级主极大对应不同的衍射角，这种现象称为光栅的色散。光栅光谱线是多色光的各级亮线。光栅有色散，说明它有分光能力，即将不同波长的光分开的能力。

光栅的色散用角色散和线色散来表示。角色散表示将波长相差 0.1nm 的两条谱线分开的角距离，它与光栅常数 d 和谱线级次 m 的关系可从光栅方程求得。对光栅方程式(3-32)两边微分得角色散为

$$\frac{\mathrm{d}\theta}{\mathrm{d}\lambda} = \frac{m}{d\cos\theta} \tag{3-38}$$

角色散体现了衍射角 θ 与 λ 的关系。上式表明光栅的角色散与光栅常数成反比，与级次成正比。

光栅的线色散是指聚焦物镜焦面上单位波长分开的距离。设 f 为物镜的焦距，则线色散为

$$\frac{\mathrm{d}l}{\mathrm{d}\lambda} = f\frac{\mathrm{d}\theta}{\mathrm{d}\lambda} = f\frac{m}{d\cos\theta} \tag{3-39}$$

角色散和线色散是光谱仪的一个重要的质量指标。d 越大，色散越大，越容易将两条靠近的谱线分开。一般光栅常数很小，通常光栅每毫米有几百至几千条刻线，所以光栅具有很大的色散本领。

3. 光栅的色分辨本领

光栅的色分辨本领是指可分辨两个波长差很小的谱线的能力。考察两条波长 λ 和 $\lambda + \Delta\lambda$ 的谱线，如果它们由于色散所开的距离正好使一条谱线的强度极大值和另一条谱线极大值边上的极小值重合，根据瑞利判据，这两条谱线刚好可以分辨，这时的波长差 $\Delta\lambda$ 就是光栅所能分辨的最小波长差。光栅的色分辨本领定义为

$$A = \frac{\lambda}{\Delta\lambda} \tag{3-40}$$

根据半角宽度的表达式(3-35)，并将色散方程(3-38)代入得

$$\Delta\lambda = \left(\frac{\mathrm{d}\lambda}{\mathrm{d}\theta}\right)\Delta\theta = \frac{d\cos\theta}{m} \cdot \frac{\lambda}{Nd\cos\theta} = \frac{\lambda}{mN} \tag{3-41}$$

则光栅的色分辨本领为

$$A = \frac{\lambda}{\Delta\lambda} = mN \tag{3-42}$$

光栅的色分辨本领正比于光谱级次和光栅线数,与光栅常数无关,并与 F-P 标准具的分辨本领定义一致。两者的分辨本领都很高,但光栅是由于刻线数 N 很大;而 F-P 标准具是由于高干涉级,它的有效光束数不大。

4. 光栅的自由光谱范围

如果不同的波长 λ_1 和 λ_2 同时满足 $d\sin\theta = m_1\lambda_1 = m_2\lambda_2$,这表明 λ_1 的 m_1 级和 λ_2 的 m_2 级会同时出现在一个 θ 角处,即 λ_1 和 λ_2 的两条谱线发生了重叠,从而造成光谱级的重叠,如图 3-24 所示。

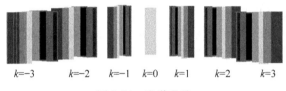

$k=-3 \qquad k=-2 \qquad k=-1 \quad k=0 \quad k=1 \qquad k=2 \qquad k=3$

图 3-24   光谱重叠

在波长 λ 的 $m+1$ 级谱线和波长 $\lambda+\Delta\lambda$ 的 m 级谱线重叠时,波长在 λ 到 $\lambda+\Delta\lambda$ 之内的不同级谱线是不会重叠的。光谱的不重叠区 $\Delta\lambda$ 可由下式得到:

$$m(\lambda + \Delta\lambda) = (m+1)\lambda$$

因此有

$$\Delta\lambda = \frac{\lambda}{m} \tag{3-43}$$

由于光栅使用的光谱级 m 很小,所以它的自由光谱范围 $\Delta\lambda$ 比较大。

3.6.2　平面定向光栅(闪耀光栅)

根据光栅分光原理,光栅衍射的零级主极大无色散作用,不能用于分光。光栅分光必须利用高级次谱线。但是多缝衍射的零级谱线占有很大一部分能量,而较高级次的光谱占有很少一部分能量,因此衍射效率低。解决这一问题的方法是将衍射的极大方向变换到高级谱线上(称为平面定向光栅或者闪耀光栅),将光栅面法线与刻划面法线分开,使光强度的分布发生改变,如图 3-25 所示。栅面法线与刻划面法线的夹角为 γ,光线入射角为 α,反射角为 β,入射光线与栅面法线的夹角为 i,反射光线与栅面法线的夹角为 θ。

光强度分布最大的方向满足反射定律,即 $\alpha = \beta$,而衍射级次应由下面的光栅方程决定

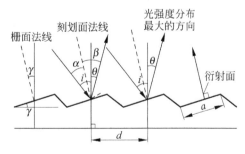

图 3-25   闪耀光栅原理图

$$\Delta = d(\sin i - \sin \theta) = m\lambda$$

可知衍射零级方向为 $\theta = i$。由图 3-25 可知，$i = \alpha + \gamma = \beta + \gamma = \theta + 2\gamma$，代入上式表示的光栅方程，并整理得

$$2d\sin\gamma\cos(i - \gamma) = m\lambda \tag{3-44}$$

式中，λ、m 为要求具有最大光强的波长(闪烁波长)和级次。可见，根据给定的 d 和 i 可求得 γ。

如果选择"自准条件"入射，即 $i = \gamma$，则有 $\alpha = \beta = 0$，式(3-44)变为

$$2d\sin\gamma = m\lambda \tag{3-45}$$

当 $m = 1$ 时，对应的 $\lambda = \lambda_B$ 称为闪耀波长，此时光强最大值正好分布在衍射的 1 级光谱上(在 γ 方向上)。对 λ_B 的一级光谱闪烁的光栅对 $\lambda_B/2$ 的 2 级光谱和 $\lambda_B/3$ 的 3 级光谱也闪耀。应用时，可根据 λ_B 确定 γ。由于中央衍射有一定的宽度，所以闪耀波长附近的谱线也有相当大的强度，因而闪耀光栅可用于一定的波长范围。

3.7   菲涅耳衍射

如前所述，虽然可以通过菲涅耳衍射积分来求解观察平面上的光场，但是计算工作量较大。如果借助于菲涅耳处理衍射问题的天才思想，把波面细分成若干个环状半波带，那么，不必进行繁琐的数学计算，只需根据环状半波带的数目，便可以判定场点的光强和亮暗，这就是菲涅耳半波带法。

3.7.1   菲涅耳半波带

现以点光源为例说明惠更斯-菲涅耳原理的应用，如图 3-26 所示。B_0 称为 P 点对于波面的极点。现在来确定光波到达对称轴上任一 P 点时波面 Σ 所起的作用。

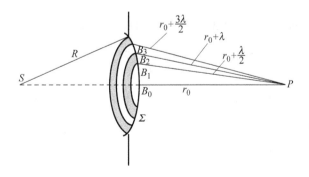

图 3-26   菲涅耳半波带法示意图

令 $B_0P = r_0$，设想将波面分为许多环形带，使得由每两个相邻带的边缘到 P 点的距离相差为半波长，即

$$B_1P - B_0P = B_2P - B_1P = B_3P - B_2P = \cdots = B_kP - B_{k-1}P = \frac{\lambda}{2}$$

在这种情况下,由任何两个相邻带的对应部分所发的次波到达 P 点时的光程差为 $\frac{\lambda}{2}$,亦即它们以相反的相位同时到达 P 点。这样分成的环形带叫做菲涅耳半波带。

以 $a_1, a_2, \cdots, a_k$ 分别表示各半波带发出的次波在 P 点所产生的振幅,k 个半波带所发次波到达 P 点时叠加后,其合振幅 A_k 为

$$A_k = a_1 - a_2 + a_3 - a_4 + a_5 + \cdots + (-1)^{k+1}a_k \qquad (3\text{-}46)$$

按照惠更斯-菲涅耳原理,有

$$a_k \propto k(\theta_k)\frac{\Delta S_k}{r_k}$$

为了计算 $\frac{\Delta S_k}{r_k}$,我们分析如图 3-27 所示球面半径为 R 的球冠,其面积为

$$S = 2\pi R \cdot R(1 - \cos\varphi) = 2\pi R^2(1 - \cos\varphi)$$

而

$$\cos\varphi = \frac{R^2 + (R + r_0)^2 - r_k^2}{2R(R + r_0)}$$

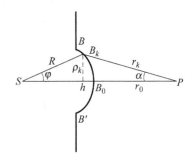

图 3-27　菲涅耳半波带原理

将上列两式分别微分,得

$$\mathrm{d}S = 2\pi R^2 \sin\varphi \mathrm{d}\varphi$$

$$\sin\varphi \mathrm{d}\varphi = \frac{r_k \mathrm{d}r_k}{R(R + r_0)}$$

则有

$$\frac{\mathrm{d}S}{r_k} = \frac{2\pi R}{R + r_0}\mathrm{d}r_k$$

因为 $r_k \gg \lambda$,可将 $\mathrm{d}r_k$ 视作 $\frac{\lambda}{2}$,而 $\mathrm{d}S$ 即为半波带的面积,于是

$$\frac{\Delta S_k}{r_k} = \frac{\pi R\lambda}{R + r_0}$$

由此可知 $\frac{\Delta S_k}{r_k}$ 与 k 无关,即它对每个半波带都是相同的。影响 a_k 大小的因素中只剩下倾斜因子 $k(\theta_k)$。从一个半波带到邻近一个半波带,θ_k 的数值变化甚微,因而 $k(\theta_k)$ 和 a_k 随 k 的增加而缓慢地减小,其相位逐个相差 π。

根据上面的分析可知,$a_i \approx \frac{1}{2}(a_{i-1} + a_{i+1})$,则由式(3-46)可得

$$A_k = \frac{1}{2}a_1 + \left(\frac{1}{2}a_1 - a_2 + \frac{1}{2}a_3\right) + \left(\frac{1}{2}a_3 - a_4 + \frac{1}{2}a_5\right) + \cdots$$

$$\approx \frac{1}{2}a_1 \pm \frac{1}{2}a_k = \frac{1}{2}\left[a_1 + (-1)^{k-1}a_k\right] \tag{3-47}$$

其中 k 为奇数时取正号,偶数时取负号。

3.7.2　圆孔和圆屏衍射

1. 圆孔衍射

将一束光投射在一个小圆孔上,如图 3-28 所示,在距孔 $1\sim2\mathrm{m}$ 处放置一块毛玻璃屏,观察小圆孔的衍射花样。

在三角形 BPO 中:

$$\rho_k^2 = r_k^2 - (r_0 + h)^2 = r_k^2 - r_0^2 - 2r_0h - h^2$$
$$\approx r_k^2 - r_0^2 - 2r_0h \tag{3-48}$$

还有关系

$$r_k^2 - r_0^2 = \left(r_0 + \frac{k\lambda}{2}\right)^2 - r_0^2 = k\lambda r_0 + \left(\frac{k\lambda}{2}\right)^2 \approx k\lambda r_0 \tag{3-49}$$

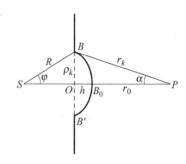

图 3-28　菲涅耳圆孔衍射

在三角形 BSO 中:

$$\rho_k^2 = R^2 - (R - h)^2 = r_k^2 - (r_0 + h)^2$$

即

$$2Rh - h^2 = r_k^2 - r_0^2 - 2r_0h - h^2$$

所以有

$$h = \frac{r_k^2 - r_0^2}{2(R + r_0)} \tag{3-50}$$

将式(3-50)和式(3-49)代入式(3-48)得

$$\rho_k^2 = k\lambda r_0 - \frac{r_0 k\lambda r_0}{R + r_0} = k\lambda r_0 \left(1 - \frac{r_0}{R + r_0}\right) = k\frac{r_0 R}{R + r_0}\lambda$$

即

$$k = \frac{\rho_k^2(r_0 + R)}{\lambda r_0 R} = \frac{\rho_k^2}{\lambda}\left(\frac{1}{r_0} + \frac{1}{R}\right) \tag{3-51}$$

如果用平行光照射圆孔,$R \to \infty$,则

$$\rho_k = \sqrt{k\lambda r_0} \tag{3-52}$$

P 点合振幅的大小取决于露出的带数 k,而当波长及圆孔的位置和大小都给定时,k 取决于观察点 P 的位置。与 k 为奇数相对应的那些点,合振幅 A_k 较大;与 k 为偶数相对应的那些点,A_k 较小。这个结果很容易用实验来证实,如图 3-29 所示。

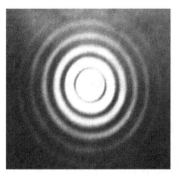

图 3-29　菲涅耳圆孔衍射花样

如果不用光阑,相当于圆孔的半径为无限大,a_k 为无限小。由式(3-47),此时 P 点的合振幅为 $A_\infty = \frac{a_1}{2}$,即没有遮蔽的整个波面对 P 点的作用等于一个波带在该点作用的一半。

波带的面积非常小,例如:$\lambda = 5000\text{Å}$,$R = r_0 = 1\text{m}$ 时,第一个波带的面积约为 $\frac{3}{4}\text{mm}^2$,半径约为 $\frac{1}{2}\text{mm}$。所以没有遮蔽的整个波面光波的传播,几乎可以看作沿 SP 直线进行,这也是一般把光视作直线传播的缘由。P 点离开光源越远,a 愈小,光强愈弱。在此情况下屏沿着对称轴线前进时,不发生上述某些点较强和某些点较弱的现象。

如果圆孔的半径具有一定的大小,观察点 P 的位置仅使波面上露出第一个带,即 $k=1$,则由式(3-47)得

$$A_1 = a_1$$

可见,与没有光阑时比较,振幅是原来的 2 倍,光强则增加到 4 倍。所以光在通过圆孔以后到达任一点时的光强,不能够单独由光源到该点的距离来决定,还取决于圆孔的位置及大小。只有当圆孔足够大,使 $\frac{a_k}{2}$ 小到可以略去不计时,才和光的直线传播概念所推得的结果一致。

所有这些讨论都假定 S 是理想的点光源,但实际的光源都有一定的大小,光源的每点各自产生其自己的衍射花样,它们是不相干的,光源的线度应小到使光源上某些点所产生的亮条纹不致落到另外一些点所产生的暗条纹上去。否则,由于不相干叠加,衍射花样就会完全模糊了,通常情况不会产生衍射花样,正是由于这个缘故。

2. 菲涅耳圆屏衍射

下面讨论点光源发出的光通过圆屏边缘时的衍射现象。如图 3-30 所示,S 为点光源,光路上有一不透明的圆屏,现在先讨论 P 点的振幅。设圆屏遮蔽了开始的 k 个带。于是从第 $k+1$ 个带开始,所有其余的带发出的次波都能到达 P 点。把所有这些带的次波叠加起来,可由式(3-47)得 P 点的合振幅为

$$A = \frac{a_{k+1}}{2}$$

即不论圆屏的大小和位置怎样,圆屏几何影子的中心永远有光。不过圆屏的面积越小时,被遮蔽的带的数目就越小,因而 a_{k+1} 就越大,到达 P 点的光就越强。变更圆屏和光源之间或圆屏和 P 之间的距离时,k 也将因之改变,因而也将影响 P 点的光强。

如果圆屏足够小,只遮住中心带的一小部分,则光看起来可以完全绕过它,除了圆屏影子中心有亮点外没有其他影子。这个初看起来似乎是荒谬的结论,是泊松于 1818 年在巴黎科学院研究菲涅耳的论文时把它当作菲涅耳论点谬误的证据提出来的。但阿喇果做了相应的实验,观察到了圆屏影子中心的亮点证实了菲涅耳理论的正确性,如图 3-31 所示,称为泊松亮斑。

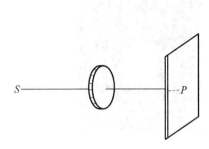

图 3-30　菲涅耳圆屏衍射装置

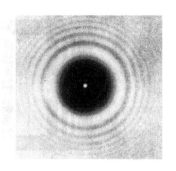

图 3-31　菲涅耳圆屏衍射照片

3. 菲涅耳波带片

根据以上的讨论,可以看到圆屏的作用能使点光源造成实像,可以设想它和一块会聚透镜相当。另一方面,从菲涅耳半波带的特征来看,对于通过波带中心而与波带面垂直的轴上一点来说,圆孔露出半波带的数目 k 可为奇数或偶数。如果设想制造这样一种屏,使它对于所考查的点只让奇数半波带或只让偶数半波带透光。这样在考查点处振动的振幅为

$$\begin{cases} A_k = \sum_k a_{2k+1} \\ A_k = \sum_k a_{2k} \end{cases} \tag{3-53}$$

这样做成的光学元件叫做菲涅耳波带片。由式(3-52)可知,各菲涅耳半波带的半径正比于序数 k 的平方根,所以波带片可按如下方法制作:先在绘图纸上画出半径正比于序数 k 的平方根的一组同心圆,把相间的波带涂黑,然后用照相机拍摄在底片上,该底片即为波带片,如图 3-32 所示;还可做成长条形、方形波带片,如图 3-33 所示。

(a) 挡住偶数个半波带

(b) 挡住奇数个半波带

图 3-32　菲涅耳波带片

如果波带片对考查点露出前 5 个奇数半波带,则考查点的振幅为

$$A_k = a_1 + a_3 + a_5 + a_7 + a_9 = 5a_1$$

这是不用光阑时振幅的 10 倍,光强则为 100 倍。如果以偶数个波带代替,上述结果也成立。

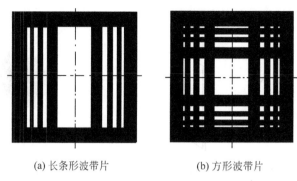

(a) 长条形波带片   (b) 方形波带片

图 3-33   长条形、方形波带片

由于波带片能使点光源成一实像,故有类似于透镜成像的功用,其物距 R 和像距 r_0 所遵从的关系和透镜的物像公式相仿。由式(3-51)得

$$\frac{1}{r_0} + \frac{1}{R} = \frac{1}{\dfrac{\rho_k^2}{k\lambda}}$$

和一般的会聚透镜一样,波带片也有它的焦距,透镜的焦距就是发光点在无限远时的像距。

令 $R \to \infty$,得

$$f' = r_0 = \frac{\rho_k^2}{k\lambda}$$

即

$$\frac{1}{R} + \frac{1}{r_0} = \frac{1}{f'} \tag{3-54}$$

这和薄透镜的物像公式完全相似。

波带片的焦距取决于波带片通光孔的半径 ρ_k、波带数 k 和波长 λ。由于波带片的焦聚和光波波长有密切的关系,因此波带片的色差大。由于波带片尚有 $f'/3$、$f'/5$、……焦距存在,波带片成像的情况与透镜成像的情况也有所不同。对于给定的物点,对应于不同的焦距,波带片可以给出多个像点。

3.7.3   夫琅禾费单缝衍射的半波带法

夫琅禾费单缝衍射装置示意图如图 3-34 所示。其中 S 为单色光源,b 为缝宽,θ 为衍射角。设狭缝的点 A 和点 B 到观察点 P 的光程差为

$$\Delta = b\sin\theta$$

根据前面的分析,随着衍射角 θ 的增大,光程差变大,观察点的光强减小,明亮程度变差。

当 $\Delta = \lambda$ 时,可将缝分为两个"半波带",如图 3-35(a)所示,两个"半波带"发出的光在 P 处干涉相消形成暗纹;当 $\Delta = \dfrac{3}{2}\lambda$ 时,可将缝分为 3 个"半波带",如图 3-35(b)所示,此时,在

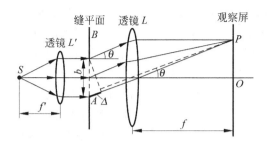

图 3-34 夫琅禾费单缝衍射装置示意图

P 处为明纹(近似);当 $\Delta=2\lambda$ 时,可将缝分为 4 个"半波带",如图 3-35(c)所示。此时,在 P 处为暗纹。

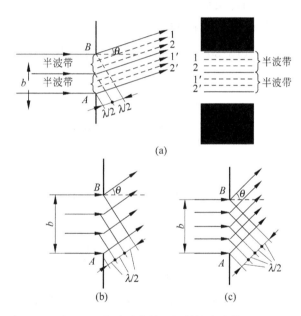

图 3-35 夫琅禾费单缝衍射的半波带法

一般情况下,当 $b\sin\theta=\pm m\lambda, m=1,2,\cdots$ 时,形成暗纹;当 $b\sin\theta=\pm(2m'+1)\dfrac{\lambda}{2}$ 时,$m'=1,2,\cdots$ 时,形成明纹。$b\sin\theta=0$ 时,为中央明纹。

上述暗纹和中央明纹(中心)的位置是准确的,其余明纹中心的位置较上稍有偏离。

3.7.4 直线传播、衍射及干涉的关系

1. 直线传播和衍射的关系

第 2 章讨论光的干涉现象时,仅"考虑了"两束或多束相干光光波整束的叠加,没有考虑

到每一光束中波面上所有各点发出的次波的叠加。当时实际上是假定每束光是直线传播的。但是,杨氏实验等用小孔或狭缝来分割光束时,不考虑次波的叠加是不够准确的。以后将会看到,无论光束截面积大小怎样,这种次波作用总是存在的。惠更斯-菲涅耳原理主要指出了同一光波面上所有各点所发次波在某一观察点的叠加。例如:当波面完全不被遮蔽时,所有次波在任何观察点的叠加结果形成光的直线传播。如果说波面不完整,以致这些部分所发次波不能到达观察点,则叠加时缺少了这些部分次波的参加,便发生了有明暗条纹花样的衍射现象。至于衍射现象是否显著,则和障碍物的线度及观察的距离有关。

总之,不论是否直线传播,也不论有无显著的衍射花样出现,光的传播总是按照惠更斯-菲涅耳原理的方式进行。所以,衍射现象是光的波动特性最基本的表现。光的直线传播不过是衍射现象的极限表现而已。这样,通过惠更斯-菲涅耳原理的解释,进一步揭示了光的直线传播和衍射现象的内在联系。

2. 双缝衍射及干涉的区别与联系

根据双缝衍射的光强公式(3-30),或者根据多缝衍射的光强公式(3-31)(此时 $N=2$),有下面的关系

$$
\begin{aligned}
I_P &= I_0 \frac{\sin^2 \frac{\pi b \sin\theta}{\lambda}}{\left(\frac{\pi b \sin\theta}{\lambda}\right)^2} \cdot \frac{\sin^2 \frac{2\pi d \sin\theta}{\lambda}}{\sin^2 \frac{\pi d \sin\theta}{\lambda}} \\
&= \frac{\sin^2 \frac{\pi b \sin\theta}{\lambda}}{\left(\frac{\pi b \sin\theta}{\lambda}\right)^2} \cdot 4A_0^2 \cos^2 \frac{\pi d \sin\theta}{\lambda} \\
&= \frac{\sin^2 \frac{\pi b \sin\theta}{\lambda}}{\left(\frac{\pi b \sin\theta}{\lambda}\right)^2} \cdot 4A_0^2 \cos^2 \frac{\delta}{2}
\end{aligned}
\tag{3-55}
$$

在双缝干涉实验中,我们实际上假定了 $b \ll \lambda$,即两条狭缝任意窄。干涉条纹在衍射中央亮条纹之中,观察屏上所有相位差 δ 相同的各点的有效光强几乎相同,即干涉时每个亮纹的强度差不多,因此实际上主要考虑了双缝干涉因子 $\cos^2 \frac{\delta}{2}$ 的作用。但是,在通常情况下这一条件很难满足,以前的讨论只是一种近似,实际上的双缝干涉现象是一种被单缝衍射调制的双缝干涉条纹。

在分析光栅衍射的光强时,将式中两项分为干涉因子和衍射因子,从物理意义上讲,二者有什么联系和区别呢?

它们本质上是统一的,都是波的相干叠加的结果。

其区别在于:参与相干叠加的对象有所区别。

(1)干涉是有限的几束光的叠加,是粗略的,各束光的传播行为可近似用几何光学直线

传播的模型描写。

（2）衍射是无穷多次波的相干叠加，是精确的。

3.8　全息照相

全息照相原理首先由伦敦大学的丹尼斯·伽伯（D. Gabor）在 1948 年为了提高电子显微镜的分辨本领而提出。由于技术的限制，在 20 世纪 50 年代，这方面工作的进展一直相当缓慢。直到 1960 年以后出现了激光，它的高度相干性和大强度为全息照相提供了十分理想的光源，从此以后全息技术的研究进入一个新阶段，相继出现多种全息方法，不断开辟全息应用的许多新领域。最近几十年全息技术的发展非常迅速，已成为科学技术的一个新领域。伽伯也因此而获得 1971 年度的诺贝尔物理学奖。

全息照相分为两步：全息记录与物光波面再现。

全息记录是指：参考光束（R）（可以是平面波，也可以是球面光波）与物光束（O）相干叠加，在记录介质上形成干涉条纹——全息图，它包括全部光信息、振幅和相位，即波前的全息记录。

物光波面再现的含义如下。

（1）全息底片记录的是一张干涉花样图，用肉眼直接观察全息底片，它是一张灰蒙蒙的片子。

（2）用一束与参考光束（R）的波长和传播方向完全相同的光束，即照明光束 R'，照射全息图，则用眼睛可以观察到一幅非常逼真的原物形象。当移动眼睛，从不同角度观察时，就好像是面对原物一样，可以看到它的客观存在的不同侧面，甚至在某个角度上被物遮住的东西也可以在另一角度上看到，即立体图。

（3）若挡住全息图的一部分，这时再现时物体形象仍然是完整的，即使其碎了，拿来其中的一片，仍然可使整个原物再现。

全息照相的原理如图 3-36 所示。S_1 和 S_2 是双缝干涉实验中的两个狭缝，在这里，S_2 看作物体，S_1 看作光源。由 S_1 和 S_2 发出的相干光波在观察屏 D 处产生干涉图样，并记录在感光胶片上制成全息照片。当用 S_1 照射全息照片时，光栅发生衍射现象，形成原物体的虚像 S_2 和实像 S_2'。这样就可以不依靠照相机而用感光照片再现物体像，如图 3-37 所示，参考光波和物体光波照射胶片就可以获得感光胶片。

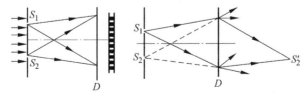

图 3-36　全息照相原理示意图

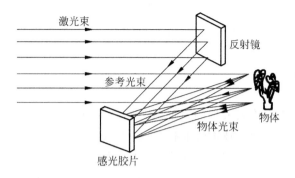

图 3-37   全息照相原理图(一)

如图 3-38 所示,用参考激光来照射全息照片,就可以再现物体的像。

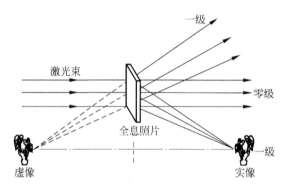

图 3-38   全息照相原理图(二)

设平面参考光波为

$$E_B(x,y) = E_{OB}\cos[\omega t + \varphi(x,y)]$$

物体参考光波为

$$E_O(x,y) = E_{OO}(x,y)\cos[\omega t + \varphi_0(x,y)]$$

由式(2-1)物体光波与平面参考光波形成的干涉光波为

$$E^2(x,y) = E_{OB}^2 + E_{OO}^2(x,y) + 2E_{OB}E_{OO}(x,y)\cos[\varphi(x,y) - \varphi_0(x,y)]$$

设在物光波面再现时,用参考光波 E_R 照射感光胶片,有

$$E_R(x,y) = E_{OR}\cos[\omega t + \varphi(x,y)]$$

则最终物光波面再现形成波 $E_F(x,y)$ 的振幅必与 $E^2(x,y) \times E_R(x,y)$ 成正比,因此有

$$E_F(x,y) = E^2(x,y)E_R(x,y) = E_{OR}(E_{OB}^2 + E_{OO}^2)\cos(\omega t + \varphi)$$

$$+ E_{OR}E_{OB}E_{OO}\cos(\omega t + 2\varphi - \varphi_0) + E_{OR}E_{OB}E_{OO}\cos(\omega t + \varphi_0) \quad (3\text{-}56)$$

式(3-56)表达了从全息照片发出的光。其中第一项可以改写为 $(E_{OB}^2 + E_{OO}^2)E_R(x,y)$,它是对再现波振幅调制的描述。因为全息照片每一部分的作用和衍射光栅一样,所以此项代表

零级的直射光束。它不包含与物波相位(φ_0)有关的信息。

第二项和第三项是被全息照片衍射的两个第一级光谱。其中第二项具有物波的振幅E_{OO},其相位不仅涉及参考光波的相位$2\varphi(x,y)$,而且还具有与物波相反的相位($-\varphi_0$)。它也形成一个像,这个像有这样一个特点:最接近观察者的点在像中显得最远,即所形成像是倒转的,并且是一个实像,称为赝实像。

第三项明确具有物波$E_0(x,y)$的形式,如果注视照明的全息照片,将看见"物体"(即虚像)仿佛确实在那里,这个再现的虚像与实际物体完全一样,也是三维的。

普通照相是以几何光学规律为基础,仅记录物各点的光强,物像之间点点对应,是二维平面图像,对光源无特别要求,用一般光源即可。全息照相是以波动光学的干涉和衍射规律为基础,记录物各点的全部信息(振幅、相位),物像之间点面对应,是立体图,要求参考光束与各物点的光束是相干的,一般采用激光光源。

全息照相有如下特点:

(1) 记录了物体光波全部信息,为立体像;

(2) 每一部分都能再现物体的整个图像;

(3) 同一底片,可多次曝光重叠许多像;

(4) 易于复制。

全息照相可应用于全息干涉测量、全息显微术、制作光学元件、全息存储及海洋生物和粒子探测等。

例题

例题 3-1　由氩离子激光器发出波长$\lambda = 488\text{nm}$的蓝色平面光,垂直照射在一不透明屏的水平矩形孔上,此矩形孔尺寸为$0.75\text{mm} \times 0.25\text{mm}$。在位于矩形孔附近正透镜($f = 2.5\text{m}$)焦平面处的屏上观察衍射图样,试求中央亮斑的尺寸。

解:由式(3-17),中央亮斑的半宽尺寸公式为

$$\Delta x = \frac{\lambda}{a}f, \quad \Delta y = \frac{\lambda}{b}f$$

中央亮斑尺寸为

$$x = 2\Delta x = \frac{2 \times 488 \times 10^{-9}}{0.75 \times 10^{-3}} \times 2.5 = 3.253\text{mm}$$

$$y = 2\Delta y = \frac{2 \times 488 \times 10^{-9}}{0.25 \times 10^{-3}} \times 2.5 = 9.76\text{mm}$$

例题 3-2　一天文望远镜的物镜直径$D = 100\text{mm}$,人眼瞳孔的直径$d = 2\text{mm}$,求对于发射波长为$\lambda = 0.5\mu\text{m}$光的物体的角分辨极限。为充分利用物镜的分辨本领,该望远镜的放大率应选多大?

解：(1) 望远镜的分辨率为

$$\alpha = \theta_0 = \frac{1.22\lambda}{D} = \frac{1.22 \times 0.5 \times 10^{-6}}{100 \times 10^{-3}} \times 2.5 = 6.1 \times 10^{-6}$$

(2) 人眼分辨率为

$$\alpha_e = \frac{1.22\lambda}{D_e} = \frac{1.22 \times 0.5 \times 10^{-6}}{2 \times 10^{-3}} = 3.05 \times 10^{-4}$$

望远镜的放大率至少为

$$M = \frac{\alpha_e}{\alpha} = 50$$

例题 3-3 在不透明细丝的夫琅禾费衍射图样中，测得暗条纹的间距为 1.5mm，所用透镜的焦距为 300mm，光波波长为 632.8nm，问细丝直径为多少？

解：设细丝的直径为 D，则由题意得

$$1.5 = f\frac{\lambda}{D} = \frac{300 \times 632.8 \times 10^{-6}}{D}$$

所以

$$D = \frac{300 \times 632.8 \times 10^{-6}}{1.5} = 0.127\text{mm}$$

例题 3-4 计算缝距是缝宽 3 倍的双缝的夫琅禾费衍射第 1、2、3、4 级亮纹的相对强度。

解：由缺级条件，$m = n\left(\frac{d}{a}\right) = 3n$，则第三级亮纹相对强度为零。

由

$$d\sin\theta = m\lambda, \quad \alpha = \frac{\pi a \sin\theta}{\lambda} = \frac{m\pi}{3}, \quad I = N^2 I_0\left(\frac{\sin\alpha}{\alpha}\right)^2$$

得零级强度

$$I = N^2 I_0$$

则有

$$I_{1相对} = \left(\frac{\sin\frac{\pi}{3}}{\frac{\pi}{3}}\right)^2 = 68.39\%, \quad I_{2相对} = \left(\frac{\sin\frac{2\pi}{3}}{2\frac{\pi}{3}}\right)^2 = 17.10\%$$

$$I_{3相对} = 0, \quad I_{4相对} = \left(\frac{\sin\frac{4\pi}{3}}{\frac{4\pi}{3}}\right)^2 = 4.27\%$$

例题 3-5 一块每毫米 50 条线的光栅，如要求它产生的红光($\lambda = 700\text{nm}$)的一级谱线和零级谱线之间的角距离为 5°，红光需用多大的角度入射光栅？

解：光栅方程为

$$d(\sin\theta - \sin\varphi) = m\lambda$$

对于红光的零级谱线,有

$$d(\sin\theta_0 - \sin\varphi) = 0$$

所以

$$\sin\theta_0 = \sin\varphi$$

对于红光的一级谱线,有

$$d(\sin\theta_1 - \sin\varphi) = \lambda$$

所以

$$\sin\theta_1 = \frac{\lambda}{d} + \sin\varphi = \frac{\lambda}{d} + \sin\theta_0$$

由微分定理得

$$\sin\theta_1 - \sin\theta_0 = \Delta\theta\cos\theta_0$$

因此有

$$\Delta\theta\cos\theta_0 = \frac{\lambda}{d}, \quad \Delta\theta = 5° = 0.087\mathrm{rad}$$

则得

$$\cos\theta_0 = \frac{\lambda}{\Delta\theta d} = \frac{700 \times 10^{-6}}{0.087 \times \frac{1}{50}} = 7 \times 10^{-3} = 0.40$$

因此入射角为

$$\varphi = \theta_0 = 66.42°$$

例题 3-6 波长 $\lambda = 0.55\mu m$ 的单色平行光正入射到一直径为 1.1mm 的圆孔上,试求在过圆孔中心的轴线上,与孔相距 33cm 处 P 点的光强与光波自由传播时的光强之比。

解: 圆孔对于 P 点露出的半波带数为

$$N = \frac{\rho^2}{\lambda r_0} = 1\frac{2}{3}$$

即圆孔对 P 点露出第一个半波带和第二个半波带的 2/3。

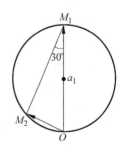

利用振幅矢量法,P 点的振幅矢量为 $\overrightarrow{OM_2}$,由例题 3-6 图可知

$$|\overrightarrow{OM_2}| = |\overrightarrow{OM_1}|\sin30° = \frac{a_1}{2}$$

即 P 点的振幅是第一个半波带所产生的振幅的一半,其光强与光波自由传播时该点的光强相等。

例题 3-6 图

习题

3-1 一束直径为 2mm 的氦-氖激光($\lambda = 632.8nm$)自地面向月球发射,已知月球到地面的距离为 376×10^3 km,问在月球上接收到的光斑有多大?若把此激光束扩束到直径 0.2m,

再射向月球,月球上接收到的光斑又有多大?

3-2 一束准直的单色光正入射到一个直径为1cm的会聚透镜,透镜焦距为50cm,光波波长为546nm。试计算透镜焦面上衍射图样中央亮斑的大小。

3-3 直径为2mm的激光束($\lambda = 632.8$nm)射向1km远的接收器时,它的光斑直径有多大? 如果离激光器150km远有一长100m的火箭,激光束能否把它全长照亮?

3-4 用望远镜来观察远处两个等强度的发光点 S_1 和 S_2。假定 S_1 的像(衍射图样)的中央和 S_2 的像的第一个强度零点重合,问这时两像之间中点的强度与像中央强度之比是多少?

3-5 一透镜的直径 $D = 2$cm,焦距 $f = 50$cm,受波长 $\lambda = 500$nm 的平行光照明。计算它的夫琅禾费衍射图像的爱里斑的大小。

3-6 圆孔的直径为1mm,受5m远处的点光源照明,光波波长为600nm,试确定当观察屏到圆孔的距离是(1)40cm,(2)1m 时,衍射图样是夫琅禾费衍射图样还是菲涅耳衍射图样。

3-7 导出单缝夫琅禾费衍射中央亮纹中,强度为峰值强度一半的两点之间的角距离(角半宽度)的近似表示式。

3-8 计算直径为2cm的望远镜物镜产生的夫琅禾费衍射图样中央亮斑外第一和第二个亮纹的直径。设光波波长为550nn,望远镜焦距为50cm。

3-9 高空侦察机离地面 2×10^4m,如果它携带的照相机能分辨地面相距10cm的两点,照相机物镜至少有多大? 设底片的感光波长为500nm。

3-10 若上题中照相物镜的焦距为500mm,为充分利用物镜的分辨能力,应选用多大分辨率的底片?

3-11 用于波长 $\lambda = 400$nm 的显微物镜的数值孔径为0.85,问它能分辨的两点间的最小距离是多少?

3-12 上题的显微镜如利用油浸物镜使数值孔径增大到1.45,问:(1)分辨本领提高多少? (2)显微镜的放大率应设计成多大?

3-13 在大型天文望远镜中,通光圆孔中心部分因存在第二个反射镜而被遮挡,形成一个环孔。假设环孔外径和内径分别为 a 和 $a/2$,问环孔的分辨本领比半径为 a 的圆孔的分辨本领提高了多少?

3-14 波长为500nm的平行光垂直照射在宽度为0.025mm的单缝上,以焦距为50cm的会聚透镜将衍射光聚焦于焦面上进行观察,求单缝衍射中央亮纹的半宽度。

3-15 上题中第一亮纹和第二亮纹到衍射场中心的距离分别是多少? 假设场中心的光强为 I_0,它们的强度又是多少?

3-16 求矩形孔夫琅禾费衍射图样中,沿图样对角线方向第一个次极大和第二个次极大相对于图样中心的强度。

3-17 在双缝的夫琅禾费衍射实验中,所用光波的波长 $\lambda = 832.8$nm,透镜焦距 $f =$

50cm。观察到两相邻亮条纹之间的距离 $e=1.5\text{mm}$，并且第 4 级亮纹缺级。试求双缝的缝距和缝宽。

3-18 计算：(1)上题中第 1、2、3 级亮纹的相对强度；(2) $d=10a$ 的双缝的第 1、2、3 级亮纹的相对强度。

3-19 平行白光照射在两条平行的窄缝上，两缝相距 $d=1\text{mm}$，用一个焦距为 1m 的透镜将双缝干涉条纹聚焦在屏上。如果在屏上距中央白色条纹 3mm 处开一个小孔，在该处检查所透过的光，问在可见光(780~390nm)中将缺掉哪些波长？

3-20 上题中可见光区两边缘波长的二级极大之间的距离和三级极大之间的距离是多少？

3-21 根据双缝衍射原理，利用迈克耳孙测星干涉仪可以测量星体之间的角距离。设两颗星之间的角距离极小，并且当干涉仪两反射镜 M_1 和 M_2 之间的距离(相当于双缝的缝距)逐渐增大到 5m 时，衍射条纹的可见度变得很坏。试确定两星之间的角距离(所用光波波长为 554nm)。

3-22 导出多缝干涉因子次极大位置的表示式，并求最靠近主极大的一个次极大的数值。

3-23 导出单色光正入射下，光栅产生的谱线的角半宽度的表示式。如果光栅宽度为 10cm，每毫米内有 500 条缝，它产生的波长 $\lambda = 632.8\text{nm}$ 的单色光的一级和二级谱线的角半宽度是多少？

3-24 上题中，若入射光是波长为 632.8nm 和 633nm 的两种单色光，透镜的焦距为 50cm，问两种波长的一级谱线之间和二级谱线之间的距离是多少？

3-25 钠黄光包含 589.6nm 和 589nm 两种波长，问要在光栅的一级光谱中分辨开这两种波长的谱线，光栅至少应有多少条缝？

3-26 设计一块光栅，要求：(1)使波长 $\lambda=600\text{nm}$ 的第二级谱线的衍射角 $\leqslant 30°$；(2)色散尽可能大；(3)第三级谱线缺级；(4)对波长 $\lambda = 660\text{nm}$ 的二级谱线能分辨 0.02nm 的波长差。在选定光栅的参数后，问在透镜的焦面上只可能看到波长 600nm 的几条谱线？

3-27 波长范围从 390~780nm 的白光垂直入射到每毫米 600 条缝的光栅上。(1)求白光第一级光谱的角宽度；(2)说明第二级光谱和第三级光谱部分地重叠。

3-28 一块每毫米刻有 1000 个刻槽的反射闪耀光栅，以平行光垂直于槽面入射，一级闪耀波长为 546nm。问：(1)光栅的闪耀角为多大？(2)若不考虑缺级，有可能看见 546nm 的几级光谱？(3)各级光谱的衍射角是多少？

3-29 一块闪耀光栅宽 260mm，每毫米有 300 个刻槽，闪耀角为 77°12′。(1)求光束垂直槽面入射时，对于波长 $\lambda = 500\text{nm}$ 的光的分辨本领；(2)光栅的自由光谱范围有多大；(3)与空气间隔为 1cm，锐度(精细度)为 25 的法布里-珀罗标准具的分辨本领和自由光谱范围作一比较。

3-30 证明当光波波长比考察点到波面的距离小得多时，各菲涅耳波带的面积相等。

3-31 导出半径为 ρ 的圆孔包含的波带数的表示式。并求出在平行光照明的情况下,当光波波长 $\lambda=500\text{nm}$,考察点 P 到圆孔距离 $r_0=1\text{m}$ 时,半径为 5mm 的圆孔包含的波带数。

3-32 波长 $\lambda=563.3\text{nm}$ 的平行光射向直径 $D=2.6\text{mm}$ 的圆孔,与孔相距 $r_0=1\text{m}$ 处放一屏幕,问:(1)屏幕上正对圆孔中心的 P 点是亮点还是暗点?(2)要使 P 点变成与(1)相反的情况,至少要把屏向后移动多少距离?

3-33 有一波带片对波长 $\lambda=500\text{nm}$ 的焦距为 1m,波带片有 10 个奇数开带,试求波带片的直径是多少。

3-34 平行的钠黄光($\lambda=589\text{nm}$)垂直照射一个直径 3mm 的圆孔,试计算通过圆孔中心的光轴上的头两个强度极大点的位置。

3-35 一波带片离点光源 2m,点光源发光的波长 $\lambda=546\text{nm}$,波带片成点光源的像于 2.5m 远的地方,问波带片的第一个波带和第二个波带的半径之比是多少?

3-36 一个波带片的第 8 个带的直径为 5mm,试求此波带片的焦距以及相邻次焦点到波带片的距离。设照明光波长为 500nm。

3-37 一波带片主焦点的强度约为入射光强度的 400 倍,以波长 589.3nm 的钠黄光照射主焦距 f' 为 1.5m 的波带片。问:(1)波带片应有几个开带?(2)波带片半径是多少?

第4章

光的偏振和晶体光学基础

干涉和衍射现象揭示了光的波动性。本章将讨论光的偏振特性,并由此断定光是横波。光的偏振状态有五种:自然光、部分偏振光、线偏振光、圆偏振光和椭圆偏振光。这里讨论的主要问题是:光经过各种偏振元件时,偏振状态如何变化;光经过偏振元件时,偏振光强度如何变化;光在晶体中的传播特性;光与偏振元件的矩阵表示;偏振光的干涉;光弹效应和电光效应、旋光现象等。

4.1 光波的偏振特性

光波是横波(TEM波),其光矢量的振动方向与光波传播方向垂直。在垂直传播方向的平面内,电场强度矢量还可能存在各种不同的振动方向。光振动方向相对光传播方向不对称的性质称为光波的偏振特性。波的偏振性是横波区别于纵波的一个最明显的标志。

4.1.1 光波的偏振态

1. 光的偏振性,线偏振光

横波的振动方向对传播方向不具有对称性,我们把这种不对称性叫做偏振。光波是电磁波,由第1章的讨论可知,光波中的电振动矢量 E 和磁振动矢量 H 都与传播方向垂直,因此光波是横波,它具有偏振性。E 称为光矢量,E 的振动称为光振动。

光的横波性只表明电矢量与光的传播方向垂直,在与传播方向垂直的平面内还可能有各种各样的振动状态。如果光在传播过程中电矢量的振动只限于某一确定平面内,则这种光称为平面偏振光。由于平面偏振光的电矢量在与传播方向垂直平面上的投影为一条直线,故又称为线偏振光或者完全偏振光。

常用图 4-1 中的形式表示平面偏振光。电矢量和传播方向所构成的平面称为偏振光的振动面。

(a) 电矢量垂直于图面　　(b) 电矢量平行于图面

图 4-1　线偏振光

2. 自然光

由普通光源发出的光波不是单一的平面偏振光,而是许多光波的总和。这种光具有一切可能的振动方向,在观察时间内各个振动方向上振幅的平均值相等,初相位完全无关,这种光称为非偏振光,或称自然光。由于每个发光原子每次所发射的是一个平面偏振波列,而各个原子的发光是一个自发辐射的随机过程,彼此没有关联,各波列的偏振方向及相位分布都是无规则的。因此在同一时刻观察大量发光原子或分子的大量波列,不仅相互间无相位关系,而且电矢量可以分布在轴对称的一切可能的方位上;另一方面,由于原子的发光持续时间约为 10^{-8}s,因此在观察时间内,电矢量也是轴对称分布的。也就是在轴对称的各个方向上电矢量的时间平均值相等,如图 4-2(a)所示。

自然光可以用相互垂直、振幅相同、相位差不确定、非相干的两平面偏振光表示,如图 4-2(b)所示。非相干波就是相对相位差作迅速而规则变化的波。不能把这两光矢量合成为一个稳定的或有规则变化的完全偏振光。

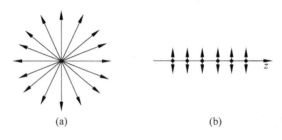

(a)　　　　　　　　　　(b)

图 4-2　自然光

设两非相干偏振光的振幅为 A_x、A_y,则应有

$$A_x = A_y$$

若自然光的强度为 I_0,则

$$\begin{cases} I_0 = A_x^2 + A_y^2 = I_x + I_y \\ I_x = I_y = \dfrac{I_0}{2} \end{cases} \tag{4-1}$$

3. 光波的偏振态

根据在垂直于传播方向的平面内光矢量振动方向相对于光传播方向是否具有对称性,可将光波分为非偏振光和偏振光。具有不对称性的偏振光又分为完全偏振光和部分偏振光。自然光是非偏振光,线偏振光属于完全偏振光。如果在垂直于光传播方向的平面内,某个方向的振动比其他方向占优势,这种光波称为部分偏振光。部分偏振光可以看作是平面偏振光和自然光的混合,也可以用相互垂直、振幅不相等、相位差不确定的两平面偏振光表示,如图 4-3 所示。

为表征部分偏振光的偏振程度,引入偏振度 P。偏振度的定义为在部分偏振光的总强

度中平面偏振光所占的比例,即

$$P = \frac{I_P}{I_{总}} = \frac{I_M - I_m}{I_M + I_m} \tag{4-2}$$

式中,I_M 和 I_m 分别为相位不相关,并且在相互正交的两个特殊方向上所对应的最大光强和最小光强。

对于非偏振光,$P = 0$;

对于完全偏振光,$P = 1$;

对于部分偏振光,$0 < P < 1$。

传播方向相同、振动方向相互垂直、相位差恒定的两平面偏振光叠加(或组合)可合成光矢量有规则变化的圆偏振光和椭圆偏振光,如图 4-4 所示。

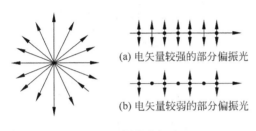

(a) 电矢量较强的部分偏振光

(b) 电矢量较弱的部分偏振光

图 4-3　部分偏振光

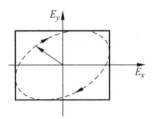

图 4-4　椭圆偏振光

4.1.2　完全偏振光的三种形式

沿 z 方向传播的波动,其方程的通解可表示为沿 x、y 方向振动的两个独立场分量的线性组合,表示为传播方向相同、振动方向相互垂直、有固定相位差的两线偏振光,即

$$\boldsymbol{E} = \boldsymbol{e}_x E_x + \boldsymbol{e}_y E_y \tag{4-3}$$

其中

$$E_x = E_{0x} \cos(\omega t - kz + \varphi_x)$$

$$E_y = E_{0y} \cos(\omega t - kz + \varphi_y)$$

根据空间任一点光电场 $\boldsymbol{E}$ 的矢量末端轨迹的形状,可将完全偏振光分为线偏振光、椭圆偏振光和圆偏振光。

1. 椭圆偏振光

在式(4-3)中消去$(\omega t - kz)$,可得

$$\left(\frac{E_x}{E_{0x}}\right)^2 + \left(\frac{E_y}{E_{0y}}\right)^2 - 2\left(\frac{E_x}{E_{0x}}\right)\left(\frac{E_y}{E_{0y}}\right)\cos\varphi = \sin^2\varphi \tag{4-4}$$

其中,$\varphi = \varphi_y - \varphi_x$。在垂直于传播方向的平面内,这是一个二元二次方程,一般情况下,它表示的几何图形是椭圆,其电矢量的大小和方向都随时间变化,对应的光波称为椭圆偏振光。椭圆外切于一个矩形,边长分别为 $2E_{0x}$ 和 $2E_{0y}$,如图 4-5 所示。可以证明,椭圆的长轴和 x

轴的夹角由下式决定:

$$\tan 2\psi = \frac{2E_{0x}E_{0y}}{E_{0x}^2 - E_{0y}^2}\cos\varphi \qquad (4-5)$$

在某一时刻,沿传播方向上各点对应的电场强度矢量 $\boldsymbol{E}$ 的端点分布在具有椭圆截面的螺旋线上,如图 4-6 所示。

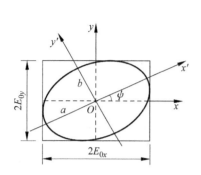

图 4-5　椭圆偏振光分析

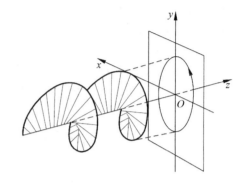

图 4-6　椭圆偏振光电场强度矢量端点的变化

相位差 φ 和振幅比 E_{0x}/E_{0y} 决定了椭圆形状和空间取向,也就决定了光的不同偏振态。椭圆偏振态是传播方向相同、振动方向相互垂直、有固定相位差的两束线偏振光叠加的一般结果。一般规定,迎着光传播的方向看,$\boldsymbol{E}$ 顺时针方向旋转时,称为右旋椭圆偏振光;反之,则称为左旋椭圆偏振光,如图 4-7 所示。

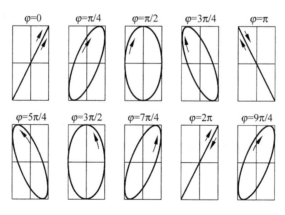

图 4-7　光的不同偏振态

以圆极化波为例:设 $\varphi_x > 0$ 并超前于 φ_y,即相位差 $\varphi = \varphi_y - \varphi_x = -\pi/2$,由

$$E_x = E_m\cos(\omega t - kz + \varphi_x)$$
$$E_y = E_m\cos(\omega t - kz + \varphi_y)$$

则在 $z = 0$ 平面上,有

$$E_y(t,0) = E_m \cos\left(\omega t + \varphi_x - \frac{\pi}{2}\right) = E_m \sin(\omega t + \varphi_x)$$

$$\alpha = \arctan\left(\frac{E_y}{E_x}\right) = \arctan[\tan(\omega t + \varphi_x)] = (\omega t + \varphi_x)$$

显然 $\alpha > 0$，此时迎着光传播的方向看，$\boldsymbol{E}$ 矢量逆时针方向旋转，为左旋圆偏振光。推广到一般情况，随相位差 φ 变化的光的不同偏振态如图 4-7 所示。

当 $2m\pi < \varphi < (2m+1)\pi$，$m = 0, \pm 1, \pm 2, \cdots$ 时，为右旋椭圆偏振光；

当 $(2m-1)\pi < \varphi < 2m\pi$ 时，为左旋椭圆偏振光。

线偏振态和圆偏振态是椭圆偏振态的两种特殊情况。

2. 线偏振光

当 $\varphi = m\pi$，$m = 0, \pm 1, \pm 2, \cdots$ 时，椭圆方程(4-4)退化为直线方程

$$\frac{E_x}{E_y} = \pm \frac{E_{0x}}{E_{0y}}$$

此时对应线偏振光。其电矢量 $\boldsymbol{E}$ 的方向保持不变，大小随相位变化。当 m 为零或偶数时，光振动方向在一、三象限内；当 m 为奇数时，光振动方向在二、四象限内。

3. 圆偏振光

当 $E_{0x} = E_{0y} = E_0$，$\varphi = (2m \pm 1/2)\pi$，$m = 0, \pm 1, \pm 2 \cdots$ 时，椭圆方程(4-4)退化为圆方程

$$E_x^2 + E_y^2 = E_0^2$$

对应圆偏振光。其电矢量的大小保持不变，而方向随时间变化。显然：

当 $\varphi = (2m+1/2)\pi$ 时为右旋圆偏振光；

当 $\varphi = (2m-1/2)\pi$ 时为左旋圆偏振光。

4.1.3　反射光和折射光的偏振态

当一束自然光在两种介质的分界面上反射和折射时，反射光和折射光的偏振态可以根据光的电磁理论，由电磁场的边界条件来决定。

由菲涅耳公式(1-57)和式(1-60)得

$$r_p = \frac{\tan(\theta_1 - \theta_2)}{\tan(\theta_1 + \theta_2)} = \frac{\sin(\theta_1 - \theta_2)}{\sin(\theta_1 + \theta_2)} \cdot \frac{\cos(\theta_1 + \theta_2)}{\cos(\theta_1 - \theta_2)} = -r_s \cdot \frac{\cos(\theta_1 + \theta_2)}{\cos(\theta_1 - \theta_2)}$$

由上式可知，在 $\theta_1 = 0°$ 和 $\theta_1 = 90°$ 的两种情况下，有

$$|r_p| = |r_s|$$

又因为 $E_{0ip} = E_{0is}$，所以

$$E_{0rp} = E_{0rs}$$

因此，此时合成后的反射光仍然是自然光。

在上述两种情况之外，都有下列不等式成立：

$$|\cos(\theta_1 + \theta_2)| < |\cos(\theta_1 - \theta_2)|$$

因此

$$|r_p| < |r_s|$$

上式表明:反射光中电矢量的平行分量总是小于垂直分量,即 $E_{0rp} < E_{0rs}$,反射光为部分偏振光。

欲使反射光成为平面偏振光,只要使 $\theta_1 + \theta_2 = \pi/2$,此时 $r_p = 0$,或者根据式(1-69),反射光中平行分量的反射率 $R_p = 0$。就是说反射光是平面偏振的,即反射光中不存在 p 分量,p 分量的入射波全部透射到媒质2;或者说此时电矢量的平行分量就完全不能反射,反射光中只剩下垂直于入射面的分量。将此特定的入射角称为布儒斯特(Brewster)角,记为 θ_B。

当 $\theta_1 + \theta_2 = \pi/2$ 时,利用折射定律,可得该入射角满足以下条件

$$\tan\theta_B = \frac{n_2}{n_1} \tag{4-6}$$

在入射光为自然光时,设单位时间投射到界面单位面积上的能量为 W_i,其垂直分量、平行分量分别为 W_{is}、W_{ip};反射光的能量为 W_r,其垂直分量、平行分量分别为 W_{rs}、W_{rp}。根据式(1-64),由 $W_{is} = W_{ip} = \frac{1}{2}W_i$ 得光的反射率为

$$R_n = \frac{W_{rs} + W_{rp}}{W_i} = \frac{W_{rs}}{2W_{is}} + \frac{W_{rp}}{2W_{ip}} = \frac{1}{2}(R_s + R_p) \tag{4-7}$$

由于两个 s、p 分量的反射率不相等,因此反射光和折射光的偏振状态相对入射光发生变化。对于自然光 $I_{ip} = I_{is}$,所以反射光的偏振度为

$$P_r = \left|\frac{I_{rp} - I_{rs}}{I_{rp} + I_{rs}}\right| = \left|\frac{R_p I_{ip} - R_s I_{is}}{R_p I_{ip} + R_s I_{is}}\right| = \left|\frac{R_p - R_s}{R_p + R_s}\right| \tag{4-8}$$

同理,折射光的偏振度为

$$P_t = \left|\frac{I_{tp} - I_{ts}}{I_{tp} + I_{ts}}\right| = \left|\frac{T_p - T_s}{T_p + T_s}\right| \tag{4-9}$$

综上所述,光在界面上的反射、透射特性由三个因素决定:入射光的偏振态、入射角、界面两侧介质的折射率。

图 4-8 中给出了按光学玻璃($n = 1.52$)和空气界面计算得到的自然光的反射率随入射角 θ_1 变化的关系曲线。

对于折射光,由式(1-58)和式(1-61)可得

$$t_s = \frac{E_{0ts}}{E_{0is}} = \frac{2n_1\cos\theta_1}{n_1\cos\theta_1 + n_2\cos\theta_2} = \frac{2\cos\theta_1\sin\theta_2}{\sin(\theta_1 + \theta_2)}$$

$$t_p = \frac{E_{0tp}}{E_{0ip}} = \frac{2n_1\cos\theta_1}{n_2\cos\theta_1 + n_1\cos\theta_2} = \frac{2\cos\theta_1\sin\theta_2}{\sin(\theta_1 + \theta_2)\cos(\theta_1 - \theta_2)}$$

可知,在垂直入射的情况下,当 $\theta_1 = 0$ 时,$\theta_2 = 0$,反射光和折射光的偏振特性不变,仍是自然光。在上述公式中,要想获得平面偏振光,必须要有反射或折射的某一个分量为0。当 $\theta_1 + \theta_2 = \pi/2$,即布儒斯特角入射时,反射光中只有 s 分量,为线偏振光。此时,透射光为部分

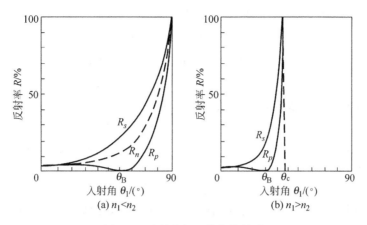

图 4-8　反射率与入射角的关系

偏振光,其中 s 分量较弱。s 分量和 p 分量的透射系数为

$$t_s = \frac{2\sin\theta_2\cos\theta_B}{\sin(\pi/2)} = 2\cos^2\theta_B$$

$$t_p = \frac{2\sin\theta_2\cos\theta_B}{\sin(\pi/2)\cos(\theta_B - \theta_2)} = \frac{2\sin^2\theta_2}{\cos(\pi/2 - 2\theta_2)} = \frac{2\sin^2\theta_2}{\sin(2\theta_2)} = \tan\theta_2$$

如图 4-9(a)所示,在布儒斯特角入射的情况下,下面结合上面的两个公式分析自然光经过一对平行面的透射光。

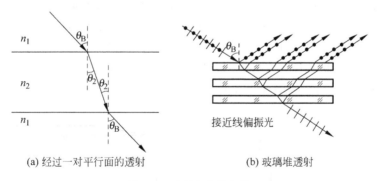

(a) 经过一对平行面的透射　　　　(b) 玻璃堆透射

图 4-9　透射光的偏振性

对于 p 分量,上表面透射为

$$(A_{p_2})^{(1)} = A_{p_1}\tan\theta_2$$

下表面透射为

$$(A_{p_2})^{(2)} = A_{p_1}\tan\theta_2\tan\theta_B = A_{p_1}\tan\theta_2\tan\left(\frac{\pi}{2} - \theta_2\right) = A_{p_1}$$

即 p 分量全透射。

对于 s 分量,上表面和下表面的透射分别为

$$(A_{s_2})^{(1)} = 2A_{s_1}\cos^2\theta_B = 2A_{s_1}\sin^2\theta_2$$

$$(A_{s_2})^{(2)} = 4A_{s_1}\sin^2\theta_2\sin^2\theta_B = 4A_{s_1}\sin^2\theta_2\cos^2\theta_2$$

$$= A_{s_1}(2\sin\theta_2\cos\theta_2)^2 = A_{s_1}\sin^2(2\theta_2)$$

如果通过 n 对平行的表面,则 s 分量的透射为

$$(A_{s_2})^{(2n)} = A_{s_1}\sin^{2n}(2\theta_2)$$

如果 $n\to\infty$,则 $(A_{s_2})^{(2n)}\to 0$,但 $(A_{p_2})^{(2n)} = A_{p_1}$,即透射光中只有 p 分量,是平面偏振光,振动方向与入射面平行。

对一般光学玻璃而言,反射光的强度通常只占入射光强度的 $10\%\sim15\%$。自然光以 θ_B 角入射,每块玻片都会反射一些垂直分量,使折射光的偏振成分增高。由此可用玻璃堆得到平面偏振的透射光,如图 4-9(b)所示。

激光腔就是由两块光学玻璃构成,与入射光成布儒斯特角,称为布儒斯特窗。谐振腔中的激光多次透射,出射光为线偏振光。

照相机拍摄景物前,适当调节照相机和照明光源的方位和角度,使有害反光刚好为完全偏振光,即可达到用偏振镜完全消除该有害反光的目的。

4.2 光通过单轴晶体时的双折射现象

当光入射到各向异性介质(如方解石)中时,折射光将分成两束,它们各沿着略微不同的方向进行。从晶体透射出来时,由于方解石的两个表面互相平行,这两束光的传播方向仍旧不变。如果入射光束足够细,同时晶体足够厚,则透射出来的两束光可以完全分开。同一束光折射后分成两束的现象称为双折射,如图 4-10(a)所示。许多其他透明晶体也会产生双折射现象,只有属于立方系的晶体不发生双折射。

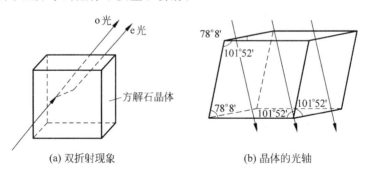

(a) 双折射现象   (b) 晶体的光轴

图 4-10 晶体的双折射

在图 4-10(a)中,当入射的平行光束垂直于方解石表面时,一束折射光 o 仍沿原方向在晶体内传播,这束光遵从折射定律,称为寻常光(简称 o 光)。另一束折射光 e 在晶体内偏离

原来的传播方向。对于这束光来说,即使入射时入射角 $\theta_1=0$,也有折射角 $\theta_2\neq0$,而从晶体出射时 $\theta_1'\neq0$, $\theta_2'=0$。显然这是违背折射定律的。这一束光称为非常光,简称 e 光。

此外,当入射角改变时,o 光的入射角正弦与折射角正弦之比保持不变,且入射面和折射面始终保持在同一平面内。e 光的入射角正弦和折射角正弦之比,不是一个常数,且在一般情况下,e 光不在入射面内。它的折射角以及入射面和折射面之间的夹角,不仅和原来入射光线的入射角有关,而且还和晶体的取向有关。需要说明的是,o 光、e 光只在晶体内部才有意义!

1. 光轴与主截面

晶体内存在一些特殊的方向,沿着这些方向传播的光并不发生双折射,即 o 光和 e 光的传播速度和传播方向都一样。在晶体内平行于这些特殊方向的任一直线叫做晶体的光轴,光轴仅标示一定的方向,并不限于某一条特殊的直线,如图 4-10(b)所示。在光轴方向上,o 光和 e 光都遵守折射定律。而且折射率相等,即

$$n_o = n_e$$

只有一个光轴的晶体叫做单轴晶体,如方解石(碳酸钙、冰洲石)、石英(水晶)、红宝石等;有两个光轴的晶体叫双轴晶体,如云母、硫磺、黄玉等。

在单轴晶体中,定义包含晶体光轴和一条给定光线的平面,叫做与这条光线相对应的晶体的主截面。单轴晶体中主截面可分为 o 光主截面和 e 光主截面,如图 4-11 所示。

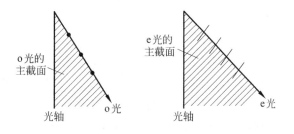

图 4-11 晶体的主截面

用检偏器来观察时,可以发现 o 光和 e 光都是平面偏振光,o 光的振动面垂直于自己的主截面,e 光的振动面平行于自己的主截面;o 光的振动面垂直于光轴,而 e 光的振动面不一定平行于光轴。仅当光轴位于入射面内时,这两个主截面才严格地互相重合,但是 o 光和 e 光的折射率不同。在大多数情况下,这两个主截面之间的夹角很小,因而 o 光线和 e 光线的振动面几乎互相垂直。

2. o 光和 e 光的相对强度

不论是自然光,还是平面偏振光,当它们入射到单轴晶体时,一般来说都会产生双折射。在自然光入射的情况下,o 光和 e 光的振幅相同;而平面偏振光入射时,o 光、e 光的振幅不一定相同,随着晶体方向的改变,它们的振幅也会发生变化。

设 A 是入射偏振光的振幅，θ 是光矢量振动方向和主截面的夹角。则

$$\begin{cases} A_o = A\sin\theta \\ A_e = A\cos\theta \end{cases} \tag{4-10}$$

结合式(1-39)，得 o 光和 e 光的强度为

$$I_o = n_o A_o^2 = n_o A^2 \sin^2\theta$$

$$I_e = n_e(\alpha) A_e^2 = n_e(\alpha) A^2 \cos^2\theta$$

相对强度为

$$\frac{I_o}{I_e} = \frac{n_o}{n_e(\alpha)}\tan^2\theta$$

式中，α 为 e 光传播方向和光轴的夹角。从晶体到空气后就没有 o 光和 e 光之分了，它们的相对光强度为

$$\frac{I_o}{I_e} = \tan^2\theta$$

4.3 光在晶体中的波面

关于单轴晶体内双折射现象的解释，首先是由惠更斯于 1690 年在《论光》一书中提出的。它假设在晶体中一个发光点发出的 o 光的波面是球面，e 光的波面是旋转椭球面，惠更斯的假设符合于现代关于光的本性和晶体结构的概念。

晶体的各向异性不仅表现在它的宏观性质上(如弹性、热膨胀等)，同时也表现在它的微观结构上。构成晶体的原子、离子或分子可以认为是各向异性的振子，它们在三个互相垂直的方向上具有三个一般说来不同的固有频率 ω_1、ω_2 和 ω_3。根据光的电磁学说，可以认为当光通过物质时，物质中的带电粒子将在光的高变电场作用下发生受迫振动，其频率和入射光的频率相同。若电矢量的振动方向与第一个方向相重合，则粒子作稳定受迫振动，其振动相位与 ω_1 有关。这种振动将发出频率和入射光频率相同的次波，次波叠加而形成折射波。所以折射波中振动方向不同的成分具有相位不同的传播速度。

对于单轴晶体，因三个频率中有两个相同，不妨设平行于光轴方向的固有振动频率为 ω_1，而垂直于光轴方向的固有频率为 ω_2。

如图 4-12(a)所示，振动方向垂直于主截面的所有光线在这主截面内沿着任何方向传播的光都将使振子在垂直于光轴的方向上振动，与同一个固有频率 ω_2 有关，因而有相同的速度 v_o。由此可见，振动方向垂直于主截面的光是 o 光，它们沿着一切方向传播的速度都相同。将该图绕光轴转过 180°，即得 o 光的波面，是一个圆。

用同样的理论研究振动方向平行于主截面的光线，得到 e 光的波面，如图 4-12(b)所示，振动方向与光的传播方向有一个夹角，这个波面是旋转椭球面。对于截面不大的 e 光束来说，其传播方向一定垂直于波面，这是晶体中特有的现象。

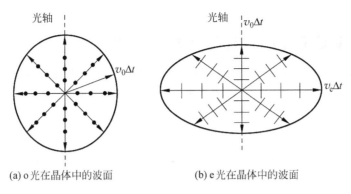

(a) o 光在晶体中的波面　　　　　　　(b) e 光在晶体中的波面

图 4-12　光在晶体中的波面

在光轴方向 o 光和 e 光的速度相等,球面和椭球面相切,不发生双折射。

单轴晶体分为两类:一类是旋转椭球面在球面之内,这类晶体叫正晶体(如石英);另一类是旋转椭球面在球面之外,这类晶体叫负晶体(如方解石)。

4.4　光在晶体中的传播方向

4.4.1　单轴晶体的主折射率

单轴晶体有对应于 o 光和 e 光的两个主折射率 n_o 和 n_e。n_o 与方向无关,$n_o = c/v_o$,其中 c 为真空中光的传播速度。一般 e 光在不同的方向传播速度不同,没有折射率。但是当 e 光垂直于光轴方向传播时,光线垂直于波面,如图 4-13 所示即为这种情况。此时,e 光的传播遵守折射定律

$$\frac{\sin\theta_1}{\sin\theta_e} = \frac{c}{v_e} \qquad (4-11)$$

其中,v_e 是 e 光在负晶体内传播速度的最大值(或正晶体内最小值)。$\frac{c}{v_e}$ 是一常数,因此在此光轴垂直于入射面的特殊情况下,e 光也遵从折射定律。

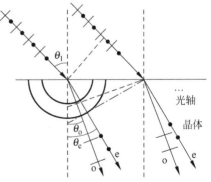

图 4-13　单轴晶体的主折射率

$n_e = \frac{c}{v_e}$ 叫做晶体对 e 光的主折射率。

对于负晶体:$n_e < n_o$,$v_e > v_o$,例如方解石、KDP、铌酸锂、钛酸钡等;而对于正晶体:$n_e > n_o$,$v_e < v_o$,例如石英、冰、水晶、硫化锌等。对于多数晶体两者差别不大,例如对于波长为 589.3nm 的光,方解石晶体的 n_o 和 n_e 的值分别是 1.65836 和 1.48641;石英晶体的 n_o

和 n_e 的值分别是 1.544 25 和 1.553 36。

4.4.2   单轴晶体内 o 光与 e 光的传播

当实际的光束入射到晶体上时,波面上的每一点都可作为次波源,同时发出旋转椭球面或者球面的次波。利用晶体中波面的特点和惠更斯作图法,就可以确定晶体内 o 光与 e 光的传播方向。

如图 4-14 所示,光轴位于入射面内,并与晶体表面成一倾角。当波面上 B 点发出的次波经过时间 t 到达晶面 D 点时,与 B 点同时刻在 A 点发出的光波已经进入晶体内部。以 A 为球心作一个半径为 $v_o t$ 的半球面,以及一个半短轴和半长轴分别为 $v_o t$ 和 $v_e t$ 的半椭球面,并且椭球的半短轴沿光轴方向。过 D 点作球面和椭球面的切面 DO 和 DE,则这两个平面就是界面 AD 上各点所发出的次波波面的包络面,它们分别代表晶体中 o 光与 e 光的折射波面。这时,o 光与 e 光分别沿着 AO 和 AE 方向传播,并且 o 光的传播方向垂直于它的波面,而 e 光的传播方向不垂直于它的波面。因为这种情况下,光轴在入射面内,此时 o 光与 e 光也都在入射面内,o 光与 e 光的主截面重合。o 光的振动用点表示,垂直于图面;e 光的振动用短线表示,平行于图面。对于负晶体,当 e 光的振动方向与晶轴平行时有最大传播速度;对于正晶体,当 e 光的振动方向与晶轴平行时有最小传播速度。

如果光轴不在入射面内时,波面 DE 虽然仍垂直于入射面,但切点 E 并不在入射面内,相应的 e 光也不再在入射面内,此时 o 光和 e 光的主截面不再重合。

如图 4-15 所示,当光轴在入射面内,并与晶体表面成一定角度,会出现 e 光与入射光线在表面法线同一侧的情况。这说明 e 光不遵守折射定律。

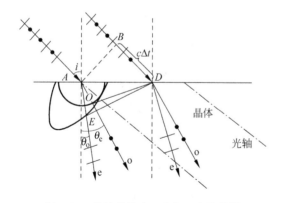

图 4-14   单轴晶体内 o 光与 e 光的传播

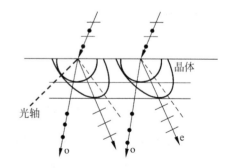

图 4-15   e 光与入射光线在表面法线同一侧

如图 4-16 所示,光轴与晶体表面斜交,自然光垂直入射到方解石界面上。此时光轴在入射面内,o 光和 e 光的主截面重合,并且在速度上分开,$v_e > v_o$;o 光线垂直于波面,e 光线不垂直于波面。o 光遵守折射定律,e 光不遵守折射定律。

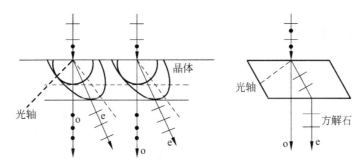

图 4-16　自然光垂直入射到方解石界面

　　当光轴垂直于晶体表面并平行于入射面,自然光垂直入射到方解石界面上时,光的传播如图 4-17 所示。此时光沿着光轴传播,o 光和 e 光的主截面重合,并且在速度上和方向上都不分开,$v_e = v_o$。e 光速度最小,不发生双折射。

　　如图 4-18 所示,光轴平行于晶体表面并垂直于入射面,自然光斜入射到方解石界面上。此时光轴不在入射面内,o 光和 e 光的主截面不重合,并且在速度上和方向上分开,$v_e > v_o$,e 光有最大速度,有双折射存在;由于光轴是旋转椭球面的转轴,所以旋转椭球面和入射面的交线也是圆,o 光和 e 光的光线垂直于波面。

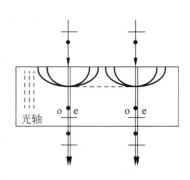

图 4-17　光轴垂直于晶体表面
并平行于入射面

　　光轴平行于晶体表面,并在入射面内,自然光垂直入射到方解石界面上时,光的传播如图 4-19 所示。此时光垂直光轴传播,o 光和 e 光的主截面重合,但是在速度上分开,方向上不分开,$v_e > v_o$,e 光有最大速度,有双折射存在;o 光波面与入射面的交线是圆,而 e 光波面与入射面的交线是椭圆。

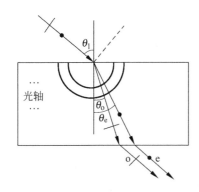

图 4-18　光轴平行于晶体表面并垂直于入射面

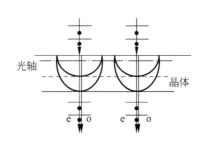

图 4-19　光轴平行晶体表面并在入射面内

4.5 偏振元件

4.5.1 二向色性、偏振片

有些晶体对不同方向振动的电矢量具有选择吸收的性质,称为二向色性。

广泛使用的二向色性片是一种透明的聚乙烯醇片,通过加热和延伸,使得它在特定方向具有排列得很好的长链分子,然后将该片用碘溶液浸染,碘依次沿聚乙烯醇分子的直线排列起来,与碘相联系的导电电子就能沿着那些分子上下循环流动。分子好像是微观的导线。

含有这种平行地排列起来的长链分子的薄膜叫做偏振片。当一束自然光入射到偏振片上时,吸收平行链长方向的电场分量,而与它垂直的电场分量则几乎不受影响,结果透射光为一平面偏振光,如图 4-20 所示,其中 P 为偏振片。把偏振片上能透过电矢量振动的方向称为它的偏振化方向或者透振方向。像偏振片这样用于产生偏振光的器件称为起偏器。

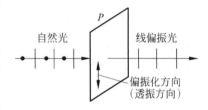

图 4-20 偏振片的工作原理

如图 4-21 所示,若通过第一个偏振片的振幅为 E_0,则通过第二个偏振片的振幅为 $E_0\cos\alpha$,光强为

$$I = E_0^2\cos^2\alpha = I_0\cos^2\alpha \tag{4-12}$$

其中,α 为两个偏振片透振方向的夹角。上式称为马吕斯定理。第二个偏振片用来检验平面偏振光,叫检偏器。检偏器也用作起偏器。

双折射晶体中的 o 光和 e 光具有两个特点:①都是偏振光;②传播速度不一样。它们在光学工程中各有其用途。

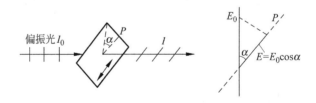

图 4-21 马吕斯定理示意图

4.5.2 偏振器件

偏振器件的作用是产生偏振光或检测偏振光。利用 o 光和 e 光具有的特点,可以把晶体制成双折射棱镜,将 o 光和 e 光分开,从而获得线偏振光;还可以把晶体制成波片,使光通过波片后,o 光和 e 光产生一定的相位差,从而改变光的偏振状态。

1. 偏振起偏棱镜

1）尼科耳棱镜

尼科耳棱镜是尼科耳（W. Nicol）于 1828 年首先创制的,广泛用于线偏振光的获得。它的主要材料是方解石。如图 4-22 所示,取长度约为宽度 3 倍的方解石晶体,将两端磨去约3°,使平行四边形 $ABCD$ 的角由 71° 变为 68°,成为 $A'BC'D$。然后,将晶体沿着垂直于主截面及两端面的平面剖开,交线为 $A'C'$;把切面磨成光学平面,再用加拿大树胶粘合在一起,并将周围涂黑,就制成了尼科耳棱镜。显然,尼科耳棱镜的光轴位于主截面内,光轴和入射界面 BA' 成 48° 的夹角。

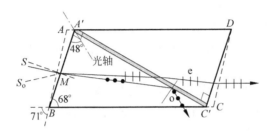

图 4-22　尼科耳棱镜示意图

加拿大树胶是一种透明物质,对于钠黄光（$\lambda = 589.3\text{nm}$）其折射率为 1.550。而方解石对 o 光和 e 光的折射率分别为 $n_\text{o} = 1.658\,36$,$n_\text{e} = 1.486\,41$,加拿大树胶的折射率正好介于二者之间。对于 o 光来说,在方解石和加拿大树胶的分界面,是从光密媒质入射到光疏媒质,有可能发生全反射;而对于 e 光来说,则是从光疏媒质入射到光密媒质,不可能发生全反射。

对于尼科耳棱镜,o 光全反射时的临界角为

$$i_\text{c} = \arcsin \frac{1.55}{1.658} = 69.17° \approx 70°$$

当 o 光在胶合层的入射角大于临界角 70°（一般为 77°）时,发生全反射,被棱壁吸收;而 e 光则透过胶合层从棱镜的另一端射出,成为线偏振光。下面计算光线在尼科耳棱镜外表面的入射角 $S_\text{o}MS$。

由上式可知 $i_\text{c} = 69.17°$。如图 4-23 所示,因为 $\angle BA'C'$ 是直角,所以光在棱镜外表面的折射角为

$$i' = 90° - i_\text{c} = 20.83°$$

相应的最大入射角为

$$i = \arcsin(n_\text{o}\sin i') = 36.14°$$

由于

$$i_2 = 90° - 68° = 22°$$

所以

$$\angle S_\text{o}MS = i - i_2 = 14.14°$$

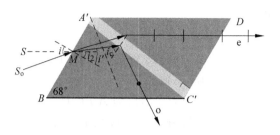

图 4-23　尼科耳棱镜的入射角

可见,尼科耳棱镜的孔径角约为 14°,当入射光在 S_0 一侧超过 14° 入射时,o 光在胶合层的入射角小于临界角,不发生全反射;当入射光在 S 的上侧超过 14° 入射时,则 e 光的折射率变大而与 o 光一同全反射,没有光从棱镜射出。所以,尼科耳棱镜不适合高度会聚或者发散的光束。

尼科耳棱镜的优点是能产生完善的线偏振光。缺点在于:出射光束与入射光束不在同一条直线上;出射光做检偏时会因尼科耳棱镜的旋转而旋转,在使用中会带来不便;并且有效使用截面小,价格昂贵。

尼科耳棱镜可以作为起偏器或者检偏器使用。作为检偏器时,设入射线偏振光的光强为 I_0,振动方向与尼科耳棱镜主截面的夹角为 θ,根据马吕斯定理,则出射光的光强为

$$I = I_0 \cos^2 \theta$$

2）格兰-汤姆逊棱镜

格兰-汤姆逊(Glan-Thompson)棱镜为偏光镜,如图 4-24 所示,其中 A 为光轴。它由两块方解石直角棱镜沿斜面相对胶合而成,胶合物质可以是甘油、加拿大树脂等,也可以用空气隔开。当用加拿大树脂时,对紫外线的吸收很强,并且容易受到大功率激光的破坏。格兰-汤姆逊棱镜的特点在于,制作时使胶合剂的折射率大于并接近 e 光的折射率,但小于 o 光的折射率,并选取棱镜斜面与直角面的夹角大于 o 光在胶合面上的临界角。这样,o 光在胶合面上将发生全反射,并被棱镜直角面上的涂层吸收,e 光则由于折射率几乎不变而无偏折地从棱镜出射。当光垂直于棱镜端面入射时,o 光和 e 光均不发生偏折,在斜面上的入射角等于棱镜斜面与直角面的夹角。

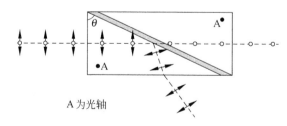

A 为光轴

图 4-24　格兰-汤姆逊棱镜

当入射光束不是平行光或平行光非正入射偏振棱镜时,棱镜的全偏振角或孔径角受到限制,如图 4-25 所示。孔径角约为±14°。当上偏角大于某一值时,o 光在胶层上的入射角小于临界角,不发生全反射而部分地透过棱镜;当下偏角大于某一值时,e 光折射率增大,与 o 光同时发生全反射,没有光从棱镜射出。

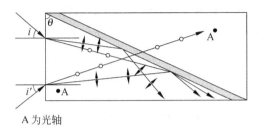

A 为光轴

图 4-25　非平行光入射时孔径角的限制

格兰-汤姆逊棱镜的优点:对可见光透明度高,能产生完善的线偏振光。缺点:不适于用于高度会聚或发散的光束,有效使用截面小,价格昂贵。

3）格兰-付科棱镜

格兰-付科（Glan-Foucault）棱镜是对格兰-汤姆逊棱镜的改进,将加拿大树胶的胶合层用空气薄层代替,如图 4-26 所示。适当地选取棱镜的锐角 θ,就可以使光线在第一个棱镜与空气隙所成界面上的入射角:对于 o 光,大于临界角;对于 e 光,小于临界角。从而 o 光全反射,e 光直接透射出去形成线偏振光。

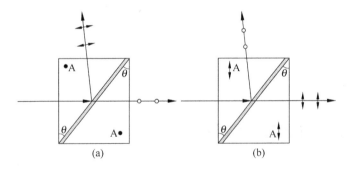

(a)　　　　　　　　　　(b)

图 4-26　格兰-付科棱镜

格兰-付科棱镜适用于紫外波段,能承受强光的照射,避免树胶强烈吸收紫外光。其孔径角不大,透射比不高。

2. 偏振分束棱镜

可以利用晶体的双折射,且光的折射角与光振动方向有关的原理,改变振动方向互相垂直的两束线偏振光的传播方向,从而获得两束分开的线偏振光。偏振分束棱镜也称为双像棱镜,常用于偏振光干涉系统。一般采用方解石或石英为材料,两半棱镜光轴取向互相垂直。

1）渥拉斯顿棱镜

渥拉斯顿（Wollaston）棱镜通常用冰洲石制作，利用两个正交的光轴分光，如图 4-27 所示。平行自然光垂直入射到棱镜端面，在棱镜 1 内，o 光、e 光以不同速度沿同一方向行进。$n_o(1.6584) > n_e(1.4864)$。光从棱镜 1 进入棱镜 2 时，光轴转了 90°，o 光（点）变 e 光，光密媒质变光疏媒质，偏离法线传播，折射角大于入射角；同样，e 光变 o 光，靠近法线传播。进入空气后，均是由光密媒质变光疏媒质，可以得到进一步分开的两束线偏振光。设棱镜的顶角为 θ，可以证明分开的角度近似为

$$\varphi = 2\arcsin\left[(n_o - n_e)\tan\theta\right] \tag{4-13}$$

2）洛匈棱镜

洛匈（Rooxon）棱镜通常用石英材料制作。如图 4-28 所示，平行自然光垂直入射棱镜，光在第一棱镜中沿着光轴方向传播，不产生双折射，o 光、e 光都以 o 光速度沿同一方向行进。进入第二棱镜后，光轴转过 90°，平行于图面振动的 e 光在第二棱镜中变为 o 光，这支光在两块棱镜中速度不变，无偏折地射出棱镜。垂直于图面振动的 o 光在第二棱镜中变为 e 光，因为石英的 $n_e > n_o$，在斜面上折射光线偏向法线，得到两束分开的振动方向互相垂直的线偏振光。洛匈棱镜只允许光从左方射入棱镜。

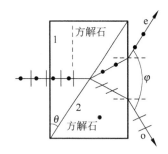

图 4-27　渥拉斯顿棱镜

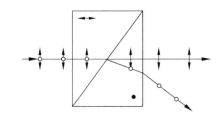

图 4-28　洛匈棱镜

4.5.3　波片（相位延迟器）

波片也称相位延迟器，如图 4-29 所示。它的作用是使两个振动方向相互垂直的光产生相位延迟。即，能使偏振光的两个互相垂直的线偏振光之间产生一个相对的相位延迟，从而改变光的偏振态。对某个波长 λ 而言，当 o 光、e 光在晶片中的光程差为 λ 的某个特定倍数时，这样的晶片叫波晶片，简称波片。波片是透明晶体制成的平行平面薄片，其光轴与表面平行。

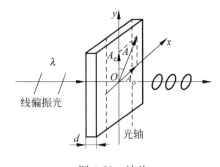

图 4-29　波片

当一束线偏振光垂直入射到由单轴晶体制成的波片时,在波片中分解成沿原方向传播但振动方向互相垂直的 o 光和 e 光,相应的折射率为 n_o、n_e。两光在波片中的速度不同,当通过厚度为 d 的波片后 o 光和 e 光产生相应的光程差和相位差为

$$\Delta = |\, n_o - n_e \,| \, d$$

$$\Delta \varphi = \frac{2\pi}{\lambda} \left| n_o - n_e \right| d$$

其中 d 是波片厚度。o 光和 e 光的振幅关系为

$$A_o = A\sin\theta$$

$$A_e = A\cos\theta$$

出射光使两束振动方向互相垂直且有一定相位差的线偏振光叠加,一般得到椭圆偏振光。当 $\theta = \dfrac{\pi}{4}$,$\Delta\varphi = \dfrac{\pi}{2}, \dfrac{3\pi}{2}, \cdots$ 时为圆偏振光。

波片制造时通常标出快(或慢)轴。称晶体中波速快的光矢量的振动方向为快轴,与之垂直的光矢量振动方向(传播速度慢的光矢量方向)即为慢轴。对单轴负晶体,e 光比 o 光速度快,快轴在 e 光光矢量方向,也即光轴方向,o 光光矢量方向为慢轴,如图 4-19 所示;正晶体正好相反。波片产生的相位差是慢轴方向光矢量相对于快轴方向光矢量的相位延迟量。

1. 1/4 波片

若波片的光程差为

$$\Delta = |\, n_o - n_e \,| \, d = \left(m + \frac{1}{4} \right)\lambda, \quad m = 0, 1, 2, \cdots$$

则对应的相位差为

$$\Delta\varphi = 2m\pi + \frac{\pi}{2}$$

称该波片是 1/4 波片。1/4 波片的厚度

$$d = \frac{2m+1}{|\, n_o - n_e \,|} \frac{\lambda}{4} \tag{4-14}$$

最小厚度为

$$d_{min} = \frac{\lambda}{4(n_o - n_e)} \tag{4-15}$$

当 $n_o > n_e$ 时,e 光超前,波片的快轴为 e 矢量方向。

1/4 波片具有以下性质。

(1) 线偏振光以一定角度入射时,出射光为椭圆偏振光;

(2) 线偏振光以与快、慢轴都成 45° 入射时,出射光为圆偏振光;

(3) 线偏振光以与快、慢轴成 0° 或者 90° 入射时,出射光仍为线偏振光;

(4) 椭圆偏振光或圆偏振光,经 1/4 波片可以获得线偏振光。

因为椭圆或圆偏振光的两个垂直分量已经有了相位差 $\pi/2$,经 1/4 波片以后,又有 $\pm\pi/2$

的相位差,所以出来的就是相位差为 0 或 π 的线偏振光了。

2. 1/2 波片

若 o 光和 e 光产生的光程差为

$$\Delta = |\, n_o - n_e \,| \, d = \left(m + \frac{1}{2}\right)\lambda, \quad m = 0,1,2,\cdots$$

则对应的相位差为

$$\Delta\varphi = (2m + 1)\pi$$

称该晶片为 1/2 波片。1/2 波片的厚度

$$d = \frac{2m + 1}{|\, n_o - n_e \,|} \frac{\lambda}{2} \tag{4-16}$$

1/2 波片具有以下性质。

(1) 半波片产生 π 奇数倍的相位延迟,线偏振光通过半波片后仍然是线偏振光。若入射点处线偏振光分解的 o、e 光同相则出射点处仍是线偏振光,且 o、e 光反相;若入射的线偏振光与快(慢)轴夹角为 α,则出射光的振动方向向着快(慢)轴转动了 2α。其示意图如图 4-30 所示。

(2) 椭圆偏振光入射时,出射光仍为椭圆偏振光,只是旋向相反。

因为入射的是圆偏振光,已有 π/2 的相差,经 1/2 波片,又产生 ±π 奇数倍的相差,出来仍是圆偏振光,但是旋向相反。

圆偏振光入射时,出射光是旋向相反的圆偏振光。若入射的是椭圆偏振光,经 1/2 波片,出来的仍是椭圆偏振光,但是旋转的方向改变,而且椭圆的长轴转过 2α 角。

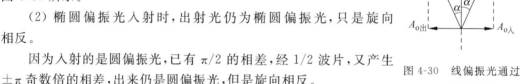

图 4-30　线偏振光通过 1/2 波片

3. 全波片

若 o 光和 e 光产生的光程差为

$$\Delta = |\, n_o - n_e \,| \, d = m\lambda$$

则对应的相位差为

$$\Delta\varphi = 2m\pi$$

称该晶片为全波片。全波片的厚度

$$d = \frac{m}{|\, n_o - n_e \,|}\lambda \tag{4-17}$$

全波片产生 2π 整数倍的相位延迟,不改变入射光的偏振态。它用于应力仪中,以增大应力引起的光程差值,使干涉色随内应力变化变得敏感。但是对波长为 λ 的光没有影响(相位延迟 2π)的全波片,对别的波长的光来说,是有影响的。

全波片具有以下性质。

（1）不改变入射光的偏振状态。

（2）只能增大光程差。

4.5.4 补偿器

补偿器可以将两个在相互垂直方向上振动的场矢量产生一定连续可变的光程差或者相位差，用于补偿两束线偏振光的相位差。巴比涅（Babinet）补偿器是常用的一种补偿器，如图 4-31(a)所示，它由两个方解石或者石英组成，两个劈的光轴相互垂直。当线偏振光入射到补偿器后，产生 o 光和 e 光，并且从上劈进入下劈时，o 光变 e 光，e 光变 o 光。由于劈尖很小（2°～3°），且厚度不大，在两个劈界面上，o 光和 e 光可认为不分离。

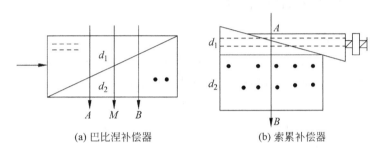

(a) 巴比涅补偿器   (b) 索累补偿器

图 4-31 补偿器

设光通过第一劈的厚度为 d_1，通过第二劈的厚度为 d_2，则由于 e 光和 o 光互变，同时入射到第一劈界面的 o 光和 e 光在补偿器中的总光程为 $(n_o d_1 + n_e d_2)$ 和 $(n_e d_1 + n_o d_2)$。所以，从补偿器出来的 o 光和 e 光的相位差为

$$\Delta\varphi = \frac{2\pi}{\lambda}[n_o d_1 + n_e d_2 - (n_e d_1 + n_o d_2)] = \frac{2\pi}{\lambda}(n_o - n_e)(d_1 - d_2) \qquad (4\text{-}18)$$

当入射光从不同的位置入射时，或者推动上劈，相应的 $(d_1 - d_2)$ 不同，相位差也就不同。因此，由式(4-18)可知，调整 $(d_1 - d_2)$ 的值就可以得到任一 $\Delta\varphi$ 的值。根据光劈移动的数值，还可以知道所产生的 $\Delta\varphi$ 值，并能够精确测定波片产生的光程差。

由于宽光束的不同部位会产生不同的相位差，因此巴比涅补偿器的缺点是入射光束很细。可以采用索累补偿器补偿该不足，如图 4-31(b)所示，它由两个光轴平行的石英劈和一个石英平行板组成。石英平行板的光轴与两个石英劈的光轴垂直。上臂可由微调螺丝使之平行移动，改变光线的厚度 d_1，可以在相当宽的范围内得到相同的 $\Delta\varphi$ 值。

例如，将椭圆偏振光通过相位变化成为线偏振光，因为相位差 $\Delta\varphi = \frac{\pi}{2}$，则可以通过补偿器引入 $\Delta\varphi'$ 进行补偿

$$\Delta\varphi' = \frac{2\pi}{\lambda}[d_1(n_o - n_e) + d_2(n_e - n_o)] = \frac{2\pi}{\lambda}(d_1 - d_2)(n_o - n_e) \qquad (4\text{-}19)$$

使得 $\Delta\varphi + \Delta\varphi' = 0$ 或 π，则输出光为线偏振光。

补偿器的应用领域：可以适用于任何波长的波片作相位补偿；可以补偿及抵消一个元件的自然双折射；也可以在一个光学元件中引入一个固定的延迟偏置；经过校准定标后，还可以用来测量待求波片的相位延迟。

4.6　偏振的矩阵表示

可以采用矩阵的方法来表示偏振光及偏振器、相位延迟器等对于光束偏振状态的作用，利用此方法在运算中会减少错误，并提高运算效率。

4.6.1　偏振光的矩阵表示

1. 偏振光的分解

对任一线偏振光，可以沿着 x-y 坐标轴进行分解。如图 4-32(a)所示，设线偏振光 $\boldsymbol{E}$ 的振幅为 A，则分解后沿 x 轴和 y 轴的分量及偏振光的表示为

$$A_x = A\cos\alpha, \quad A_y = A\sin\alpha$$
$$\boldsymbol{E} = \boldsymbol{e}_x A_x \cos(\omega t - kz) + \boldsymbol{e}_y A_y \cos(\omega t - kz)$$

其振幅复数形式为

$$\widetilde{\boldsymbol{E}} = \boldsymbol{e}_y A_x \mathrm{e}^{\mathrm{i}kz} + \boldsymbol{e}_y A_y \mathrm{e}^{\mathrm{i}kz}$$

(a) 线偏振光的分解　　(b) 椭圆偏振光的分解

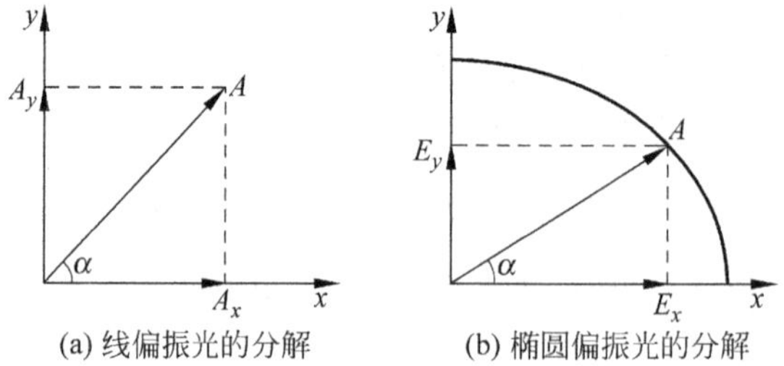

图 4-32　偏振光的表示

同样，如图 4.32(b)所示，对于椭圆偏振光(包括圆偏振光)也可以用沿 x 轴和 y 轴的分量表示

$$\begin{cases} E_x = A_x \cos(\omega t - kz) \\ E_y = A_y \cos(\omega t - kz + \delta) \end{cases} \tag{4-20}$$

或者表示为复数形式

$$\begin{cases} \boldsymbol{E}_x = \boldsymbol{e}_x A_x \exp[-\mathrm{i}(\omega t - kz)] \\ \boldsymbol{E}_y = \boldsymbol{e}_y A_y \exp[-\mathrm{i}(\omega t - kz + \delta)] \\ \widetilde{\boldsymbol{E}} = \boldsymbol{e}_x A_x \mathrm{e}^{\mathrm{i}kz} + \boldsymbol{e}_y A_y \mathrm{e}^{\mathrm{i}(kz-\delta)} \end{cases} \tag{4-21}$$

注意,此时式(4-21)中 y 方向振动的矢量相对于 x 方向振动的矢量之相位差为 $-\delta$,而不是式(4-20)中的 δ。$\delta>0$ 时为右旋偏振光,$\delta<0$ 时为左旋偏振光。当 $A_x=A_y$,$\delta=\pm\pi/2$ 时为圆偏振光;当 $A_x\neq A_y$,$\delta=\pm\pi/2$,或者 $A_x=A_y$,$\delta\neq\pm\pi/2$ 时为椭圆偏振光;当 $\delta=0$ 时为线偏振光。

所以,任意一个偏振光都可表示为光矢量互相垂直,沿同一方向传播且相位差恒定的两个线偏振光的合成,即式(4-21)。

2. 偏振光的琼斯矩阵

将式(4-21)中 $\widetilde{\boldsymbol{E}}=\boldsymbol{e}_x A_x \mathrm{e}^{\mathrm{i}kz}+\boldsymbol{e}_y A_y \mathrm{e}^{\mathrm{i}(kz-\delta)}$ 沿 x 轴和 y 轴的分量的振幅记为 a_1、a_2,相位记为 α_1、α_2,则

$$\begin{cases} \widetilde{E}_x = a_1 \mathrm{e}^{\mathrm{i}\alpha_1} \\ \widetilde{E}_y = a_2 \mathrm{e}^{\mathrm{i}\alpha_2} \end{cases}$$

将偏振光矢量 $\boldsymbol{E}$ 写成矩阵的形式

$$\boldsymbol{E}=\begin{bmatrix} \widetilde{E}_x \\ \widetilde{E}_y \end{bmatrix}=\begin{bmatrix} a_1 \mathrm{e}^{\mathrm{i}\alpha_1} \\ a_2 \mathrm{e}^{\mathrm{i}\alpha_2} \end{bmatrix}=a_1 \mathrm{e}^{\mathrm{i}\alpha_1}\begin{bmatrix} 1 \\ \dfrac{a_2}{a_1}\mathrm{e}^{\mathrm{i}(\alpha_2-\alpha_1)} \end{bmatrix}$$

将上式归一化为

$$\boldsymbol{E}=\frac{a_1}{\sqrt{a_1^2+a_2^2}}\begin{bmatrix} 1 \\ \dfrac{a_2}{a_1}\mathrm{e}^{\mathrm{i}(\alpha_2-\alpha_1)} \end{bmatrix}$$

令 $\delta=\alpha_2-\alpha_1$,$a=\dfrac{a_2}{a_1}$,则有

$$\boldsymbol{E}=\frac{a_1}{\sqrt{a_1^2+a_2^2}}\begin{bmatrix} 1 \\ a\mathrm{e}^{\mathrm{i}\delta} \end{bmatrix} \tag{4-22}$$

式(4-22)称为偏振光的归一化琼斯矢量。

1) 线偏振光的归一化琼斯矢量

若光矢量沿 x 轴,$A_x=1$,$A_y=0$,则

$$\boldsymbol{E}=\begin{bmatrix} 1 \\ 0 \end{bmatrix} \tag{4-23}$$

若光矢量沿 y 轴,$A_x=0$,$A_y=1$,则

$$\boldsymbol{E}=\begin{bmatrix} 0 \\ 1 \end{bmatrix} \tag{4-24}$$

若光矢量为与 x 轴成 θ 角,振幅为 a 的线偏振光,有 $A_x=a\cos\theta$,$A_y=a\sin\theta$,$\delta=0$,则

$$\boldsymbol{E}=\frac{1}{a}\begin{bmatrix} \cos\theta \\ \sin\theta \end{bmatrix} \tag{4-25}$$

2）圆偏振光

对左旋圆偏振光

$$\widetilde{E}_x = a, \quad \widetilde{E}_y = a\mathrm{e}^{\mathrm{i}\frac{\pi}{2}}, \quad |\widetilde{E}_x|^2 + |\widetilde{E}_y|^2 = 2a^2$$

其归一化琼斯矢量为

$$\boldsymbol{E}_{左} = \frac{1}{\sqrt{2a^2}}\begin{bmatrix} a \\ a\mathrm{e}^{\mathrm{i}\frac{\pi}{2}} \end{bmatrix} = \frac{1}{\sqrt{2}}\begin{bmatrix} 1 \\ \mathrm{i} \end{bmatrix} \tag{4-26}$$

同理,右旋圆偏振光的归一化琼斯矢量为

$$\boldsymbol{E}_{右} = \frac{1}{\sqrt{2a^2}}\begin{bmatrix} a \\ a\mathrm{e}^{-\mathrm{i}\frac{\pi}{2}} \end{bmatrix} = \frac{1}{\sqrt{2}}\begin{bmatrix} 1 \\ -\mathrm{i} \end{bmatrix} \tag{4-27}$$

3）长轴沿 x 轴,长短轴之比是 2：1 的右旋椭圆偏振光的归一化琼斯矢量

根据已知条件有

$$\widetilde{E}_x = 2a, \quad \widetilde{E}_y = a\mathrm{e}^{-\mathrm{i}\frac{\pi}{2}}, \quad |\widetilde{E}_x|^2 + |\widetilde{E}_y|^2 = 5a^2$$

归一化琼斯矢量为

$$\boldsymbol{E}_{右} = \frac{1}{\sqrt{5a^2}}\begin{bmatrix} 2a \\ a\mathrm{e}^{-\mathrm{i}\frac{\pi}{2}} \end{bmatrix} = \frac{1}{\sqrt{5}}\begin{bmatrix} 2 \\ -\mathrm{i} \end{bmatrix} \tag{4-28}$$

用琼斯矢量可以较方便地计算两个或者多个给定偏振态相干叠加的结果,也能方便地求得各种偏振器件对输入偏振态的作用。例如,两个振幅相等、相位相同,光矢量分别沿 x 轴和 y 轴的线偏振光的叠加,利用琼斯矢量计算表示为

$$\boldsymbol{E} = \begin{bmatrix} 1 \\ 0 \end{bmatrix} + \begin{bmatrix} 0 \\ 1 \end{bmatrix} = \begin{bmatrix} 1 \\ 1 \end{bmatrix}$$

结果得到一个光矢量与 x 轴成 45°夹角,振幅为入射偏振光振幅 $\sqrt{2}$ 倍的线偏振光。

又如,两个振幅相等的左旋和右旋圆偏振光可以合成为线偏振光:

$$\frac{1}{\sqrt{2}}\begin{bmatrix} 1 \\ \mathrm{i} \end{bmatrix} + \frac{1}{\sqrt{2}}\begin{bmatrix} 1 \\ -\mathrm{i} \end{bmatrix} = \sqrt{2}\begin{bmatrix} 1 \\ 0 \end{bmatrix}$$

振幅为圆偏振光振幅的 2 倍。

4.6.2　正交偏振

琼斯矩阵的正交偏振条件与普通二维矢量类似。设两个正交的线偏振光的琼斯矢量分别为

$$\boldsymbol{E}_1 = \begin{bmatrix} A_1 \\ B_1 \end{bmatrix}, \quad \boldsymbol{E}_2 = \begin{bmatrix} A_2 \\ B_2 \end{bmatrix}$$

它们满足正交的条件是

$$\boldsymbol{E}_1' \boldsymbol{E}_2^* = \begin{bmatrix} A_1 & B_1 \end{bmatrix}\begin{bmatrix} A_2^* \\ B_2^* \end{bmatrix} = A_1 A_2^* + B_1 B_2^* = 0 \tag{4-29}$$

其中"＊"表示共轭复数。

例如，线偏振光 $\begin{bmatrix}1\\0\end{bmatrix}$ 与 $\begin{bmatrix}0\\1\end{bmatrix}$、左右旋圆偏振光 $\begin{bmatrix}1\\i\end{bmatrix}$ 和 $\begin{bmatrix}1\\-i\end{bmatrix}$、左右旋椭圆偏振光 $\begin{bmatrix}2\\i\end{bmatrix}$ 和 $\begin{bmatrix}1\\-2i\end{bmatrix}$ 都是正交偏振态。

可以证明，任何一个偏振状态都可以分解为两个正交的偏振状态，如分解为两个正交的线偏振光

$$\begin{bmatrix}A\\B\end{bmatrix}=A\begin{bmatrix}1\\0\end{bmatrix}+B\begin{bmatrix}0\\1\end{bmatrix}$$

也可以分解为两个正交的圆偏振态

$$\begin{bmatrix}A\\B\end{bmatrix}=\xi\begin{bmatrix}1\\i\end{bmatrix}+\eta\begin{bmatrix}1\\-i\end{bmatrix} \tag{4-30}$$

则有

$$A=\xi+\eta,\quad B=(\xi-\eta)i$$

所以，$\xi=(A-iB)/2$，$\eta=(A+iB)/2$。代入式(4-30)得

$$\begin{bmatrix}A\\B\end{bmatrix}=\frac{A-iB}{2}\begin{bmatrix}1\\i\end{bmatrix}+\frac{A+iB}{2}\begin{bmatrix}1\\-i\end{bmatrix}$$

同理可以证明，任何一种偏振状态都可以分解为两个正交椭圆偏振光的叠加。

4.6.3　偏振器件的矩阵表示

偏振器件起着光学变换的作用，在光学系统的分析与计算中，可以将偏振器件用二维琼斯矩阵来表示。琼斯矩阵最重要的应用是计算偏振光通过偏振器后的状态变化。

为分析方便起见，现假定偏振器件对输入光的作用是一个线性变换。设入射光为 $\boldsymbol{E}_1=\begin{bmatrix}A_1\\B_1\end{bmatrix}$，出射光为 $\boldsymbol{E}_2=\begin{bmatrix}A_2\\B_2\end{bmatrix}$，其线性变换为

$$\begin{cases}A_2=g_{11}A_1+g_{12}B_1\\B_2=g_{21}A_1+g_{22}B_1\end{cases}$$

写成矩阵形式

$$\begin{bmatrix}A_2\\B_2\end{bmatrix}=\begin{bmatrix}g_{11}&g_{12}\\g_{21}&g_{22}\end{bmatrix}\begin{bmatrix}A_1\\B_1\end{bmatrix}=\boldsymbol{G}\begin{bmatrix}A_1\\B_1\end{bmatrix} \tag{4-31}$$

式中，矩阵 $\boldsymbol{G}=\begin{bmatrix}g_{11}&g_{12}\\g_{21}&g_{22}\end{bmatrix}$ 称为该器件的琼斯矩阵。

如果偏振光相继通过 N 个偏振器件，则琼斯矩阵为

$$\boldsymbol{E}_2=\boldsymbol{G}_N\boldsymbol{G}_{N-1}\cdots\boldsymbol{G}_2\boldsymbol{G}_1\boldsymbol{E}_1 \tag{4-32}$$

1. 线偏振器的琼斯矩阵

设偏振器的透光轴与 x 轴成 θ 角,如图 4-33 所示。入射光 $\begin{bmatrix} A_1 \\ B_1 \end{bmatrix}$ 的两个分量通过线偏振器后沿透光轴方向的两个分量分别为 $A_1\cos\theta$ 和 $B_1\sin\theta$,它们在 x 轴和 y 轴上投影的合成为

$$A_2 = (A_1\cos\theta + B_1\sin\theta)\cos\theta = A_1\cos^2\theta + \frac{1}{2}B_1\sin2\theta$$

$$B_2 = (A_1\cos\theta + B_1\sin\theta)\sin\theta = \frac{1}{2}A_1\sin2\theta + B_1\sin^2\theta$$

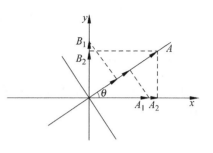

图 4-33　入射光通过线偏振器

则出射光 $\begin{bmatrix} A_2 \\ B_2 \end{bmatrix}$ 为

$$\begin{bmatrix} A_2 \\ B_2 \end{bmatrix} = \begin{bmatrix} \cos^2\theta & \frac{1}{2}\sin2\theta \\ \frac{1}{2}\sin2\theta & \sin^2\theta \end{bmatrix} \begin{bmatrix} A_1 \\ B_1 \end{bmatrix}$$

所以该线偏振器的琼斯矩阵为

$$\boldsymbol{G} = \begin{bmatrix} \cos^2\theta & \frac{1}{2}\sin2\theta \\ \frac{1}{2}\sin2\theta & \sin^2\theta \end{bmatrix} \tag{4-33}$$

如果 $\theta = 45°$,则琼斯矩阵的形式变得非常简单

$$\boldsymbol{G} = \frac{1}{2}\begin{bmatrix} 1 & 1 \\ 1 & 1 \end{bmatrix}$$

2. 快轴在 x 方向上的 1/4 波片

设偏振光 $\begin{bmatrix} A_1 \\ B_1 \end{bmatrix}$ 入射到 1/4 波片上,由于快轴在 x 方向,则出射光的 y 轴分量相对于 x 轴分量产生 $\pi/2$ 的相位差。因此,出射光的两个分量分别为 $A_2 = A_1$,$B_2 = B_1\exp(i\pi/2) = iB_1$,写成矩阵形式为

$$\begin{bmatrix} A_2 \\ B_2 \end{bmatrix} = \begin{bmatrix} 1 & 0 \\ 0 & i \end{bmatrix} \begin{bmatrix} A_1 \\ B_1 \end{bmatrix}$$

因此,该 1/4 波片的琼斯矩阵为

$$\boldsymbol{G} = \begin{bmatrix} 1 & 0 \\ 0 & i \end{bmatrix} \tag{4-34}$$

3. 快轴与 x 轴成 θ 角,产生的相位差为 δ 的波片

设入射偏振光为 $\begin{bmatrix} A_1 \\ B_1 \end{bmatrix}$,在波片的快、慢轴上的分

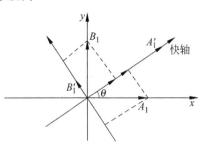

量如图 4-34 所示,有

$$A_1' = A_1\cos\theta + B_1\sin\theta$$
$$B_1' = -A_1\sin\theta + B_1\cos\theta$$

写成矩阵形式

$$\begin{bmatrix} A_1' \\ B_1' \end{bmatrix} = \begin{bmatrix} \cos\theta & \sin\theta \\ -\sin\theta & \cos\theta \end{bmatrix}\begin{bmatrix} A_1 \\ B_1 \end{bmatrix}$$

图 4-34　快轴与 x 轴成 θ 角,
相位差为 δ 的波片

偏振光透过波片后,在快轴和慢轴上的复振幅为

$$A_1'' = A_1'$$
$$B_1'' = B_1'\exp(\mathrm{i}\delta)$$

因而透过波片后有

$$\begin{bmatrix} A_1'' \\ B_1'' \end{bmatrix} = \begin{bmatrix} 1 & 0 \\ 0 & \exp(\mathrm{i}\delta) \end{bmatrix}\begin{bmatrix} A_1' \\ B_1' \end{bmatrix} = \begin{bmatrix} 1 & 0 \\ 0 & \exp(\mathrm{i}\delta) \end{bmatrix}\begin{bmatrix} \cos\theta & \sin\theta \\ -\sin\theta & \cos\theta \end{bmatrix}\begin{bmatrix} A_1 \\ B_1 \end{bmatrix} \tag{4-35}$$

将 A_1'' 和 B_1'' 再次分解到 x、y 轴上,有

$$A_2 = A_1''\cos\theta - B_1''\sin\theta$$
$$B_2 = A_1''\sin\theta + B_1''\cos\theta$$

即

$$\begin{bmatrix} A_2 \\ B_2 \end{bmatrix} = \begin{bmatrix} \cos\theta & -\sin\theta \\ \sin\theta & \cos\theta \end{bmatrix}\begin{bmatrix} A_1'' \\ B_1'' \end{bmatrix}$$

将式(4-35)代入上式得

$$\begin{bmatrix} A_2 \\ B_2 \end{bmatrix} = \begin{bmatrix} \cos\theta & -\sin\theta \\ \sin\theta & \cos\theta \end{bmatrix}\begin{bmatrix} 1 & 0 \\ 0 & \exp(\mathrm{i}\delta) \end{bmatrix}\begin{bmatrix} \cos\theta & \sin\theta \\ -\sin\theta & \cos\theta \end{bmatrix}\begin{bmatrix} A_1 \\ B_1 \end{bmatrix}$$

$$= \cos\frac{\delta}{2}\begin{bmatrix} 1 - \mathrm{i}\tan\dfrac{\delta}{2}\cos2\theta & -\mathrm{i}\tan\dfrac{\delta}{2}\sin2\theta \\ -\mathrm{i}\tan\dfrac{\delta}{2}\sin2\theta & 1 + \mathrm{i}\tan\dfrac{\delta}{2}\cos2\theta \end{bmatrix}\begin{bmatrix} A_1 \\ B_1 \end{bmatrix}\exp\left(\mathrm{i}\frac{\delta}{2}\right)$$

略去公共因子 $\exp\left(\mathrm{i}\dfrac{\delta}{2}\right)$,则该波片的琼斯矩阵为

$$\boldsymbol{G} = \cos\frac{\delta}{2}\begin{bmatrix} 1 - \mathrm{i}\tan\dfrac{\delta}{2}\cos2\theta & -\mathrm{i}\tan\dfrac{\delta}{2}\sin2\theta \\ -\mathrm{i}\tan\dfrac{\delta}{2}\sin2\theta & 1 + \mathrm{i}\tan\dfrac{\delta}{2}\cos2\theta \end{bmatrix} \tag{4-36}$$

当 $\theta = 45°$ 时,

$$\boldsymbol{G} = \cos\frac{\delta}{2}\begin{bmatrix} 1 & -\mathrm{i}\tan\dfrac{\delta}{2} \\ -\mathrm{i}\tan\dfrac{\delta}{2} & 1 \end{bmatrix} = \begin{bmatrix} \cos\dfrac{\delta}{2} & -\mathrm{i}\sin\dfrac{\delta}{2} \\ -\mathrm{i}\sin\dfrac{\delta}{2} & \cos\dfrac{\delta}{2} \end{bmatrix}$$

当 $\delta = \pm\dfrac{\pi}{2}$ 时，为 $\dfrac{1}{4}$ 波片，

$$\boldsymbol{G} = \frac{1}{\sqrt{2}}\begin{bmatrix} 1 & \mp\mathrm{i} \\ \mp\mathrm{i} & 1 \end{bmatrix}$$

当 $\delta = \pm\pi$ 时，为 $\dfrac{1}{2}$ 波片，

$$\boldsymbol{G} = \begin{bmatrix} 0 & \mp\mathrm{i} \\ \mp\mathrm{i} & 0 \end{bmatrix} = \mp\mathrm{i}\begin{bmatrix} 0 & 1 \\ 1 & 0 \end{bmatrix}$$

一些重要器件的琼斯矩阵表示如下。

1) 线偏振器

透光轴在 x 方向：$\begin{bmatrix} 1 & 0 \\ 0 & 0 \end{bmatrix}$

透光轴在 y 方向：$\begin{bmatrix} 0 & 0 \\ 0 & 1 \end{bmatrix}$

透光轴与 x 方向成 $\pm 45°$ 夹角：$\dfrac{1}{2}\begin{bmatrix} 1 & \pm 1 \\ \pm 1 & 1 \end{bmatrix}$

透光轴与 x 方向成 θ 夹角：$\begin{bmatrix} \cos^2\theta & \dfrac{1}{2}\sin2\theta \\ \dfrac{1}{2}\sin2\theta & \sin^2\theta \end{bmatrix}$

2) 1/4 波片

快轴在 x 方向：$\begin{bmatrix} 1 & 0 \\ 0 & \mathrm{i} \end{bmatrix}$

快轴在 y 方向：$\begin{bmatrix} 1 & 0 \\ 0 & -\mathrm{i} \end{bmatrix}$

快轴与 x 方向成 $\pm 45°$ 夹角：$\dfrac{1}{\sqrt{2}}\begin{bmatrix} 1 & \mp\mathrm{i} \\ \mp\mathrm{i} & 1 \end{bmatrix}$

3) 一般波片

快轴在 x 方向：$\begin{bmatrix} 1 & 0 \\ 0 & \exp(\mathrm{i}\delta) \end{bmatrix}$

快轴在 y 方向：$\begin{bmatrix} 1 & 0 \\ 0 & \exp(-\mathrm{i}\delta) \end{bmatrix}$

快轴与 x 方向成 $\pm 45°$ 夹角：$\cos\dfrac{\delta}{2}\begin{bmatrix} 1 & \mp i\tan\dfrac{\delta}{2} \\ \mp i\tan\dfrac{\delta}{2} & 1 \end{bmatrix}$

需要指出的是，琼斯矩阵只适合于偏振光的计算，对于非偏振光，可以采用斯托克斯矢量来计算。

4.7　偏振态的获得及实验检定

4.7.1　偏振态的获得

1. 自然光经过波片和偏振片

自然光是大量线偏振光的组合，这些偏振光有各种可能的取向，电矢量之间没有固定的相位差。经过波片后，由于 o 光和 e 光的初相位在晶片的入射点是任意的，所以经波晶片后的相位差仍是任意的，因此出射光是大量的、有着各种长短轴比例的椭圆偏振光的组合，仍是自然光。

自然光通过起偏器后，可以转化为线偏振光。如果线偏振光再经过一个 1/4 波片，就可以转化成椭圆或者圆偏振光。

2. 线偏振光经过波片

1）线偏振光经过 1/4 波片

设光矢量偏振方向与 x 轴呈 θ 角，如图 4-35(a) 所示，设入射光为

$$E_x = A\cos\theta\cos\omega t$$

$$E_y = A\sin\theta\cos\left(\omega t + \left\{ \begin{matrix} 0 \\ \pi \end{matrix} \right\}\right)$$

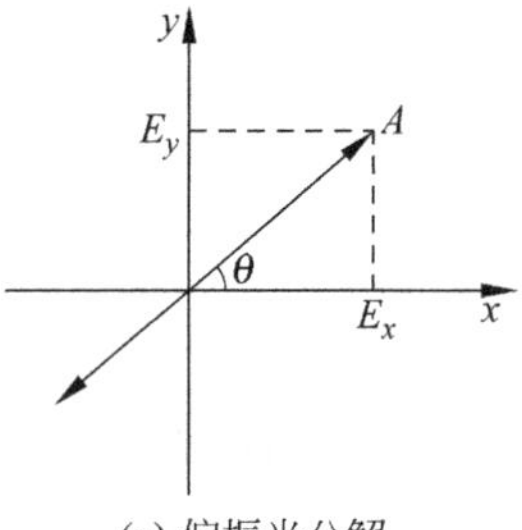

(a) 偏振光分解 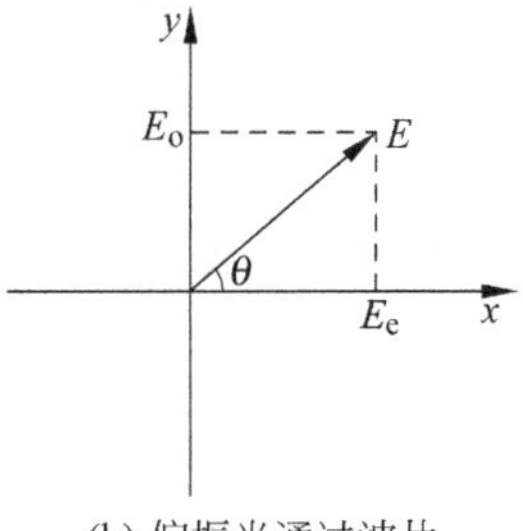　　　　　　(b) 偏振光通过波片

图 4-35　偏振光及其通过波片的分解

则

$$\tan\theta = \frac{E_y}{E_x}$$

若相位差 θ 为 0,则振动方向在一、三象限;若相位差 θ 为 π,则振动方向在二、四象限。

经 1/4 波片后,相位差为 $\frac{\pi}{2}$ 或 $\pi + \frac{\pi}{2}$,为右旋或左旋的椭圆偏振光,是正椭圆。

如图 4-35(b)所示,设光矢量振动方向在一、三象限,光轴沿 x 轴(下同),则有

$$E_e = A_e \cos(\omega t - kz_0)$$
$$E_o = A_o \cos(\omega t - kz_0)$$

通过 1/4 波片后,对于正晶体是右旋偏振光,有

$$\begin{cases} E'_e = A_e \cos(\omega t - kz) \\ E'_o = A_o \cos\left(\omega t - kz + \frac{\pi}{2}\right) \end{cases} \tag{4-37}$$

对于负晶体是左旋偏振光,有

$$\begin{cases} E'_e = A_e \cos(\omega t - kz) \\ E'_o = A_o \cos\left(\omega t - kz - \frac{\pi}{2}\right) \end{cases} \tag{4-38}$$

设振动方向在二、四象限,则有

$$\begin{cases} E_e = -A_e \cos\omega t = A_e \cos(\omega t + \pi) \\ E_o = A_o \cos\omega t \end{cases} \tag{4-39}$$

通过 1/4 波片后,对于正晶体是右旋偏振光,有

$$\begin{cases} E'_e = A_e \cos(\omega t + \pi) \\ E'_o = A_o \cos\left(\omega t + \frac{\pi}{2}\right) \end{cases} \tag{4-40}$$

对于负晶体是左旋偏振光,有

$$\begin{cases} E'_e = A_e \cos(\omega t + \pi) \\ E'_o = A_o \cos\left(\omega t - \frac{\pi}{2}\right) = A_o \cos\left(\omega t + \pi + \frac{\pi}{2}\right) \end{cases} \tag{4-41}$$

当 $\theta = \frac{\pi}{4}$ 时,出射光为圆偏振光。

2) 线偏振光经过 1/2 波片

线偏振光经过 1/2 波片时,增加 π 的相位差,仍为线偏振光。但振动面转到与 y 或 x 轴对称的位置。设

$$\begin{cases} E_e = A_e \cos(\omega t - kz_0) \\ E_o = A_o \cos(\omega t - kz_0) \end{cases}$$

对于正晶体,出射光为

$$\begin{cases} E'_e = A_e\cos(\omega t - kz) \\ E'_o = A_o\cos(\omega t - kz + \pi) = -A_o\cos(\omega t - kz) \end{cases} \tag{4-42}$$

对于负晶体,出射光为

$$\begin{cases} E'_e = A_e\cos(\omega t - kz) \\ E'_o = A_o\cos(\omega t - kz - \pi) = -A_o\cos(\omega t - kz) \end{cases} \tag{4-43}$$

3. 圆偏振光、椭圆偏振光经过波片

1) 圆偏振光、椭圆偏振光经过 1/4 波片

当左旋圆偏振光、椭圆偏振光经过 1/4 波片时,设入射的 o 光和 e 光为

$$\begin{cases} E_e = A_e\cos\omega t \\ E_o = A_o\cos\left(\omega t - \dfrac{\pi}{2}\right) \end{cases}$$

则对于正晶体,出射光为一、三象限线偏振光,有

$$\begin{cases} E'_e = A_e\cos\omega t \\ E'_o = A_o\cos\left(\omega t - \dfrac{\pi}{2} + \dfrac{\pi}{2}\right) = A\cos\omega t \end{cases} \tag{4-44}$$

对于负晶体,出射光为二、四象限线偏振光,有

$$\begin{cases} E'_e = A_e\cos\omega t \\ E'_o = A_o\cos\left(\omega t - \dfrac{\pi}{2} - \dfrac{\pi}{2}\right) = -A\cos\omega t \end{cases} \tag{4-45}$$

当右旋圆偏振光、椭圆偏振光经过 1/4 波片时,设入射的 o 光和 e 光为

$$\begin{cases} E'_e = A_e\cos\omega t \\ E'_o = A_o\cos(\omega t + \delta + \pi), \quad 正晶体,反向椭圆偏振光 \\ E'_o = A_o\cos(\omega t + \delta - \pi), \quad 负晶体,反向椭圆偏振光 \end{cases}$$

对于正晶体,出射光为二、四象限线偏振光,有

$$\begin{cases} E'_e = A_e\cos\omega t \\ E'_o = A_o\cos\left(\omega t + \dfrac{\pi}{2} + \dfrac{\pi}{2}\right) = -A\cos\omega t \end{cases} \tag{4-46}$$

对于负晶体,出射光为一、三象限线偏振光,有

$$\begin{cases} E'_e = A_e\cos\omega t \\ E'_o = A_o\cos\left(\omega t + \dfrac{\pi}{2} - \dfrac{\pi}{2}\right) = A\cos\omega t \end{cases} \tag{4-47}$$

2) 圆偏振光、椭圆偏振光经过 1/2 波片

当右旋圆偏振光、椭圆偏振光经过 1/2 波片时,则出射光对于正、负晶体均为左旋偏振光,有

$$\begin{cases} E'_e = A_e\cos\omega t \\ E'_o = A_o\cos\left(\omega t + \dfrac{\pi}{2} + \pi\right), \quad \text{正晶体,左旋圆偏振光} \\ E'_o = A_o\cos\left(\omega t + \dfrac{\pi}{2} - \pi\right), \quad \text{负晶体,左旋圆偏振光} \end{cases} \tag{4-48}$$

当左旋圆偏振光、椭圆偏振光经过 1/2 片时,则出射光对于正、负晶体均为右旋偏振光,有

$$\begin{cases} E'_e = A_e\cos\omega t \\ E'_o = A_o\cos\left(\omega t - \dfrac{\pi}{2} + \pi\right), \quad \text{正晶体,右旋圆偏振光} \\ E'_o = A_o\cos\left(\omega t - \dfrac{\pi}{2} - \pi\right), \quad \text{负晶体,右旋圆偏振光} \end{cases} \tag{4-49}$$

4. 一般椭圆偏振光经过波片

设一般椭圆偏振光为

$$\begin{cases} E_e = A_e\cos\omega t \\ E_o = A_o\cos(\omega t + \delta) \end{cases}$$

(1) 一般椭圆偏振光经过 1/4 波片,仍是一般椭圆偏振光,有

$$\begin{cases} E'_e = A_e\cos\omega t \\ E'_o = A_o\cos\left(\omega t + \delta + \dfrac{\pi}{2}\right), \quad \text{正晶体,椭圆偏振光} \\ E'_o = A_o\cos\left(\omega t + \delta - \dfrac{\pi}{2}\right), \quad \text{负晶体,椭圆偏振光} \end{cases} \tag{4-50}$$

(2) 一般椭圆偏振光经过 1/2 波片,为反向一般椭圆偏振光,有

$$\begin{cases} E'_e = A_e\cos\omega t \\ E'_o = A_o\cos(\omega t + \delta + \pi), \quad \text{正晶体,反向椭圆偏振光} \\ E'_o = A_o\cos(\omega t + \delta - \pi), \quad \text{正晶体,反向椭圆偏振光} \end{cases} \tag{4-51}$$

4.7.2　圆偏振光与椭圆偏振光的检定

借助检偏器和 1/4 波晶片检验光的 5 种偏振态,如表 4-1 所示。

表　4-1

种　　类	尼科耳棱镜(转动)	1/4 波片＋尼科耳棱镜(转动)
自然光	不消光,光强不变	不消光,光强不变
圆偏振光	不消光,光强不变	消光
线偏光	消光	不消光
部分偏振光	不消光,光强变化	不消光,光强变化
椭圆偏振光	不消光,光强变化	转动 1/4 波片,出现消光

1）只用检偏器（转动）

对于线偏光可以出现极大和消光现象。

对于椭圆偏光和部分偏光可以出现极大和极小现象。

对于圆偏光和非偏光各方向光强不变。

2）用 1/4 波片和检偏器（转动）

对于非偏光（自然光）各方向光强不变。

对于圆偏光出现消光现象。

对于部分偏光仍出现极大和极小现象。

对于椭圆偏光，当把 1/4 波片的快慢轴放在光强极大位置时出现消光现象。

4.8　偏振光的干涉

偏振光干涉在工程中有重要应用，如偏光显微镜就是利用偏振光干涉的基本原理。与自然光干涉装置不同的是，偏振光干涉利用的是双折射效应，而不是分振幅法和分波面法。在偏振光干涉中，将同一束光分成振动方向相互垂直的两束线偏振光，再经过检偏器实现其干涉效应。偏振光干涉可以分成两类，即平行偏振光的干涉和会聚光的干涉。

4.8.1　偏振光干涉原理

偏振光的干涉装置如图 4-36 所示，在两块共轴的偏振片 P_1 和 P_2 之间放一块厚度为 d 的波片（晶片）C，其光轴沿 y 轴。P_1 称为起偏器，P_2 称为检偏器。如果 P_1 和 P_2 垂直，则称为正交偏振器，或者偏振正交。波片起到分光和相位延迟的作用，它将入射的偏振光分解成振动方向互相垂直，并有相位延迟的两束线偏振光。

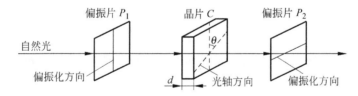

图 4-36　偏振光干涉的实验装置

当自然光平行入射到 P_1，则变成振幅为 A_1 的线偏振光，然后垂直入射到晶片 C 上，被分成 o 光和 e 光。如图 4-37 所示，设 P_1 的偏振化方向与光轴 y 的夹角为 θ，则进入波晶片的两束光为

$$A_o = A_1 \sin\theta$$

$$A_e = A_1 \cos\theta$$

设偏振片 P_2 的偏振化方向与光轴 y 的夹角为 α，则经过 P_2 后两束透射光的振幅为

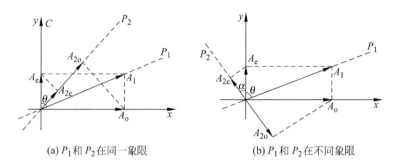

(a) P_1 和 P_2 在同一象限   (b) P_1 和 P_2 在不同象限

图 4-37   偏振光干涉原理

$$\begin{cases} A_{2o} = A_o\sin\alpha = A_1\sin\theta\sin\alpha \\ A_{2e} = A_e\cos\alpha = A_1\cos\theta\cos\alpha \end{cases} \tag{4-52}$$

若两束光之间有相位差 $\Delta\varphi$,则合强度就是

$$I = A_{2o}^2 + A_{2e}^2 + 2A_{2o}A_{2e}\cos\Delta\varphi$$

$$= A^2\left[\cos^2(\theta - \alpha) - \sin2\theta\sin2\alpha\sin^2\frac{\Delta\varphi}{2}\right] \tag{4-53}$$

$\Delta\varphi$ 由两部分组成:波晶片引入的相位差和两偏振片方向引起的附加相位差。

1)波晶片引入的相位差 $\Delta\varphi_1$

$$\Delta\varphi_1 = \frac{2\pi}{\lambda}(n_o - n_e)d$$

2)P_1 和 P_2 的方向引起的附加相位差 $\Delta\varphi_2$

如图 4-37(a)所示,当 P_1、P_2 在同一象限时则无附加相位差,即 $\Delta\varphi_2 = 0$,则 o 光和 e 光通过波晶片 C 后产生的相位差 $\Delta\varphi = \Delta\varphi_1$,即

$$|\Delta\varphi| = \frac{2\pi d}{\lambda}|n_e - n_o|$$

o 光和 e 光通过 P_2 后两束光合成为一束线偏振光。如果相位差 $\Delta\varphi = 2k\pi$,即波晶片 C 的厚度满足

$$d = \frac{k\lambda}{|n_e - n_o|}, \quad k = 1,2,\cdots$$

则干涉相长;当 $\Delta\varphi = (2k+1)\pi$ 时,即波晶片 C 的厚度满足

$$d = \frac{(k + 1/2)\lambda}{|n_e - n_o|}, \quad k = 1,2,\cdots$$

则干涉相消。

当 P_1、P_2 处于不同象限,如图 4-37(b)所示,则存在附加相差 $\Delta\varphi_2 = \pi$,此时:

$$\Delta\varphi = \Delta\varphi_1 + \pi = \frac{2\pi d}{\lambda}(n_e - n_o) + \pi$$

当 $\Delta\varphi = 2k\pi$ 时,即

$$d = \frac{k - 1/2}{|n_e - n_o|}\lambda$$

则干涉相长;当 $\Delta\varphi = (2k+1)\pi$ 时,即

$$d = \frac{k}{|n_e - n_o|}\lambda$$

则干涉相消。如果波晶片厚度一定,用不同波长的光来照射,则透射光的强弱随波长的不同而变化。

1. P_1 平行于 P_2

此时又称偏振平行,这种情况下,$\alpha = \theta$,$\Delta\varphi = \Delta\varphi_1$。由式(4-53)得干涉光强度为

$$I_{/\!/} = A_1^2\left(1 - \sin^2 2\theta \sin^2 \frac{\Delta\varphi_1}{2}\right) \tag{4-54}$$

如果 $\theta = 45°$,则

$$I_{/\!/} = A_1^2\left(1 - \sin^2 \frac{\Delta\varphi_1}{2}\right) = \frac{A_1^2}{2}(1 + \cos\Delta\varphi_1)$$

2. P_1 垂直于 P_2

此时偏振正交,$\alpha - \theta = \frac{\pi}{2}$,由式(4-52)得

$$A_{2o} = A_1 \sin\theta\cos\theta$$
$$A_{2e} = A_1 \cos\theta\sin\theta$$

代入式(4-53)得

$$I_{\perp} = 2A_1^2\cos^2\theta\sin^2\theta(1 + \cos\Delta\varphi) = A_1^2\sin^2 2\theta\cos^2 \frac{\Delta\varphi}{2}$$

因为 $\Delta\varphi = \Delta\varphi_1 + \pi$,所以

$$I_{\perp} = A_1^2\sin^2 2\theta\sin^2(\Delta\varphi_1/2) \tag{4-55}$$

如果 $\theta = 45°$,则

$$I_{\perp} = \frac{A_1^2}{2}(1 - \cos\Delta\varphi_1)$$

在图 4-36 中,如果以光线的前进方向为轴,转动波片的光轴,则当 $\theta = 0$、$\pi/2$、π 和 $3\pi/2$ 时,$I_{/\!/}$ 达到最大值,$I_{\perp} = 0$,因为当 $\theta = 0$ 和 π 时,入射的线偏振光进入波片后成为 e 光;而当 $\theta = \pi/2$ 和 $3\pi/2$ 时成为 o 光。这是因为从波片透射出来后都是线偏振光,其振动面和强度都未变化。当 $\theta = \pi/4$、$3\pi/4$、$5\pi/4$ 和 $7\pi/4$ 时,$I_{/\!/}$ 达到最小值,$I_{\perp}$ 达到最大值。由式(4-54)和式(4-55)可知,在任何情况下 $I_{/\!/} + I_{\perp} = A_1^2$,都为常量。

3. 色偏振

如果波晶片 d 均匀,用白光入射时,由于不同波长的光满足的干涉相长和干涉相消的

条件不同,则各种光有不同程度的加强或者减弱,混合在一起出现彩色,并且不同厚度的波晶片彩色不同。当转动波晶片时,彩色会跟着变化。如果把正交时出现的彩色再混合起来,则将重新恢复为和入射光一样的白色。任何两种色彩混合起来能够成为白色,则每一种都称为另一种的互补色。对同一波晶片,偏振正交和平行时所呈现的彩色为互补色,这在实验中已经得到证实。

偏振光干涉时,屏上由于某种颜色干涉相消,而呈现它的互补色叫(显)色偏振。例如红色相消则呈现青色,蓝色相消则呈现黄色,绿色相消则呈现紫色。色偏振是检验双折射现象极为灵敏的方法。当折射率的差值很小时,直接观察 o 光或者 e 光很难确定是否有双折射。但是利用偏振干涉的方法,用白光照射,观察是否有彩色出现即可鉴定是否存在双折射。用显微镜观察各种材料在白光照射下的色偏振,还可以分析物质内部的某些结构,称为偏光显微术。

在偏振干涉装置中,如果晶片 d 均匀,在单色光入射的情况下,随着偏振片 P_2 的转动在视场中就会出现均匀的亮暗变化;在白光入射的情况下,会出现色彩的变换。要在视场中出现干涉条纹,波晶片厚度 d 必须不均匀。

如果波晶片被换为上薄下厚的尖劈形波片,因波片厚度不均匀,所以形成的相位差也不同,则屏上将会出现等厚干涉条纹。

4.8.2　会聚偏振光的干涉

观察会聚的平面偏振光干涉的实验装置如图 4-38 所示,其中晶片 K 的光轴与晶片表面垂直并且平行于系统的光轴。如果透镜 L_2 和 L_3 不放在正交的起偏镜 N_1 和检偏镜 N_2 之间,则由于在晶片内 o 光和 e 光都沿光轴进行,未引入相位差,所以没有干涉现象。但若利用透镜 L_2 产生会聚于晶片 K 的平面偏振光,又用透镜 L_3 将此会聚光再变为平行平面偏振光,并通过检偏镜 N_2,则经过 L_4 放大后,可以在观察屏 M 上观察到如图 4-39(a)所示的干涉图样。这是因为除了在透镜中心的光仍是沿光轴行进外,其他的光都是倾斜入射的,因而发生双折射,且 o 光和 e 光之间有一定的相位差,这时就产生会聚偏振光的干涉。其中黑十字称等旋线,以透镜光轴为中心的明暗相间的圆环,称等色线。当光轴平行于晶片表面时产生的干涉图样如图 4-39(b)所示。

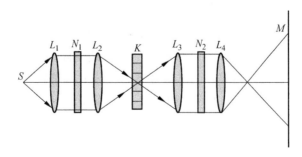

图 4-38　会聚偏振光的干涉

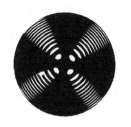 

(a) 晶片表面垂直于光轴　　　　(b) 光轴平行于晶片表面

图 4-39　会聚偏振光的干涉图样

图 4-40(a)表示顺光线看去,会聚光在晶片前表面上的投影。其中,圆代表自透镜 L_2 射出的、有相同孔径角(即在晶片表面上有相同入射角 i_1)的光线在该表面上的轨迹。通过圆周上各点的偏振光的振动方向在该表面上的投影,都平行于起偏镜主截面 N_1。在晶片 K 很薄的情况下,o 光和 e 光分开得很少,以入射角 i_1 射到晶片上的光线,可由图 4-40(b)表示其晶体内的光路。由图 4-40(a)可以看出,对于通过 P、P'、H 和 H' 各点的偏振光并不分解,在 $N_1 \perp N_2$ 的情况下,都不能通过检偏镜 N_2,其他同心圆周上与之相应的各点与此相同,因而通过 N_2 观察时,会看到暗的十字;当 $N_1 /\!/ N_2$ 时,这些点上偏振光都能通过 N_2,所以会看到亮的十字。

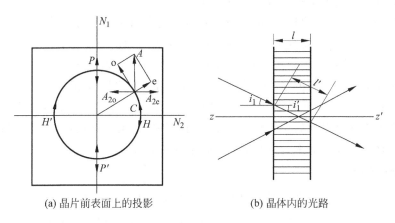

(a) 晶片前表面上的投影　　　　(b) 晶体内的光路

图 4-40　会聚光干涉示意图

对于圆周上的其他各点,例如 C 点,平行于 N_1 的矢量在晶体 K 内分解成沿该点圆周切线方向的 o 光和沿半径方向的 e 光。在近似的情况下,两光在晶片内所通过的几何路程为 l',因而晶片 K 和检偏镜 N_2 给两光造成的位相差为

$$\Delta\varphi = \frac{2\pi l'}{\lambda_0} \mid n'_e - n_o \mid + \pi$$

式中,$l' = l/\cos i'_1$,i'_1 为光在晶体内的折射角;n'_e 为晶体在 i'_1 方向上 e 光的折射率。显然,在

这种情况下,位相差只决定于 i_1' 角。具有相同 i_1' 的光,有相同的相位差,同在一干涉条纹上。于是,通过检偏镜看到的干涉图是一组明暗相间的同心圆环;用白光照射时,看到的干涉图是彩色同心环,同一圆环有同一彩色,故名等色线。

当晶体光轴在其他方向时,所得的等旋线与等色线和上述的显著不同,图 4-39(b)就是光轴平行于表面的石英片放在 $N_1 \perp N_2$ 的系统中所看到的会聚的平面偏振光的干涉图样。

偏光显微镜中利用会聚的平面偏振光的干涉图样来测定光轴的位置已成为在切割与磨制晶体时的重要手段;对于大块晶体的定轴,已应用于与图 4-38 相似的光学系统制成了晶体定轴投影仪。

4.8.3　椭偏仪的基本原理

当样品对光存在着强烈吸收(如金属)或者待测薄膜厚度远远小于光的波长时,通常用来测量折射率的几何光学方法和测量薄膜厚度的干涉法均不再适用。这里介绍一种用反射型椭偏仪测量折射率和薄膜厚度的方法。用反射型椭偏仪可以测量金属的复折射率,并且可以测量很薄的薄膜(几十埃),当把它安装到超高真空系统上时,可对从准单原子开始的薄膜生长或其反过程——薄膜的溅射刻蚀过程进行即时监测。反射型椭偏仪又称为表面椭偏仪,它在表面科学研究中是一个很重要的工具。

反射型椭偏仪的基本原理是,用一束椭圆偏振光作为探针照射到样品上,由于样品对入射光中平行于入射面的电场分量(p 分量)和垂直于入射面的电场分量(s 分量)有不同的反射、透射系数,因此从样品上出射的光,其偏振状态相对于入射光来说要发生变化。下面将看到,样品对入射光电矢量的 p 分量和 s 分量的反射系数之比 G 正是把入射光与反射光的偏振状态联系起来的一个重要物理量。同时,G 又是一个与材料的光学参量有关的函数。因此,设法观测光在反射前后偏振状态的变化可以测定反射系数比,进而得到与样品的某些光学参量(如材料的复折射率、薄膜的厚度等)有关的信息。

1. 反射系数比

光在两种均匀、各向同性介质分界面上反射时,用(E_{ip},E_{is})、(E_{rp},E_{rs})、(E_{tp},E_{ts})分别表示入射、反射、透射光电矢量 p 分量和 s 分量的复振幅。将式(1-57)和式(1-60)表示的垂直分量和平行分量的反射系数表示为复数形式为

$$r_p = |r_p| \exp(\mathrm{i}\delta_p), \quad r_s = |r_s| \exp(\mathrm{i}\delta_s) \tag{4-56}$$

式中,$|r_p|$ 表示反射光 p 分量与入射光 p 分量的振幅比;δ_p 表示经过反射以后 p 分量的相位变化。与 s 分量对应的 $|r_s|$ 和 δ_s 具有与上相同的物理意义。因此有

$$E_{rp} = r_p E_{ip}, \quad E_{rs} = r_s E_{is}$$

定义反射系数比 G 为

$$G = r_p / r_s \tag{4-57}$$

所以有

$$\left|\frac{E_{rp}}{E_{rs}}\right|\exp[i(\beta_{rp}-\beta_{rs})]=G\left|\frac{E_{ip}}{E_{is}}\right|\exp[i(\beta_{ip}-\beta_{is})] \tag{4-58}$$

其中，β_{rp}、β_{rs}、β_{ip}、β_{is} 分别表示对应的反射光和入射光平行分量及垂直分量的相位。

入射光的偏振状态取决于 E_{ip} 和 E_{is} 的振幅比 $|E_{ip}/E_{is}|$ 和相位差 $(\beta_{ip}-\beta_{is})$，同样，反射光的偏振状态取决于 $|E_{rp}/E_{rs}|$ 和相位差 $(\beta_{rp}-\beta_{rs})$。这样，从式(4-58)可以看出，入射光和反射光的偏振状态通过反射系数比 G 彼此关联起来。

通常我们把 G 写成如下形式

$$G=\tan\psi\mathrm{e}^{i\Delta} \tag{4-59}$$

由式(4-56)和式(4-57)可知

$$\tan\psi=|r_p/r_s|,\quad \Delta=\delta_p-\delta_s \tag{4-60}$$

其中，ψ、Δ 称为椭偏参数。由于它们具有角度的量纲，所以也称为椭偏角。之所以用 ψ、Δ 来表示 G，一方面因为 ψ、Δ 具有明确的物理意义，即 ψ 的正切给出了反射前后 p、s 两分量的振幅衰减比，Δ 给出了两分量的相移之差，显然 ψ、Δ 直接反映出反射前后光的偏振状态的变化；另一方面我们将看到，ψ、Δ 又可以从实验上直接测量得到。

结合折射定律及式(4-57)、式(1-57)和式(1-60)，有

$$n_2=n_1\sin\theta_1\left[1+\left(\frac{1-G}{1+G}\right)^2\tan^2\theta_1\right]^{1/2} \tag{4-61}$$

由式(4-61)可以看出，如果 n_1 是已知的，那么在一个固定的入射角 θ_1 下测定反射系数比 G，就可以确定第二种介质的复折射率 n_2。

2. 光在介质薄膜的反射系数比

偏振光在单层薄膜上的反射情况，如图 4-41 所示。我们假设：①薄膜两侧的介质是半无限大的，折射率分别为 n_1 和 n_3。通常介质 1 为周围的环境，如真空、空气等；介质 3 为薄膜的衬底材料。②薄膜折射率为 n_2，它与两侧介质之间的界面 1 和界面 2 彼此平行并且都是理想的光滑平面。两界面之间的距离，即膜厚度为 d。③三种介质都是均匀和各向同性的。

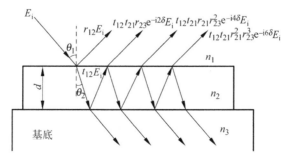

图 4-41　偏振光在单层薄膜上的反射

当光线以入射角 θ_1 从介质 1 射到薄膜上时,由于薄膜上、下表面(即界面 1、2)对光的多次反射和折射,在介质 1 内得到的总反射波是多次反射波相干叠加的结果。下面给出这个总反射波的复振幅(E_{rp},E_{rs})与入射波的复振幅(E_{ip},E_{is})之间的关系。

由于光在界面 1 和界面 2 之间多次反射、折射的物理过程对入射光的 p 分量和 s 分量是相同的,故暂且舍去下角标 p、s,并用 r_{12}、t_{12} 和 r_{21}、t_{21} 分别表示界面 1 对来自介质 1 一方的光线的反射、透射系数,用 r_{23}、t_{23} 表示界面 2 对来自介质 2 一方光线的反射、透射系数。这样,总反射波中各分波的复振幅依次为

$$r_{12}E_i, t_{12}t_{21}r_{23}\,\mathrm{e}^{-i2\delta}E_i, t_{12}t_{21}r_{21}r_{23}^2\,\mathrm{e}^{-i4\delta}E_i, t_{12}t_{21}r_{21}^2r_{23}^3\,\mathrm{e}^{-i6\delta}E_i, \cdots$$

这里 2δ 表示两相邻分波之间的相位差,由图 4-41 不难导出

$$\delta = \frac{4\pi d}{\lambda}n_1\cos\theta_2$$

这些分波的和,即总反射波的复振幅 E_r 是一个无穷几何级数:

$$E_r = E_i(r_{12} + t_{12}t_{21}r_{23}\,\mathrm{e}^{-i2\delta} + t_{12}t_{21}r_{21}r_{23}^2\,\mathrm{e}^{-i4\delta} + t_{12}t_{21}r_{21}^2r_{23}^3\,\mathrm{e}^{-i6\delta} + \cdots)$$

$$= E_i\left[r_{12} + t_{12}t_{21}r_{23}\,\mathrm{e}^{-i2\delta}\sum_{l=0}^{\infty}(r_{21}r_{23}\,\mathrm{e}^{-i2\delta})^l\right]$$

类似于 2.3.1 节,利用无穷级数的求和公式可得

$$E_r = \left(r_{12} + \frac{t_{12}t_{21}r_{23}\,\mathrm{e}^{-i2\delta}}{1 - r_{21}r_{23}\,\mathrm{e}^{-i2\delta}}\right)E_i$$

现在上式分别加上角标 p 和 s,为了方便,以下用 r_{1p}、r_{2p}、r_{1s}、r_{2s} 分别代替 r_{12p}、r_{23p}、r_{12s}、r_{23s}。利用斯托克斯倒逆关系,便得到总反射波的复振幅(E_{rp},E_{rs})与入射波复振幅(E_{ip},E_{is})之间的关系

$$\begin{cases} E_{rp} = \dfrac{r_{1p} + r_{2p}\mathrm{e}^{-i2\delta}}{1 - r_{1p}r_{2p}\mathrm{e}^{-i2\delta}}E_{ip} \\[3mm] E_{rs} = \dfrac{r_{1s} + r_{2s}\mathrm{e}^{-i2\delta}}{1 - r_{1s}r_{2s}\mathrm{e}^{-i2\delta}}E_{is} \end{cases}$$

定义薄膜对于入射光电矢量的 p 分量和 s 分量的总反射系数分别为

$$\begin{cases} R_p = E_{rp}/E_{ip} \\ R_s = E_{rs}/E_{is} \end{cases} \tag{4-62}$$

则有

$$\begin{cases} R_p = \dfrac{r_{1p} + r_{2p}\mathrm{e}^{-i2\delta}}{1 - r_{1p}r_{2p}\mathrm{e}^{-i2\delta}} \\[3mm] R_s = \dfrac{r_{1s} + r_{2s}\mathrm{e}^{-i2\delta}}{1 - r_{1s}r_{2s}\mathrm{e}^{-i2\delta}} \end{cases}$$

同样可以定义反射系数比 G:

$$G = R_p/R_s$$

将上式代入式(4-62)得

$$\frac{E_{ip}}{E_{is}}G = \frac{E_{rp}}{E_{rs}}$$

如果用振幅和相位来表示电矢量各分量的复振幅,则上式可写为

$$\left|\frac{E_{rp}}{E_{rs}}\right| \exp[i(\beta_{rp} - \beta_{rs})] = G \left|\frac{E_{ip}}{E_{is}}\right| \exp[i(\beta_{ip} - \beta_{is})]$$

由上式看到,对于薄膜反射的情形,反射系数比 G 依然是把反射前后光的偏振状态联系起来的一个物理量。我们仍用 $\tan\psi$ 和 Δ 分别表示 G 的模和辐角,于是有

$$G = \tan\psi e^{i\Delta} = R_p/R_s = \frac{r_{1p} + r_{2p}e^{-i2\delta}}{1 + r_{1p}r_{2p}e^{-i2\delta}} \cdot \frac{1 + r_{1s}r_{2s}e^{-i2\delta}}{r_{1s} + r_{2s}e^{-i2\delta}} \tag{4-63}$$

可见,反射系数比 G 最终是 n_1、n_2、n_3、d、λ 和 θ_1 的函数,即

$$G = f(n_1, n_2, n_3, d, \lambda, \theta_1)$$

或者写成

$$\psi = \arctan|f|, \quad \Delta = \arg|f| \tag{4-64}$$

式中,$|f|$、$\arg|f|$ 分别为函数 f 的模和辐角。对于某一给定的薄膜-衬底光学体系(如图 4-41 所示),如果波长 λ 和入射角 θ_1 确定了,G 便为定值,或者说 ψ 和 Δ 有确定的值。若能从实验上测出 ψ 和 Δ,就有可能求出 n_1、n_2、n_3 和 d 中的两个未知量。例如已知介质 1 和介质 3 对所使用的波长 λ 的折射率 n_1 和 n_3,可以由 (ψ, Δ) 的测量值确定一个透明薄膜的实折射率 n_2 及其厚度 d 的值;又如当 n_1、n_3 以及薄膜厚度 d 已知时,可以求出薄膜复折射率的实部和虚部。对于未知量的数目大于 2 的情况,例如欲求对光有吸收的薄膜厚度及其复折射率,或者更一般的情况即 n_2、n_3 的实部、虚部以及薄膜厚度 d 均为未知时,可以选取适当数目的不同入射角来测量 ψ 和 Δ。

4.9　光弹效应和电光效应

4.9.1　光弹效应

通常玻璃、塑料、环氧树脂等各向同性介质不产生双折射,但是,当它们受到应力后,在应力方向产生光轴,就会有双折射产生,这种现象称为光弹效应。

如图 4-42 所示,将玻璃夹在两块偏振片 P_1 和 P_2 之间,并施加压力 F,通过白光照射可以看到彩色图样。当压力改变时,彩色图样也会发生变化,说明双折射随着应力变化。所以,通过观察两块偏振片之间的玻璃由应力引起的双折射现象,可以检查出内部应力的分布情况。在单色光的照射下,则可以看到明暗交替的条纹。

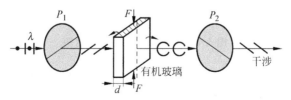

图 4-42　玻璃的光弹效应

各向同性的介质在某一方向受到压力或者拉力后,表现为各向异性,并在这个方向上形成介质的光轴。设这时出现的 o 光和 e 光的折射率分别为 n_o 和 n_e,则它们通过厚度为 d 的物体后产生的光程差为

$$\Delta = (n_o - n_e)d$$

实验表明,在一定的应力范围内,$n_o - n_e$ 和应力 σ 成正比,即有

$$n_o - n_e = C\sigma \tag{4-65}$$

其中 C 为介质的材料系数,它和材料的性质有关。这样,o 光和 e 光通过厚度为 d 的变形介质后产生的光程差为

$$\Delta = (n_o - n_e)d = C\sigma d$$

其相位差为

$$\Delta\varphi = \frac{2\pi\Delta}{\lambda} = \frac{2\pi}{\lambda} \cdot C\sigma d \tag{4-66}$$

o 光和 e 光经过变形介质后又射到检偏器,这时两束光的振动面都平行于主截面,并且满足干涉的条件,因此能够产生干涉。干涉的结果取决于相位差。

如果变形介质受到的力是均匀的,那么观察到的彩色是相同的;如果受力不均匀,那么不同的地方出现的颜色不同;如果应力分布很复杂,则会呈现出五彩缤纷的复杂图案。

利用光弹效应可以研究介质的应力分布,由此形成了光测弹性学。例如,利用光测弹性仪检测机械零件的应力分布情况,为工程设计解决了复杂的应力计算问题。光测弹性学还可以用来预测地震。

在外界动力的作用下,液体也能发生光学的各向异性效应。还有,在声波场中存在液体速度梯度,所以被超声振动激发的液体中,也可以发生双折射现象。

读数偏光仪就是利用光弹效应的工作原理,如图 4-43 所示,待测玻璃放在起偏器、1/4 波片及检偏器之间。

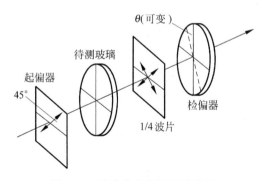

图 4-43　读数偏光仪原理示意图

选择 x、y 轴分别沿 1/4 波片的快慢轴,并使玻璃的快慢轴与起偏器的透光轴成 45°。透过起偏器的线偏光琼斯矩阵为 $\begin{bmatrix} 1 \\ 0 \end{bmatrix}$,1/4 波片的琼斯矩阵为 $\frac{1}{\sqrt{2}}\begin{bmatrix} 1 & 0 \\ 0 & i \end{bmatrix}$,设玻璃产生的相位

差为 φ,则其琼斯矩阵为 $\dfrac{1}{\sqrt{2}}\begin{bmatrix} 1 & -\mathrm{i}\tan\dfrac{\varphi}{2} \\ -\mathrm{i}\tan\dfrac{\varphi}{2} & 1 \end{bmatrix}$。线偏光通过玻璃和 1/4 波片后的偏振

态为

$$E = \frac{1}{2}\begin{bmatrix} 1 & 0 \\ 0 & \mathrm{i} \end{bmatrix}\begin{bmatrix} 1 & -\mathrm{i}\tan\dfrac{\varphi}{2} \\ -\mathrm{i}\tan\dfrac{\varphi}{2} & 1 \end{bmatrix}\begin{bmatrix} 1 \\ 0 \end{bmatrix} = \frac{1}{2}\begin{bmatrix} 1 \\ \tan\dfrac{\varphi}{2} \end{bmatrix}$$

因此,从 1/4 波片出射的是线偏光。由式(4-25)可知,出射线偏光的光矢量与 x 轴的夹角 $\theta = \varphi/2$。这样,通过旋转检偏器可测得 θ,故可求 φ,由式(4-66)即可求得待测玻璃的双折射率之差,从而分析玻璃内部的应力情况。

4.9.2 电光效应

某些晶体(固体或液体)在外加电场中,随着电场强度 E 的改变,晶体的折射率会发生改变,这种现象称为电光效应。通常将电场引起的折射率的变化用下式表示:

$$n = n^0 + aE_0 + bE_0^2 + \cdots \tag{4-67}$$

式中,a 和 b 为常数;n^0 为 $E_0 = 0$ 时的折射率。由一次项 aE_0 引起折射率变化的效应,称为一次电光效应,也称线性电光效应或普克尔电光效应;由二次项引起折射率变化的效应,称为二次电光效应,也称平方电光效应或克尔效应。由式(4-67)可知,一次电光效应只存在于不具有对称中心的晶体中,二次电光效应则可能存在于任何物质中,一次效应要比二次效应显著。

1. 克尔效应

材料在电场作用下,可以产生双折射效应,即材料由各向同性变为各向异性,称为电光效应。它由克尔(J. Kerr)在 1875 年发现,因此又称为克尔效应。

如图 4-44 所示,克尔盒由装有平行板电容器的玻璃盒组成,内充某种液体,如硝基苯($C_6H_5NO_2$),放在两个正交的尼科耳棱镜 N_1 和 N_2 之间。在电容器没有充电前,即不加电场时,液体各向同性,N_2 不透光;当加电场后,电容器的液体呈单轴晶体性质,其光轴沿电场方向,N_2 透光。实验表明,折射率的差值正比于电场强度的平方,即

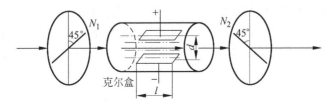

图 4-44 克尔效应示意图

$$n_o - n_e = kE^2 \tag{4-68}$$

在通过厚度为 l 的液体后,o 光和 e 光的相位差为

$$\Delta\varphi = \frac{2\pi}{\lambda} \mid n_o - n_e \mid l = \frac{2\pi}{\lambda} lkE^2 \tag{4-69}$$

其中,k 为克尔常量。设平板间的距离为 d,电压为 V,则 $E = V/d$,所以有

$$\Delta\varphi = \frac{2\pi}{\lambda} \mid n_o - n_e \mid l = 2\pi l \frac{kV^2}{\lambda d^2}$$

则两列光的干涉光强为

$$I = I_0 \frac{1}{2}\sin^2\left(\frac{\pi}{\lambda}kl\frac{V^2}{d^2}\right) \tag{4-70}$$

因此,当加在克尔盒上的电压发生变化时,相位差随之发生变化,从而使透射光的强度随着 V^2 变化,是非线性效应。当 $\Delta\varphi = \pi$ 时,克尔盒相当于半波片,N_2 透光最强。因而,克尔盒可以对偏振光进行调制,也可以作为光开关(响应时间极短,达到 10^{-9} s 量级),可以用于高速摄影、激光通信、光速测距、脉冲激光系统等(作为 Q 开关)。

克尔盒的缺点在于如硝基苯有毒,易爆炸,需极高纯度和高电压,故现在很少应用。例如,对于硝基苯,若克尔盒长 $l = 3$cm,厚 $d = 0.8$cm,对于波长 $\lambda = 600$nm 的黄光,则产生相位差 $\Delta\varphi = \pi$ 时的电压为 20 000V。

2. 普克尔斯效应

1893 年德国科学家普克尔斯(Pockels)对一级电光效应进行了研究,称为普克尔斯效应。普克尔斯是一种线性电光效应,而如式(4-69)所示的克尔效应是一种非线性电光效应。当外加电场平行于光的传播方向时称为纵向普克尔斯效应;当外加电场垂直于光的传播方向时称为横向普克尔斯效应。

纵向普克尔斯效应如图 4-45 所示。图中 N_1 和 N_2 为两块透振方向互相垂直的偏振片,中间是一块磷酸二氢钾(KH$_2$PO$_4$,简称 KDP)晶体。电极用透明的金属氧化物镀层、网栅或者环制成。晶体在不加电场时是单轴晶体,其光轴沿光的传播方向。

不加电场时,光沿光轴方向传播不产生双折射。当沿光轴加电场后,根据晶体光学理论,在垂直于电场方向

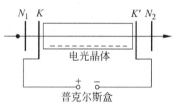

图 4-45　纵向普克尔斯效应

的平面上,存在两个互相垂直的主振动方向。当一束线偏振光垂直入射到上述装置的晶体中时,若光的振动方向与主轴方向成 45°夹角,则这束光分解成两个振幅相等、互相垂直的线偏振光。设在相互垂直方向上两束光的折射率分别为 n'、n'',在通过厚度为 l 的晶体后,其相位差为

$$\Delta\varphi = \frac{2\pi}{\lambda} \mid n' - n'' \mid l \tag{4-71}$$

根据晶体光学理论,在相互垂直方向的折射率满足以下公式

$$n' - n'' = n_o^3 \gamma E \tag{4-72}$$

其中,n_o 是 o 光的折射率;γ 是光电系数。将式(4-72)代入式(4-71)得

$$\Delta\varphi = \frac{2\pi}{\lambda}(n' - n'')l = \frac{2\pi}{\lambda}n_o^3 \gamma E l = \frac{2\pi}{\lambda}n_o^3 \gamma V$$

上式说明 KDP 晶体是一个在电场作用下的特殊波片,可以通过施加不同的外加电场,即改变外加电压来控制相位的变化。两列光的干涉光强为

$$I = \frac{1}{2}I_0 \sin^2\left(\frac{\Delta\varphi}{2}\right) = \frac{1}{2}I_0 \sin^2\left(\frac{\pi}{\lambda}n_o^3 \gamma V\right) \tag{4-73}$$

其中,相对光强 I/I_0 的变化曲线如图 4-46 所示。当 $\Delta\varphi = \pi$ 时,透光最弱;当 $\Delta\varphi = \pi$ 时,N_2 透光最强。

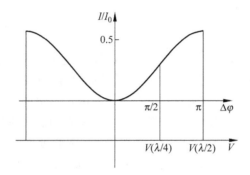

图 4-46　普克尔斯效应相对光强变化曲线

可以利用普克尔斯效应实现激光光强调制。在线性区中光强 I 随 $\Delta\varphi$ 作线性变化

$$I = I_0 \Delta\varphi \alpha = I_0 \alpha \frac{\pi}{\lambda}n_o^3 \gamma V$$

其中 α 为线性系数。如果普克尔斯盒加横向电场,则产生横向普克尔斯效应,如图 4-47 所示,有

$$n' - n'' = n_o^3 \gamma' E \tag{4-74}$$

$$\Delta\varphi = \frac{2\pi}{\lambda}(n' - n'')l = \frac{2\pi}{\lambda}n_o^3 \gamma' E l = \frac{2\pi}{\lambda}n_o^3 \gamma' V\left(\frac{l}{h}\right) \tag{4-75}$$

其中,γ 为光电系数;h 为晶体厚度。由于 $l > h$,因此,可降低半波电压。

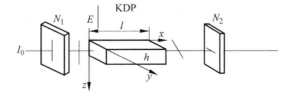

图 4-47　横向普克尔斯效应

磷酸二氢钾(KDP)、磷酸二氢胺($NH_4H_2PO_4$,简称 ADP)、$LiNbO_3$ 等单晶体都具有线性电光效应。对于 KDP 晶体 $n_o=1.51$,$\gamma=10.6\times10^{-12}$ m/V,如果入射光为 $\lambda=546$nm 的绿光,则纵向普克尔斯效应产生相位差 $\Delta\varphi=\pi$ 时,电压为 7600V。比克尔盒要求的电压低得多。

普克尔斯效应的开关响应时间也极短,一般小于 10^{-9}s,可用作超高速开关(光闸),如图 4-46 所示,$V=0$ 时光闸关;$V=V(\lambda/2)$ 时光闸开,响应时间为 $t=1\times10^{-9}$s。还可以用作激光调 Q、显示技术、数据处理等。

与电场的克尔效应类似,磁场中相应有科顿-穆顿(Cotton-Mouton)效应。科顿-穆顿效应是指,某些透明液体在磁场 H 作用下变为各向异性,性质类似于单轴晶体,其光轴平行于磁场。但是这种效应很弱,需要很强的磁场才能观察到。

3. 电光效应的应用

1) 电光调制

以激光为载波,激光调制器可以将信息加载于激光进行激光调制。按调制的性质而言,激光调制与无线电波调制相类似,可以采用连续的调幅、调频、调相以及脉冲调制等形式,但激光调制多采用强度调制。强度调制是根据光载波电场振幅的平方与调制信号成比例,使输出的激光辐射的强度按照调制信号的规律变化。激光调制之所以常采用强度调制形式,主要是因为光接收器一般都是直接地响应其所接受的光强度变化的缘故。

激光调制的方法很多,如机械调制、电光调制、声光调制、磁光调制和电源调制等。其中电光调制器开关速度快、结构简单,因此,在激光调制技术及混合型光学双稳器件等方面有着广泛的应用。电光调制根据所施加的电场方向的不同,可分为纵向电光调制和横向电光调制。利用纵向电光效应的调制,叫做纵向电光调制;利用横向电光效应的调制,叫做横向电光调制。这里介绍横向调制原理。

图 4-48 所示为典型的利用 $LiNbO_3$ 晶体横向电光效应原理的激光振幅调制器。其中起偏振片的偏振方向平行于电光晶体的 x 轴,检偏振片的偏振方向平行于 y 轴。设加载电压为 U,因此入射光经起偏振片后变为振动方向平行于 x 轴的线偏振光,它在晶体的感应轴 x' 和 y' 轴上的投影用复振幅表示,将位于晶体表面($z=0$)的光波表示为

$$E_{x'}(0) = A, \quad E_{y'}(0) = A$$

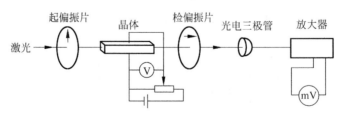

图 4-48　横向电光调制

所以,入射光的强度为

$$I_i \propto \boldsymbol{E} \cdot \boldsymbol{E}^* = |E_x'(0)|^2 + |E_y'(0)|^2 = 2A^2 \tag{4-76}$$

当光通过长为 l 的电光晶体后,x' 和 y' 两分量之间就产生相位差 $\Delta\varphi$,即

$$E_{x'}(l) = A, \quad E_{y'}(l) = A\mathrm{e}^{-\mathrm{i}\Delta\varphi}$$

通过检偏振片出射的光,是该两分量在 y 轴上的投影之和

$$(E_y)_0 = \frac{A}{\sqrt{2}}(\mathrm{e}^{\mathrm{i}\Delta\varphi} - 1)$$

其对应的输出光强 I_t 可写成

$$I_t \propto [(E_y)_0 \cdot (E_y)_0^*] = \frac{A^2}{2}[(\mathrm{e}^{-\mathrm{i}\Delta\varphi} - 1)(\mathrm{e}^{\mathrm{i}\Delta\varphi} - 1)] = 2A^2 \sin^2 \frac{\Delta\varphi}{2} \tag{4-77}$$

由式(4-76)和式(4-77),可得光强透过率 T 为

$$T = \frac{I_t}{I_i} = \sin^2 \frac{\Delta\varphi}{2} \tag{4-78}$$

由式(4-75)得

$$\Delta\varphi = \frac{2\pi}{\lambda}(n_x' - n_y')l = \frac{2\pi}{\lambda}n_0^3 \gamma' U \frac{l}{h} \tag{4-79}$$

由此可见,$\Delta\varphi$ 和加在晶体上的电压有关,当电压增加到某一值时,x'、y' 方向的偏振光经过晶体后可产生 $\lambda/2$ 的光程差,相应的相位差为 $\Delta\varphi = \pi$。由式(4-78)可知此时光强透过率 $T = 100\%$,这时加在晶体上的电压称做半波电压,通常用 U_π 表示。U_π 是描述晶体电光效应的重要参数。如果 U_π 较小,需要的调制信号电压也小。根据半波电压值,可以估计出电光效应控制透过强度所需电压。由式(4-79)可得

$$U_\pi = \frac{\lambda}{2n_0^3 \gamma_{22}} \cdot \frac{h}{l} \tag{4-80}$$

其中,h 和 l 分别为晶体的厚度和长度。由此可见,横向电光效应的半波电压与晶片的几何尺寸有关。由式(4-80)可知,如果使电极之间的距离 h 尽可能地减少,而增加通光方向的长度 l,则可以使半波电压减小,所以晶体通常加工成细长的扁长方体。由式(4-79)、式(4-80)可得

$$\Delta\varphi = \pi \frac{U}{U_\pi}$$

将上式代入式(4-78)得

$$T = \sin^2 \frac{\pi}{2U_\pi}U = \sin^2 \frac{\pi}{2U_\pi}(U_0 + U_m \sin\omega t) \tag{4-81}$$

其中,U_0 是加在晶体上的直流电压;$U_m \sin\omega t$ 是同时加在晶体上的交流调制信号,U_m 是其振幅,ω 是调制频率。从式(4-81)可以看出,改变 U_0 或 U_m,输出特性将相应地有变化。对单色光和确定的晶体来说,U_π 为常数,因而 T 将仅随晶体上所加的电压变化。

2）电光偏转

电光偏转技术具有高速、稳定性好的特点，在光束扫描、光计算机等应用中备受重视。

利用在电光晶体上加与不加半波电压，有可能使 o 光、e 光在空间位置上分离，从而达到控制光束位置的目的。电光偏转器由起偏器、电光晶体盒与双折射晶体构成，数字式电光偏转器如图 4-49 所示，其中 KDP 晶体纵向加压。未加电压时，以 o 光从双折射晶体出射。加半波电压后，通过电光晶体的振动面发生 $\pi/2$ 的变化，使得在双折射晶体中，o 光变 e 光，发生偏转，从另一位置出射。

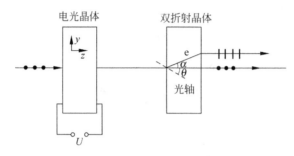

图 4-49　数字式电光偏转器

3）电光调 Q

Q 值是评定激光器中光学谐振腔质量好坏的品质因数指标。Q 值定义为在激光谐振腔内储存的总能量与腔内单位时间损耗的能量之比，即

$$Q = 2\pi\nu_0 \frac{W}{\mathrm{d}W/\mathrm{d}t} \tag{4-82}$$

式中，W 是腔内储存的总能量；$\mathrm{d}W/\mathrm{d}t$ 是光子能量的损耗速率，即单位时间内损耗的能量；ν_0 是激光的中心频率。

电光调 Q 是指在激光谐振腔内加置一块偏振片和一块 KDP 晶体，如图 4-50 所示。从 YAG 来的光通过偏振片变成沿 x 方向振动的光，在晶体上加 $V_{\lambda/4}$ 电压，晶体主轴绕 z 轴转过 $45°$，通过 KDP 时，分成 x'、y' 方向振动的光，两束光的相位差为 $\Delta\varphi = \dfrac{\pi}{2}$。出射晶体以后，合成为圆偏光（偏振面旋转 $45°$），这束圆偏光经过全反射后第二次通过 KDP，o、e 光又得到 $\pi/2$ 的相位差，此时合成为线偏光。线偏光的偏振方向和入射光的偏振方向成 $90°$，或者说光通过 KDP 两次，o、e 光的相位差为 π。这种光显然不能通过偏振片，Q 开关处于关闭状态，谐振腔处于低 Q 值，阻断了激光的形成。由于外界激励作用，YAG 工作物质上能级粒子数便迅速增加。当晶体上的电压突然除去时，光束可自由通过谐振腔，此时谐振腔处于高 Q 值状态，从而产生激光巨脉冲。电光调 Q 的速率快，可以在 10^{-9} s 时间内完成一次开关作用，使激光的峰值功率达到千兆瓦量级。电光 Q 开关，开关速度快，调 Q 频率高达 10kHz 以上。

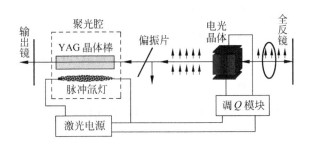

图 4-50　电光调 Q 装置

4.10　声光效应

当超声波在介质中传播时,将引起介质的弹性应变作时间上和空间上周期性的变化,并且导致介质的折射率也发生相应的变化。光束通过有超声波的介质后就会产生衍射现象,这就是声光效应。有超声波传播着的介质如同一个相位光栅。

在各向同性介质中,声光相互作用不导致入射光偏振状态的变化,产生正常声光效应;在各向异性介质中,声光相互作用可能导致入射光偏振状态的变化,产生反常声光效应。反常声光效应是制造高性能声光偏转器和可调滤光器的物理基础。正常声光效应可用拉曼-耐斯的光栅假设作出解释,而反常声光效应不能用光栅假设作出说明。在非线性光学中,利用参量相互作用理论,可建立起声-光相互作用的统一理论,并且运用动量匹配和失配等概念对正常和反常声光效应都可作出解释。本节只涉及各向同性介质中的正常声光效应。

如图 4-51 所示为声光效应的产生原理图。设声光介质中的超声行波是沿 y 方向传播的平面纵波,其角频率为 ω_{s},波长为 λ_{s},波矢为 $\boldsymbol{k}_{s}$。入射光为沿 x 方向传播的平面波,其角频率为 ω,在介质中的波长为 λ,波矢为 k。介质内的弹性应变也以行波形式随声波一起传播。由于光速大约是声波的 10^{5} 倍,在光波通过的时间内介质在空间上的周期变化可看成是固定的。

由于应变而引起的介质折射率的变化由下式决定

$$\Delta\left(\frac{1}{n^{2}}\right) = ps \qquad (4-83)$$

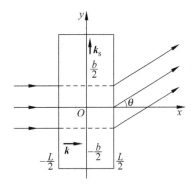

图 4-51　声光衍射

式中,n 为介质折射率; s 为应变; p 为光弹系数。通常,p 和 s 为二阶张量。当声波在各向同性介质中传播时,p 和 s 可作为标量处理,如前所述,应变也以行波形式传播,所以可写成

$$s = s_{0}\sin(\omega_{s}t - k_{s}y)$$

当应变较小时,折射率作为 y 和 t 的函数可写作

$$n(y,t) = n_0 + \Delta n \sin(\omega_s t - k_s y)$$

式中,n_0 为无超声波时的介质折射率;Δn 为声波折射率变化的幅值,由上式可求出

$$\Delta n = -\frac{1}{2} n^3 ps$$

设光束垂直入射($k \perp k_s$)并通过厚度为 L 的介质,则前后两点的相位差为

$$\Delta \varphi = k_0 n(y,t) L = k_0 n_0 L + k_0 \Delta n L \sin(\omega_s t - k_s y)$$
$$= \Delta \varphi_0 + \delta \varphi \sin(\omega_s t - k_s y) \tag{4-84}$$

式中,k_0 为入射光在真空中的波矢的大小;右边第一项 $\Delta \varphi_0$ 为不存在超声波时光波在介质前后两点的相位差;第二项为超声波引起的附加相位差(相位调制),$\delta \varphi = k_0 \Delta n L$。可见,当平面光波入射在介质的前界面上时,超声波使出射光波的波阵面变为周期变化的皱折波面,从而改变了出射光的传播特征,使光产生衍射。通常根据超声波长 λ_s、光波长 λ 及介质中的长度 l 的大小,将声光衍射分为拉曼-耐斯(Raman-Nath)衍射和布拉格(Bragg)衍射两种。定义

$$Q = 2\pi l \frac{\lambda}{\lambda_s^2} \tag{4-85}$$

当 $Q \ll 1 (Q \leqslant 0.3)$ 时,超声介质相当于平面相位光栅,产生多级衍射光束,称为拉曼-耐斯衍射;当 $Q \gg 1 (Q \geqslant 4\pi)$ 时,称为布拉格衍射,只产生较强的一级衍射光束。$0.3 < Q < 4\pi$ 时,衍射较为复杂。

对于声光衍射,极大的方位角 θ_m 由下式确定:

$$\sin \theta_m = m \frac{k_s}{k_0} = m \frac{\lambda_0}{\lambda_s} \tag{4-86}$$

式中,λ_0 为真空中光的波长;λ_s 为介质中超声波的波长。与一般的光栅方程相比可知,超声波引起的有应变的介质相当于一光栅常数为超声波长的光栅。由式(4-86)可知,第 m 级衍射光的频率 ω_m 为

$$\omega_m = \omega - m \omega_s$$

可见,衍射光仍然是单色光,但发生了频移。由于 $\omega \gg \omega_s$,这种频移是很小的。第 m 级衍射极大的强度 I_m 可表示为

$$I_m = I_0 J_m^2 (\delta \varphi)$$

各级衍射光相对零级对称分布。

当光束斜入射时,如果声光作用的距离满足 $Q \ll 1$,即 $l < \lambda_s^2 / 2\lambda$,则各级衍射极大的方位角 θ_m 由下式确定:

$$\sin \theta_m = \sin i + m \frac{\lambda_0}{\lambda_s} \tag{4-87}$$

式中,i 为入射光波矢 k 与超声波波面之间的夹角。上式为拉曼-耐斯衍射,有超声波存在的介质起一平面相位光栅的作用。

当声光作用的距离满足 $Q \gg 1$,即 $l > 2\lambda_s^2/\lambda$ 时,而且光束相对于超声波波面以某一角度斜入射时,在理想情况下除了 0 级之外,只出现 1 级或者 -1 级衍射,如图 4-52 所示。这种衍射与晶体对 X 光的布拉格衍射很类似,故称为布拉格衍射。能产生这种衍射的光束入射角称为布拉格角。此时的有超声波存在的介质起体积光栅的作用。可以证明,布拉格角 θ_B 满足

$$\sin\theta_B = \frac{\lambda}{2\lambda_s} \tag{4-88}$$

式(4-88)称为布拉格条件。

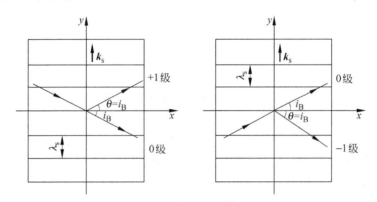

图 4-52   布拉格衍射

布拉格衍射还必须满足布拉格方程

$$2\sin\theta_B = m\frac{\lambda}{\lambda_s}, \quad m = 0, \pm 1 \tag{4-89}$$

零级衍射光强为

$$I_0 = I_i \cos^2\frac{\delta\varphi}{2}$$

一级衍射光强为

$$I_{\pm 1} = I_i \sin^2\frac{\delta\varphi}{2}$$

其中,I_i 为入射光强度;$\delta\varphi$ 为由折射率变化引起的相位差。理论上布拉格衍射的衍射效率可达到 100%,拉曼-耐斯衍射中一级衍射光的最大衍射效率仅为 34%,所以实用的声光器件一般都采用布拉格衍射。

可见,通过改变超声波的频率和功率,可分别实现对激光束方向的控制和强度的调制,这是声光偏转器和声光调制器的物理基础。超声光栅衍射会产生频移,因此利用声光效应还可制成频移器件。超声频移器在计量方面有重要应用,如用于激光多普勒测速仪等。

以上讨论的是超声行波对光波的衍射。实际上,超声驻波对光波的衍射也产生拉曼-耐斯衍射和布拉格衍射,而且各衍射光的方位角和超声频率的关系与超声行波时的

相同。不过,各级衍射光不再是简单地产生频移的单色光,而是含有多个傅里叶分量的复合光。

4.11 旋光现象

4.11.1 旋光现象及其物理解释

石英、氯酸钠、糖的水溶液、酒石酸溶液、松节油等有能使线偏振光的振动面发生旋转的性质,称为旋光性(optical activity),如图 4-53 所示。

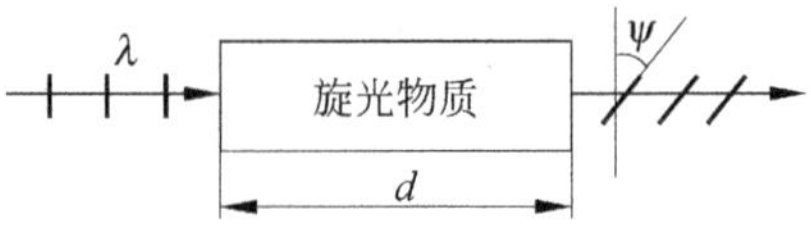

当光沿光轴方向传播时,旋转的角度为

$$\psi = ad \qquad (4\text{-}90)$$

图 4-53 物质的旋光性

式中,a 为旋光率;d 为物质的厚度。沿其他方向传播也有旋光现象,但不易观察。不同的旋光物质可以使线偏振光的振动面向不同方向旋转。迎着光的传播方向看去,若使振动面沿顺时针方向旋转称为右旋,而使振动面沿逆时针方向旋转称为左旋。天然石英晶体的旋光现象有的是右旋,也有的是左旋,这两种石英晶体的结构互为镜像对称。糖的旋光现象也有右旋和左旋之分,右旋糖和左旋糖分子式相同,但分子结构也是互为镜像对称的。一个有趣的现象是,化学成分和化学性质相同的右旋物质和左旋物质,所引起的生物效应却完全不同。例如,人体需要右旋糖,而左旋糖对人体却是无用的。

1825 年,菲涅耳对旋光现象进行了解释。他认为,在各向同性的介质中,线偏振光的右旋、左旋分量相等,因而其对应的折射率也相等。在旋光物质中,右旋和左旋偏振光的速度不相等,因而折射率也不同。在右旋晶体中,右旋偏振光的传播速度较快,$v_R > v_L$;在左旋晶体中,左旋偏振光的传播速度较快,$v_R < v_L$。

将入射线偏光看成是振幅相同、频率相同,但是旋转方向不同的左旋、右旋圆偏光的合成,有

$$\begin{bmatrix} 1 \\ 0 \end{bmatrix} = \frac{1}{2}\begin{bmatrix} 1 \\ i \end{bmatrix} + \frac{1}{2}\begin{bmatrix} 1 \\ -i \end{bmatrix}$$

左旋、右旋圆偏光在物质内部的折射率不同,因而从物质中出射时获得的相位差不等。左旋、右旋圆偏光表示为

$$\boldsymbol{E}_L = \frac{1}{2}\begin{bmatrix} 1 \\ i \end{bmatrix} e^{i\frac{2\pi}{\lambda}n_R d} = \frac{1}{2}\begin{bmatrix} 1 \\ i \end{bmatrix} e^{ik_R d}$$

$$\boldsymbol{E}_R = \frac{1}{2}\begin{bmatrix} 1 \\ -i \end{bmatrix} e^{i\frac{2\pi}{\lambda}n_L d} = \frac{1}{2}\begin{bmatrix} 1 \\ -i \end{bmatrix} e^{ik_L d}$$

合成复振幅为

$$\boldsymbol{E} = \boldsymbol{E}_L + \boldsymbol{E}_R = \frac{1}{2}\begin{bmatrix} 1 \\ i \end{bmatrix} e^{ik_L d} + \frac{1}{2}\begin{bmatrix} 1 \\ -i \end{bmatrix} e^{ik_R d}$$

$$= \frac{1}{2}e^{i(k_L+k_R)d/2}\left\{\begin{bmatrix}1\\i\end{bmatrix}e^{-i(k_R-k_L)d/2}+\begin{bmatrix}1\\-i\end{bmatrix}e^{i(k_R-k_L)d/2}\right\}$$

引入

$$\psi = \frac{1}{2}(k_R+k_L)d$$

$$\theta = \frac{1}{2}(k_R-k_L)d$$

则合成波的琼斯矢量为

$$\boldsymbol{E} = e^{i\psi}\begin{bmatrix}\dfrac{1}{2}(e^{i\theta}+e^{-i\theta})\\[2mm]\dfrac{1}{2i}(e^{i\theta}-e^{-i\theta})\end{bmatrix} = e^{i\psi}\begin{bmatrix}\cos\theta\\\sin\theta\end{bmatrix}$$

这表示光振动方向与水平方向的夹角为 θ。若左旋圆偏振光传播速度快，$n_L < n_R$，$\theta > 0$，光矢量向逆时针方向转动；若右旋圆偏振光传播速度快，$n_L > n_R$，$\theta < 0$，光矢量向顺时针方向转动。

　　实验表明，对于石英晶体沿光轴方向只有旋光性而无双折射，垂直于光轴方向只有双折射而无旋光性。沿光轴方向两种圆偏振光的折射率之差，要比沿垂直光轴方向传播的 o 光和 e 光的折射率之差小得多。因此，除非晶体切面在垂直于光轴的一个很小的范围内，它的作用基本上与普通的单轴晶体相同。

　　实验还表明，若用白光作为入射光，让出射光通过一个检偏器，则在检偏器的不同方位将会观察到不同颜色的视场。这是因为物质的旋光率 a 与光的波长有关，不同波长的光其振动面旋转的角度不同，这种现象称为旋光色散。

4.11.2　磁致旋光

　　透明介质在磁场的作用下也会产生旋光性，这种由磁场引起的振动面旋转的现象，称为磁致旋光，也称为法拉第旋转效应。

　　如图 4-54 所示的装置，在两个透振方向正交的偏振片 M 和 N 之间沿光的传播方向放置一个可以产生磁场的螺线管，将待测的透明介质样品插入螺线管内。单色平行自然光通过起偏器 M 后变为线偏振光，如果螺线管未接通电源，透明介质样品无旋光性，透射光将完全被检偏器 N 所阻隔。螺线管接通电源后，介质样品在强磁场的作用下而产生旋光性，因而将有光从偏振片 N 射出。这时若

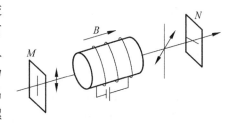

图 4-54　磁致旋光实验装置

将 N 旋转某个角度 θ，则会重新产生消光，这说明从介质样品出射的光仍是线偏振光，只是其振动面相对于入射线偏振光的振动面转过了角度 θ。实验表明，磁致旋光效应中振动面

的旋转角 θ 正比于光在介质中通过的距离 l，正比于介质内的磁感应强度 B，即有

$$\theta = VlB \tag{4-91}$$

式中，V 是比例系数，称为维尔德常量，决定于介质的性质，也与入射光的波长有关。

实验还表明，磁致旋光性与天然旋光性是有差别的。天然旋光性的右旋和左旋取决于物质的结构，与光的传播方向无关；磁致旋光性的右旋和左旋与光相对于磁场的传播方向有关，若光沿磁场方向传播是右旋的，则逆着磁场方向传播变为左旋。所以，线偏振光往返两次通过天然旋光物质，振动面将恢复到原先的方位。而线偏振光往返两次通过磁致旋光物质情况就不同了，如果光沿磁场方向通过，振动面右旋了 θ 角，那么当它沿原路径逆着磁场返回时，物质变为左旋的，振动面又旋转了 θ 角，这样往返两次通过同一物质振动面共旋转了 2θ 角。利用磁致旋光的这种性质，可以制成光隔离器、光调制器等器件。

4.11.3 量糖术

当线偏振光通过具有旋光性的溶液时，振动面旋转的角度表示为

$$\psi = [a] \cdot c \cdot d \tag{4-92}$$

其中，d 为光在溶液中的路程；$[a] \cdot c = a$ 为溶液的旋光率，c 为溶质的浓度，$[a]$ 为溶液的比旋光率。溶液的比旋光率在数值上等于单位长度内单位浓度的溶液所引起的光振动面旋转的角度，如用黄色光可以测得蔗糖水溶液在 20℃ 时的 $[a] = 66.46°$。给出给定溶剂的 $[a]$ 值及波长和温度的值，就可以利用式(4-92)计算旋光性溶质的浓度，据此可制成"量糖计"，并发展为"量糖术"。这种方法在制糖工业中已经广泛采用。

例题

例题 4-1 方解石晶片的光轴与表面成 $60°$ 角，方解石对钠黄光的主折射率为 $n_o = 1.6584, n_e = 1.4864$，问钠黄光在多大的角度下入射（晶体光轴在入射面内），可使晶片内不发生双折射？

解：不发生双折射时，折射光与光轴平行，$n_e' = n_o$，由折射定律得

$$\sin\theta = n_o \sin(90° - 60°)$$

所以有

$$\theta = 56°$$

即，当入射角为 $56°$ 时，晶片内不发生双折射。

例题 4-2 一细光束掠入射单轴晶体，晶体的光轴与入射面垂直，晶体的另一面与折射表面平行。已知 o、e 光在第二个面上分开的距离是 3mm，若 $n_o = 1.525, n_e = 1.479$，试计算晶体的厚度。

解：如例题 4-2 图所示，入射角 $i \approx 90°$。根据题意，o 光和 e 光均满足折射定律，且晶体中的 o 光和 e 光折射率大小等于其主折射率，其折射角：

$$\sin i_{\mathrm{o}} = \frac{\sin i}{n_{\mathrm{o}}} \approx \frac{\sin 90°}{1.525} \approx 0.656, \quad \text{所以,} i_{\mathrm{o}} \approx 40.996°$$

$$\sin i_{\mathrm{e}} = \frac{\sin i}{n_{\mathrm{e}}} \approx \frac{\sin 90°}{1.479} \approx 0.676, \quad \text{所以,} i_{\mathrm{e}} \approx 42.532°$$

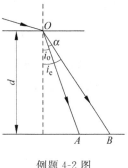

例题 4-2 图

由于光轴垂直于入射面,因此 o 光和 e 光的光线与波法线方向不分离,所以两折射光线的夹角

$$\alpha = i_{\mathrm{e}} - i_{\mathrm{o}} = 1.536°$$

根据图中几何关系:

$$\frac{\sin \alpha}{AB} = \frac{\sin \angle OBA}{OA}$$

其中

$$\angle OBA = 90° - i_{\mathrm{e}} = 47.468°, \quad AB = 3\mathrm{mm}$$

解得

$$OA = \frac{3 \times \sin 47.468°}{\sin 1.563°} \approx 81.049\mathrm{mm}$$

所以晶体厚度

$$d = OA \cdot \cos i_{\mathrm{o}} \approx 61.172\mathrm{mm}$$

例题 4-3 自然光通过光轴夹角为 45° 的线偏振器后,又通过了 1/4、1/2 和 1/8 波片,快轴沿波片 y 轴,试用琼斯矩阵计算透射光的偏振态。

解:自然光通过起偏器,成为线偏振光,其琼斯矢量为

$$\begin{bmatrix} A_1 \\ B_1 \end{bmatrix} = \frac{1}{\sqrt{2}} \begin{bmatrix} 1 \\ 1 \end{bmatrix}$$

快轴沿 y 轴的 1/4 波片,1/2 波片,1/8 波片的琼斯矩阵分别为

$$\boldsymbol{G}_{\frac{\lambda}{4}} = \begin{bmatrix} 1 & 0 \\ 0 & -\mathrm{i} \end{bmatrix}, \quad \boldsymbol{G}_{\frac{\lambda}{2}} = \begin{bmatrix} 1 & 0 \\ 0 & -1 \end{bmatrix}, \quad \boldsymbol{G}_{\frac{\lambda}{8}} = \begin{bmatrix} 1 & 0 \\ 0 & \mathrm{e}^{-\mathrm{i}\frac{\pi}{4}} \end{bmatrix}$$

所以,三个波片组成的系统的琼斯矩阵为

$$\boldsymbol{G} = \boldsymbol{G}_{\frac{\lambda}{8}} \cdot \boldsymbol{G}_{\frac{\lambda}{2}} \cdot \boldsymbol{G}_{\frac{\lambda}{4}} = \begin{bmatrix} 1 & 0 \\ 0 & \mathrm{e}^{-\mathrm{i}\frac{\pi}{4}} \end{bmatrix} \begin{bmatrix} 1 & 0 \\ 0 & -1 \end{bmatrix} \begin{bmatrix} 1 & 0 \\ 0 & -\mathrm{i} \end{bmatrix} = \begin{bmatrix} 1 & 0 \\ 0 & \mathrm{e}^{-\mathrm{i}\frac{\pi}{4}} \end{bmatrix} \begin{bmatrix} 1 & 0 \\ 0 & \mathrm{i} \end{bmatrix} = \begin{bmatrix} 1 & 0 \\ 0 & \mathrm{e}^{\mathrm{i}\frac{\pi}{4}} \end{bmatrix}$$

因此,出射光的矩阵表示为

$$\begin{bmatrix} A_2 \\ B_2 \end{bmatrix} = \frac{1}{\sqrt{2}} \begin{bmatrix} 1 & 0 \\ 0 & \mathrm{e}^{\mathrm{i}\frac{\pi}{4}} \end{bmatrix} \begin{bmatrix} 1 \\ 1 \end{bmatrix} = \frac{1}{\sqrt{2}} \begin{bmatrix} 1 \\ \mathrm{e}^{\mathrm{i}\frac{\pi}{4}} \end{bmatrix}$$

所以出射光为左旋椭圆偏振光。

例题 4-4 为了确定一圆偏振光的旋向,可将 1/4 波片置于检偏器之前,再将 1/4 波片转到消光位置。这时发现 1/4 波片的快轴是这样的:它沿顺时针方向转 45° 才与检偏器的透光轴重合,问该圆偏振光是左旋还是右旋?

解:(1)如例题 4-4 图所示,设检偏器透光轴沿 x 轴方向。转动波片,出现消光,即此时

光的振动方向垂直透光轴,在 y 轴方向。因此有

$$E_{出} = \begin{bmatrix} 0 \\ 1 \end{bmatrix}$$

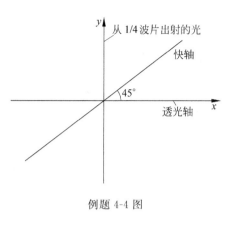

例题 4-4 图

(2)判断波片快轴方向。由 4.6.3 节可知,此时波片的琼斯矩阵为

$$G = \frac{1}{\sqrt{2}} \begin{bmatrix} 1 & -i \\ -i & 1 \end{bmatrix} = \frac{1}{\sqrt{2}} \begin{bmatrix} 1 & e^{-i\frac{\pi}{2}} \\ e^{-i\frac{\pi}{2}} & 1 \end{bmatrix}$$

$$\begin{bmatrix} A_2 \\ B_2 \end{bmatrix} = \frac{1}{\sqrt{2}} \begin{bmatrix} 1 & 0 \\ 0 & e^{i\frac{\pi}{4}} \end{bmatrix} \begin{bmatrix} 1 \\ 1 \end{bmatrix} = \frac{1}{\sqrt{2}} \begin{bmatrix} 1 \\ e^{i\frac{\pi}{4}} \end{bmatrix}$$

所以出射光为左旋椭圆偏振光。

因为 $E_{出} = GE_{入}$,所以有

$$\begin{bmatrix} 0 \\ 1 \end{bmatrix} = \frac{1}{\sqrt{2}} \begin{bmatrix} 1 & e^{i\frac{\pi}{2}} \\ e^{-i\frac{\pi}{2}} & 1 \end{bmatrix} \frac{1}{\sqrt{2}} \begin{bmatrix} e^{ikz} \\ e^{i(kz-\delta)} \end{bmatrix}$$

即

$$\begin{bmatrix} 0 \\ 1 \end{bmatrix} = \frac{1}{2} \begin{bmatrix} e^{ikz} + e^{-i\frac{\pi}{2}} e^{i(kz-\delta)} \\ e^{i(kz-\frac{\pi}{2})} + e^{i(kz-\delta)} \end{bmatrix}$$

因此有 $e^{ikz} + e^{-i\frac{\pi}{2}} e^{i(kz-\delta)} = 0$,即 $e^{-i(\delta+\frac{\pi}{2})} = -1$,解得

$$\delta = \frac{\pi}{2}$$

所以,入射光的琼斯矩阵表示为 $E_{入} = \frac{1}{\sqrt{2}} e^{i(kz)} \begin{bmatrix} 1 \\ e^{-i\frac{\pi}{2}} \end{bmatrix}$,为右旋圆偏振光。

例题 4-5 例题 4-5 图所示为一渥拉斯顿棱镜的截面,由两块锐角均为 45°的直角方解石棱镜粘合其斜面而成。棱镜 ABC 的光轴平行于 AB,而棱镜 ADC 的光轴垂直于版面。方解石对 o 光和 e 光的折射率分别为 $n_o = 1.658, n_e = 1.486$。当自然光垂直 AB 入射时,问:(1)图中哪一条是 o 光,哪一条是 e 光?(2)o 光和 e 光的偏角 α 为多少?

解:(1)o 光和 e 光如图例题 4-5 所示。

(2)因为

$$n_o \sin 45° = n_e \sin r_e$$

$$n_e \sin 45° = n_o \sin r_o$$

解得

$$r_e = 52°, \quad r_o = 39°$$

于是有

$$\alpha = 52° - 39° = 13°$$

例题 4-6　例题 4-6 图所示的杨氏双缝实验中,下述情况能否看到干涉条纹? 简单说明理由。

(1) 在单色自然光源 S 后加一偏振片 P;

(2) 在(1)情况下,再加 P_1、P_2,P_1 与 P_2 透光方向垂直,P 与 P_1、P_2 透光方向成 $45°$角;

(3) 在(2)情况下,再在 E 前加偏振片 P_3,P_3 与 P 透光方向一致。

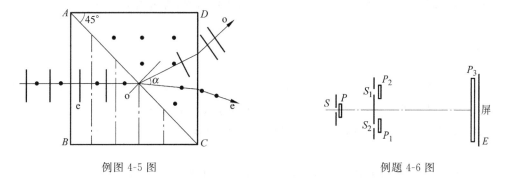

例图 4-5 图　　　　　　　　　　　例题 4-6 图

解:(1) 到达 S_1、S_2 的光是从同一线偏振光分解出来的,它们满足相干条件,且由于线偏振片很薄,对光程差的影响可忽略,因此干涉条纹的位置与间距和没有 P 时基本一致,只是强度由于偏振片吸收而减弱。

(2) 由于从 P_1、P_2 射出的光方向相互垂直,所以不满足干涉条件,故屏上光强均匀,无干涉现象。

(3) 因为从 P 出射的线偏振光经过 P_1、P_2 后虽然偏振化方向改变了,但经过 P_3 后它们的振动方向又沿同一方向,满足相干条件,故可看到干涉条纹。

习题

4-1　一束光波在真空中传播,其电场强度矢量的复数表达式为

$$E = (e_x - je_y)10^{-4}e^{-j20\,000\pi z} \text{ V/m}$$

试求:光的传播方向、光的频率、能量流密度的瞬时值和时间平均值、光波的极化及旋向如何。

4-2　用自然光或偏振光分别以起偏角 i_0 或其他角 $i(i \neq i_0)$ 射到某一玻璃表面上,试用点或短线标明反射光和折射光光矢量的振动方向。

4-3　一束右旋圆偏振光(迎着光的传播方向看)从玻璃表面垂直反射出来。如果迎着反射光的方向观察,是什么性质的光?

4-4　试确定下列各组光的偏振状态:

(1) $E_x = E_0 \sin(\omega t - kz)$,$E_y = E_0 \cos(\omega t - kz)$

(2) $E_x = E_0 \cos(\omega t - kz)$，$E_y = E_0 \cos(\omega t - kz + \pi/4)$

(3) $E_x = E_0 \sin(\omega t - kz)$，$E_y = -E_0 \sin(\omega t - kz)$

4-5   设入射光为自然光，入射角分别为 $0°$、$45°$、$90°$，求从折射率为 $n=1.52$ 的玻璃平板反射和折射光的偏振度。

4-6   一束钠黄光以 $60°$ 角方向入射到方解石晶体上，设光轴与晶体表面平行，并垂直与入射面，问在晶体中 o 光和 e 光夹角为多少？（对于钠黄光，方解石的主折射率 $n_o = 1.6584$，$n_e = 1.4864$。）

4-7   若自然光在 $57°$ 角下入射到空气-玻璃界面（$n=1.54$），问：(1)反射光的偏振度是多少？(2)透射光的偏振度是多少？

4-8   让自然光以布儒斯特角通过由多块玻璃片叠合而成的玻璃片堆，可使透射光接近于线偏振光。设玻璃片的折射率 $n=1.54$，并且不考虑光在玻璃内的多次反射，试计算光通过头几块玻璃片的偏振度：(1)一块玻璃片；(2)两块玻璃片；(3)4 块玻璃片；(4)8 块玻璃片。

4-9   设计一块适用于氢离子激光（$\lambda = 514.5\,\text{nm}$）的偏振分光镜，选定 $n_a = 2.38$ 的硫化锌和 $n_b = 1.25$ 的冰晶石作为高折射率和低折射率膜层的材料。试确定：(1)分光棱镜的折射率；(2)膜层的厚度。

4-10   一束汞绿光在 $60°$ 角下入射到 KDP（磷酸二氢钾）表面，晶体的 $n_o = 1.512$，$n_e = 1.470$。设光轴与晶面平行，并垂直于入射面，试求晶体中 o 光与 e 光的夹角。

4-11   用两块光轴互相垂直的直角方解石棱镜（顶角 $\theta = 30°$）胶合成的渥拉斯顿棱镜如习题 4-11 图所示。试求当一束自然光垂直入射时，从棱镜出射的 o 光和 e 光的夹角。

4-12   用方解石晶体制成一尼科耳棱镜。今有一束强度为 I_0 的线偏振光沿棱镜的一长边方向入射，线偏振光的振动方向与棱镜主截面成 $60°$ 角。问从棱镜另一端透出的光束的强度是多少？

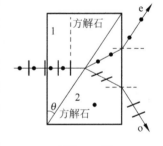

习题 4-11 图

4-13   使自然光相继通过三个偏振片，第一与第三偏振片的透光轴（从偏振片透出的偏振光的振动方向）正交，第二个偏振片的透光轴与第一片透光轴成 $30°$ 角。若入射自然光的强度为 I_0，问最后透出的光强度是多少？

4-14   一束线偏振的钠黄光（$\lambda = 589.3\,\text{nm}$）垂直通过一块厚度为 $1.618 \times 10^2\,\text{mm}$ 的石英波片。波片折射率为 $n_o = 1.544\,24$，$n_e = 1.553\,35$，光轴沿 x 轴方向。问当入射线偏振光的振动方向与 x 轴成 $45°$ 角时，出射光的偏振态怎样？

4-15   一束右旋圆偏振光垂直入射到一块石英 1/4 波片，波片光轴沿 x 轴方向，试求透射光的偏振状态。如果圆偏振光垂直入射到一块 1/8 波片，透射光的偏振状态又如何？

4-16   当通过一检偏器观察一束椭圆偏振光时，强度随着检偏器的旋转而改变。在强度为极小时,在检偏器前插入一块 1/4 波片,转动 1/4 波片使它的快轴平行于检偏器的透光轴,再把检偏器沿顺时针方向转动 25° 就完全消光,问该椭圆偏振光是左旋还是右旋? 椭圆长短轴之比是多少?

4-17 线偏振光垂直通过一块波片,线偏振光的振动方向与波片光轴成 α 角,波片的相位延迟角为 δ,试导出:(1)所得椭圆偏振光的椭圆长轴与波片光轴夹角的表示式;(2)椭圆两半轴之比的表示式。

4-18 自然光通过光轴夹角为 45° 的线偏振器后,又通过了 1/4、1/2 和 1/8 波片,快轴沿波片 y 轴,试用琼斯矩阵计算透射光的偏振态。

4-19 导出长、短轴之比为 2∶1,长轴沿 x 轴的右旋和左旋椭圆偏振光的琼斯矢量,并计算两个偏振光相加的结果。

4-20 导出透光轴与 x 轴成 α 角的线偏振器的琼斯矩阵。

4-21 导出相位延迟角为 δ,快轴与 x 轴成 α 角的波片的琼斯矩阵。

4-22 为测定波片的相位延迟角 δ,使一束自然光相继通过起偏器、待测波片、1/4 波片和检偏器。当起偏器的透光轴和 1/4 波片的快轴沿 x 轴,待测波片的快轴与 x 轴成 45° 角时,从 1/4 波片透出的是线偏振光,用检偏器确定它的振动方向便可得到待测波片的相位延迟角。试利用琼斯计算法说明这一测量原理。

4-23 在两个前后放置的尼科耳棱镜中间插入一块石英 1/4 波片。两棱镜的截面夹角为 60°,波片的光轴方向与两棱镜主截面都成 30° 角。问当光强为 I_0 的自然光入射到这一系统时,通过第二尼科耳棱镜的光强是多少?

4-24 一块厚度为 0.05mm 的方解石波片放在两个平行的线偏振器之间,波片的光轴方向与两偏振器透光轴的夹角为 45°,问在可见光范围内(780~390nm)哪些波长的光不能通过这一系统?

4-25 将巴比涅补偿器放在两正交线偏振器之间,并使补偿器光轴与线偏振器透光轴成 45° 角,让钠黄光通过这一系统。问:(1)将看到怎样的干涉条纹? (2)若补偿器两光楔楔角 $\alpha=2°$,条纹间距是多少?

4-26 ADP 晶体的电光系数 $\gamma=8.5\times10^{-12}$ V/m,$n_0=1.52$,试求以这种晶体做的普克尔斯盒在 500nm 的半波电压。

4-27 如习题 4-27 图所示,M_1 和 M_2 是两块平行放置的玻璃片($n=1.5$),背面涂黑。一束自然光以布儒斯特角入射到 M_1 上的点 A,反射到 M_2 上的点 B,再射出。试确定当 M_2 以 AB 为轴旋转一周时,出射光的变化规律。

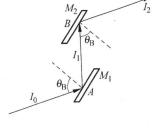

习题 4-27 图

第5章

光的吸收、散射和色散

光通过介质时,一部分能量被介质吸收而转化为热能或者内能,并且深入介质越深,强度衰减越大,这就是介质对光的吸收现象。介质的不均匀性还会导致光的传播偏离原来的方向,分散到各个方向,这就是光的散射现象。光的散射也会造成光强随传播距离的增加而衰减。另外,光在介质中的传播速度一般要小于在真空中的传播速度,并且介质中的光速与光的频率或者波长有关,即介质对不同折射率的光有不同的折射率,这就是光的色散现象。

光的吸收、散射和色散是由光与物质的相互作用引起的,它们是不同物质的光学性质的主要表现,属于分子光学的研究内容。严格地讲,光与物质的相互作用应当用量子理论去解释,但是把光与物质的相互作用看成是组成物质的原子或者分子受到光波场的作用,并得到一些结论,仍然很有意义。本章着重于对光与物质相互作用时发生的现象进行描述和介绍。

5.1 光与物质相互作用的经典理论

光通过介质时,介质中的电子、离子或者分子中的电荷在入射电矢量的作用下作受迫振动。这是光与物质相互作用的机理,应该用量子理论来分析;但是,用经典电偶极子模型也可以简单地说明光与物质相互作用的许多光学现象。

可以用谐振子,即电偶极子来代替实际物质的分子,把分子看作简谐振动的电偶极子是一个理想模型。电偶极子由两个带电量相等、符号相反的点电荷组成。物质可以认为是由无极分子或者有极分子组成,在外电场的作用下,无极分子的正负电荷中心发生偏移,对外显示电性;同样,电偶极子在外电场的作用下,发生趋向变化,对外也显示电性。为简单起见,假设在均匀介质中,只有一种分子,并且不考虑分子间的相互作用,每个分子内只有一个电子作强迫振动。电偶极子的电偶极矩 p 为

$$p = -er$$

其中,e 为电子的电荷;r 为电子在光波场的作用下离开平衡位置的位移。

如果单位体积中有 N 个分子,则单位体积内的平均电偶极矩为

$$P = Np = -Ner$$

根据牛顿定律,作强迫振动的电子的运动方程为

$$m \frac{\mathrm{d}^2 r}{\mathrm{d}t^2} = -eE - fr - g \frac{\mathrm{d}r}{\mathrm{d}t} \tag{5-1}$$

其中,等号右侧的三项为电子受到的入射场的强迫力、准弹性力和阻尼力;f 为弹性系数;g 为阻尼系数;E 为入射光电矢量的大小,可表示为

$$E = \widetilde{E}(z) \exp(-\mathrm{i}\omega t)$$

引入衰减系数 $\gamma = g/m$、电子的振动频率 $\omega_0 = \sqrt{f/m}$ 后,式(5-1)变为

$$m \frac{\mathrm{d}^2 r}{\mathrm{d}t^2} + \gamma \frac{\mathrm{d}r}{\mathrm{d}t} + \omega_0^2 r = -\frac{eE}{m} \tag{5-2}$$

根据这个方程,可以得到电子在光作用下的位移,从而求出极化强度,并进一步描述光的吸收、色散和散射特性。

设 $p = ez, z = A\cos\omega t$,在电动力学中,可以证明球坐标系下电偶极子辐射的电场和磁场矢量波动的表达式分别为

$$E = \frac{eA}{4\pi\varepsilon_0 c^2 R} \omega^2 \sin\theta \cos\omega(t - R/c) \tag{5-3}$$

$$H = E/\eta_0, \quad \eta_0 = \sqrt{\frac{\mu_0}{\varepsilon_0}}$$

对应的能量流密度为

$$|\boldsymbol{S}| = |\boldsymbol{E} \times \boldsymbol{H}| = \frac{E^2}{\eta_0} = \frac{\mu_0 e^2 A^2}{32\pi c R^2} \omega^4 \sin^2\theta \tag{5-4}$$

由式(5-3)可知,光在半径为 R 的球面上各点的相位都相等,但是振幅随 θ 改变。并且,由式(5-4)可以看出,电磁辐射的能量流密度在同一波面上不均匀。

因为原子或者分子线度的数量级为 10^{-8} cm,而可见光的波长的数量级为 10^{-5} cm,所以,在均匀的介质中,可以认为在光的一个波长范围内,分子非常密集,并且排列是非常有规律的。光通过介质时,分子将作受迫振动。由于分子的线度很小,入射光到达各个分子的相位差可以忽略不计。作受迫振动的分子将依次发出次级电磁波,这些次级电磁波彼此之间都保持一定的相位关系。

当光通过各向同性的均匀介质时,所有分子振子在各个方向都具有相同的固有频率,它们发出的电磁波将与入射波叠加,其中使得沿入射方向的合成波得到加强,而其他方向上的合成波相消,从而改变了合成波的相位,并改变了它的传播速度。

反射和折射是由两种介质界面上分子性质的不连续性而引起的。如图 5-1(a)所示,在布儒斯特角入射的情况下,令 E_1 和 E_2 分别表示入射光和折射光的电矢量振动方向。图 5-1(b)表示在折射率为 n_2 的介质中,一个分子电偶极子在电场 E_2 的作用下,沿着平行于 E_2 的 z

轴方向作受迫振动发出的次波。当反射光垂直于折射光的方向时,反射光方向恰好和 z 轴平行,此时在这个方向上没有次波,就没有反射光。如果入射角不等于布儒斯特角,也就是 z 轴不平行于反射光,则反射光就可以用式(5-4)确定。事实上,要考虑所有分子发出的次波在该方向上的叠加,情况要复杂得多。

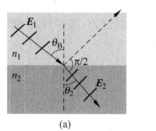 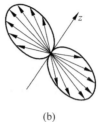

(a)　　　　　　　(b)

图 5-1　光的反射和折射的微观解释

5.2　光的吸收

任何介质,对各种波长的电磁波能量都会或多或少地吸收。完全没有吸收的绝对透明介质是不存在的。当光通过介质时,其强度随介质的厚度增加而减少的现象,称为介质对光的吸收。所谓“透明”是就某些波长范围来说其吸收很少,而且在这些波长范围内也有少量的吸收。吸收光辐射或光能量是物质具有的普遍性质。例如石英,对可见光几乎都是透明的,而对红外光却是不透明的。这说明石英对可见光吸收甚微,而对红外光有着强烈的吸收。

5.2.1　光的吸收规律

1. 光的吸收定律

光通过介质时,电矢量迫使介质中的粒子作受迫振动。因此,光的一部分能量转化为粒子受迫振动的能量,另外一部分能量转化为由于分子之间的碰撞所需要的能量,即热能。

如图 5-2 所示,令强度为 I_0 的平行光束沿 x 方向通过均匀介质。平行光束在均匀介质中通过距离 x 后,强度减弱为 I;再经过厚度 $\mathrm{d}x$ 时强度由 I 变为 $I + \mathrm{d}I$。朗伯(J. H. Lambdet)于 1760 年指出,$\mathrm{d}I/I$ 应与吸收层的厚度 $\mathrm{d}x$ 成正比,即

$$\mathrm{d}I/I = -\alpha_{\mathrm{a}}\mathrm{d}x \qquad (5\text{-}5)$$

式中,α_{a} 是与光强无关的比例系数,称为物质的吸收系数。右边的负号表示 x 增加($\mathrm{d}x > 0$)时,I 减弱($\mathrm{d}I < 0$)。对上式积分,并考虑到 α_{a} 是常数,有

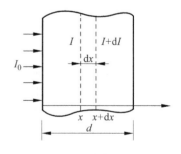

图 5-2　光的吸收

$$\int_{I_0}^{I} \frac{\mathrm{d}I}{I} = -\alpha_\mathrm{a} \int_0^l \mathrm{d}x$$

或

$$\ln I - \ln I_0 = -\alpha_\mathrm{a} l$$

由此得

$$I = I_0 \mathrm{e}^{-\alpha_\mathrm{a} l} \tag{5-6}$$

式中,I_0 和 I 分别表示 $x=0$ 和 $x=l$ 处的光强。上式为朗伯定律的数学表达式,它表明光的强度随着进入介质的深度而呈指数衰减。这说明,介质越厚光强的衰减越严重。各种物质的吸收系数 α_a 差别很大,例如一个大气压下,空气的 $\alpha_\mathrm{a}=10^{-5}\,\mathrm{cm}^{-1}$;玻璃的 $\alpha_\mathrm{a}=10^{-2}\,\mathrm{cm}^{-1}$;金属的 $\alpha_\mathrm{a}=10^{6}\,\mathrm{cm}^{-1}$。

实验表明,当光通过透明溶液时,吸收系数与溶液的浓度 C 成正比,即

$$\alpha_\mathrm{a} = AC$$

式中,A 是只与吸收物质的分子特性有关而与浓度无关的常数。这时式(5-6)可写为

$$I = I_0 \mathrm{e}^{-ACl} \tag{5-7}$$

在浓度不太大时,式(5-7)与实际测量值很相符。在这种情况下,可以根据式(5-7)判断溶液的浓度。该定律又称比尔定律。

可以根据比尔定律,由光在溶液中的吸收程度,来决定溶液的浓度,这就是吸收光谱分析的原理。应该指出,比尔定律只对线性介质广泛成立,适用于分析低浓度溶液的光吸收情况,此时分子的吸收与分子的相互作用无关。许多情况下,分子的吸收与浓度有关,所以对弱电解质溶液、燃料的水溶液等,都存在偏离比尔定律的情况。

2. 一般吸收与选择吸收

若某种介质对各种波长 λ 的光能几乎均匀吸收,即吸收系数 α_a 与波长 λ 无关,则称为一般吸收;若介质对某些波长的光的吸收特别显著,则称为选择吸收。例如,石英对可见光表现为一般吸收,对 $35\sim50\,\mu\mathrm{m}$ 的红外光却是强烈的选择吸收。如果不限制在可见光范围之内,而改在广阔的电磁波谱范围内,仅有一般吸收的介质并不存在。一切介质都具有一般吸收和选择吸收两种特性。

选择吸收是物体呈现颜色的主要原因。一些物体的颜色,是由于某些波长的光透入其内一定距离后被吸收掉而引起的。例如:水能透入红光,并逐渐将其吸收掉,因而水面没有对红光的反射,只反射蓝绿光,并让蓝绿光透过相当的深度,所以水呈现蓝绿色。另一些物体如金属的颜色,则是由于它的表面对某些波长的光进行强烈的反射而引起的。例如,被黄金反射的光呈黄色,而透射的光呈绿色。不具有选择吸收的表面所反射的光呈白色。

5.2.2　吸收光谱

具有连续光谱的白光,通过吸收介质后,不同波长的光被介质吸收的程度是不同的。将透射光通过分光仪进行分析,形成某种介质的吸收光谱。图 5-3 所示即为钠蒸气的吸收光谱。

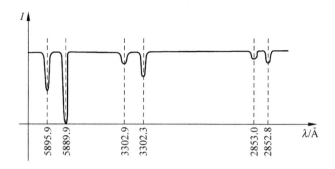

图 5-3　钠蒸气的吸收光谱

　　具有连续光谱的白光通过稀薄的钠蒸气后,观察该透射光的光谱结构,会发现在强光背景中存在几条很窄的暗线。这些暗线的形成是由于钠原子中的电子在能级跃迁时对光波有选择性吸收的缘故。气压增高时,吸收谱线变宽,变得模糊。这是由于气体原子间距离减小,彼此间的相互作用增强,影响了固有频率的缘故。气压足够高时,变成有一定宽度的吸收带,液体和固体的吸收区域相当宽,也是由于这个原因。

　　夫琅禾费在分析太阳光谱过程中,发现连续光谱的背景上呈现出一条条暗线,如图 5-4 所示,分别以字母 A、B、C、……来标志,称为夫琅禾费谱线。这是由于太阳四周的大气选择地吸收太阳内部的连续辐射所造成的。分析太阳的吸收光谱,可得出太阳周围大气的分子组成成分。吸收光谱被普遍应用于化学、国防、气象等部门的研究工作中,例如,极少量混合物或化合物中原子含量的变化,会在光谱中反映出吸收系数的很大变化。所以在定量分析中,广泛地应用原子吸收光谱。地球大气对可见光、紫外光是很透明的,但对红外光的某些波段有吸收,而对其余一些红外波段则比较透明。透明度高的波段,称为大气窗口。在 $1\sim 15\mu m$ 之间有 7 个窗口。研究大气情况的变化与窗口的关系,对红外遥感、红外导航和红外跟踪等技术的发展有很大作用。此外,大气中主要的吸收气体为水蒸气、二氧化碳和臭氧,研究其含量变化,能为气象预报提供必要的依据。

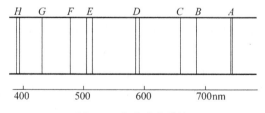

图 5-4　夫琅禾费谱线

　　不同分子有显著不同的红外吸收光谱,即使是分子量相同、其他物理化学性质也都相同的同质异构体,吸收光谱也明显不同。

　　因此光谱分析也广泛用于化学研究及工业生产上。例如,从固体和液体分子的红外吸收光谱中,了解分子的振动频率,有助于分析分子结构和分子力等问题。

5.3   光的散射

5.3.1   光的散射现象

光线通过均匀的介质或两种折射率不同的均匀介质的界面,会产生光的直射、折射或反射等现象。这仅限于给定的一些方向上能看到光线,而其余方向则看不到光线。当光线通过不均匀介质(例如空气中含有尘埃)时,我们可以从侧面清晰地看到光线的轨迹,这种现象称为光的散射。这是由于介质的光学性质不均匀,使光线向四面八方散射的结果。

散射使原来传播方向上的光强减弱,并遵循如下指数规律

$$I = I_0 \exp[-(\alpha_a + \alpha_s)l] = I_0 e^{-\alpha l} \tag{5-8}$$

式中,α_a 是吸收系数,是真吸收部分;α_s 是散射系数;两者之和 α 称为衰减系数。

如上所述,光在均匀介质中,只能沿直射、反射和折射光线方向传播,不可能有散射。这是因为当光通过均匀介质时,介质中的偶极子发出的频率与入射光的频率相同,并且偶极子之间有一定的相位关系,因而它们是相干光。理论上可以证明,只要介质密度是均匀的,这些次波相干叠加的结果,只剩下遵从几何光学规律的光线,沿其余方向的光则完全抵消。因此,均匀介质不能产生散射光。为了能产生散射光,必须有能够破坏次波干涉的不均匀结构。按不均匀结构的性质和散射粒子的大小,散射分为三大类:散射粒子的大小远大于入射光波波长的散射,称为细粒散射或称为廷德尔(Tyndall)散射,如胶体、乳浊液、含有烟雾灰尘的大气中的散射属于此类;散射粒子线度与入射光波长相比拟的散射,称为米氏散射;散射粒子线度小于入射光波波长时的散射,称为瑞利散射。十分纯净的液体或气体,也能产生散射。这是由于物质分子密度的涨落而引起的,因此这种散射称为分子散射。例如,大气中的气体分子散射太阳光,使天穹呈蔚蓝色。

根据介质的均匀性,光与介质之间的作用可以分三种情况。

(1)若介质均匀,且不考虑其热起伏,光通过介质后,不发生任何变化,沿原光波传播方向行进,与介质不发生任何作用。

(2)若介质不很均匀(存在某种起伏),光波与其作用后被散射到其他方向。只要该起伏与时间无关,散射光的频率就不发生变化,只是沿矢量方向的偏折,这就是弹性散射。

(3)若介质的不均匀性随时间变化,光波与这些起伏交换能量,使得散射光的能量,即频率发生了变化,这就是非弹性散射。

5.3.2   瑞利散射

瑞利散射的理论,首先是由瑞利(Lord Rayleigh)在 1871 年提出来的。这个理论也可以解释分子散射现象。瑞利认为由于分子的热运动破坏了分子间的相对位置,次波源的分

布成为无序的,使分子所发出的次波到达观察点没有稳定的光程差,不再相干,因而产生了散射光。计算散射光强度时,直接把每一个次波的强度叠加起来就可以了。根据电磁波理论,光进入介质后,将使介质的电子作受迫振动,产生次波。这些次波向各方散射,每个次波的振幅和它的频率 ω 的平方或波长平方的倒数成正比,于是散射光强和波长的四次方成反比,即

$$I \propto \omega^4 \propto 1/\lambda^4 \tag{5-9}$$

或

$$I = f(\lambda)/\lambda^4 \tag{5-10}$$

式中,$f(\lambda)$ 是光源中强度按波长分布的函数,这就是瑞利散射定律。这种线度小于入射光波长的微粒对入射光的散射现象,称为瑞利散射。

用以上的散射理论可以解释天穹为什么是蔚蓝色的,而早晨和傍晚为什么天空是红色的,以及云为什么是白色的等自然现象。

白昼天空是亮的,是大气对太阳光进行散射的结果。如果没有大气,即使是白昼,人们仰观天空,将看到光辉夺目的太阳悬挂在漆黑的背景中。这是宇航员在太空中观察到的事实。由于大气的散射,将阳光从各个方向射向观察者,我们才看到了光亮的天穹。按照瑞利散射定律,白光中的短波部分比长波部分的散射强烈得多。散射光中因短波成分多,因而天空呈现蔚蓝色。

早晨和傍晚天空呈现红色,是由于白光中的短波部分在较厚的大气层中散射掉了,而剩下较多的长波部分。正午时太阳光所穿过的大气层最薄,散射不多,故太阳仍呈白色。白云是大气中的水蒸气,水蒸气的水滴线度对可见光波长来说是相当大的,因而不能用瑞利散射定律来解释,基本上遵从几何光学反射和折射定律。这就是云雾呈现白色的原因。

5.3.3 散射光的偏振状态

一束平面偏振光,沿 z 轴正方向传到带电质点 P 处,平面偏振光振动方向为 y 轴。若质点 P 各向同性,则此质点将沿与入射波电矢量平行的方向作受迫振动,产生以 P 为中心的球面波。这就形成了各方向的散射光,并且各方向散射光的振幅垂直于散射光的传播方向。因此,各方向上的散射光都是平面偏振光。如图 5-5 所示,散射光强度在各个方向上是不相同的。对于图 5-5(a)中的 B 点,散射光振幅等于 $A\cos\theta$,其光强等于 $A^2\cos^2\theta$。图 5-5(b)表示的是散射光强在 yz 面内的分布。同理,研究 xz 平面可知,在此平面上各方向上散射光强度相同。

如果入射光是自然光,在各个方向的散射光中,只有沿入射光方向的光仍然是自然光,其余方向的散射光都是部分偏振光。

自然光沿 z 轴入射到 P 点,在质点 P 散射。把自然光看成是两个互相垂直的振动的合成,根据我们对平面偏振光散射的分析,质点 P 同时参与两个方向的振动,并各自符合空间光强的分布。在图 5-6 中 yz 面上,A 点只有平面偏振光,振动方向垂直于 yz 面;在 x 轴上

也只有垂直于 xz 面的平面偏振光。观察图中 Q 点，PQ 与 z 轴夹角为 θ，沿 y 轴平行方向，其振幅为 A，光强为 $I_0 = A^2$。沿 x 轴方向振动的自然光的分量不与 PQ 方向垂直，取其垂直于 PQ 的分量，振幅为 $A\cos\theta$，光强为 $I_0\cos^2\theta$。则 Q 点的散射光强为两者之和，即

$$I = I_0 + I_0\cos^2\theta = I_0(1+\cos^2\theta)$$

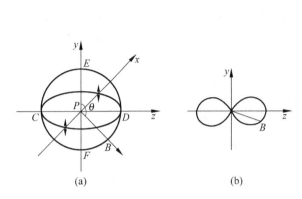
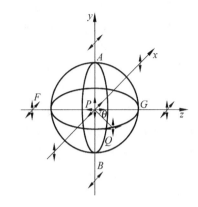

图 5-5　光的散射示意图　　　　　　　图 5-6　散射光的偏振

任意方向上光的偏振度为

$$P = \frac{I_{极大} - I_{极小}}{I_{极大} + I_{极小}} = \frac{I_0 - I_0\cos^2\theta}{I_0 + I_0\cos^2\theta}$$

$$= \frac{\sin^2\theta}{1+\cos^2\theta} \tag{5-11}$$

沿入射光的方向上，$\theta = 0$，$P = 0$，散射光仍然是自然光。在垂直入射方向上 $\theta = \pm\pi/2$，$P = 1$，散射光为平面偏振光。其余方向上散射光为部分偏振光。

5.3.4　散射光的强度

从各个方向观察到的散射光的强度，对于入射光的传播方向来说是对称的。如图 5-7 所示，设观察方向 CO 与入射光方向 x 的夹角为 α，如果分子振动方向沿 z 轴，则在分子间的相互作用可以忽略的情况下，由式（5-4）可得在 CO 方向的次波强度为

$$I_z = \frac{E_z^2}{\eta_0} = \frac{\mu_0 e^2 A^2}{32\pi cR^2}\omega^4\sin^2\theta = \frac{\mu_0 e^2 A^2}{32\pi cR^2}\omega^4\cos^2\alpha = I_0\cos^2\alpha$$

式中，I_0 为入射光的强度。如果分子振动沿 y 轴，由于 CO 在赤道平面，则振动方向总是与 CO 垂直，因此 $\theta = \pi/2$。在 CO 方向的次波强度为

$$I_y = \frac{E_z^2}{\eta_0} = \frac{\mu_0 e^2 A^2}{32\pi cR^2}\omega^4\sin^2\frac{\pi}{2} = I_0$$

如果入射光是自然光，则从 CO 方向观察到的散射光强度为

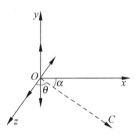

图 5-7　散射光的强度分析

$$I_a = \frac{1}{\eta_0}(E_z^2 + E_y^2) = I_0(1 + \cos^2\alpha)$$

5.3.5 分子散射

在均匀介质中,物质结构引起的不均匀性线度与波长相比可以忽略,因此,光的散射应该不发生。但是,当除去气体或者液体中所有的尘埃和悬浮颗粒后,也可以通过某种方式观察到散射。这是由于分子在不停地作无规则运动,往往会引起密度涨落,进一步引起散射,这种散射称为分子散射。分子散射由物质分子密度的涨落引起。

由于大气散射,晴朗的天空会呈现蓝色。大气散射一部分由悬浮的尘埃引起,而大部分是由分子散射引起的。例如,前面提到的日出日落时,太阳光线几乎平行于地平面。这时,较短的光被侧向散射,剩下红光,因此太阳呈红色,但仰望天空时仍为浅蓝色。当云块被太阳照射时,呈现红色(朝霞、晚霞)。在正午,大气层最薄,散射不多,故太阳呈白色。

云由大气中的水滴组成,这些水滴的半径与可见光的波长可以相比拟,因而引起的散射不属于瑞利散射,而属于米氏散射。米氏散射是较大微粒引起的散射,微粒线度与波长可以相比拟。云雾的散射与波长关系不大,所以云雾呈白色。米氏散射是人工降雨的理论基础。

米氏散射可以解释城市天空的景象。微粒越大,散射越强,同时散射效果取决于波长。散射不仅在光谱的蓝色区域强烈,而且在绿色、黄色部分也很强烈,因为受到污染的空气散射了更多的蓝色、绿色和黄色成分,所以,通过受到污染的大气层后,太阳的强度会削弱很多,同时看上去更红一些。

通过研究散射的性质,可以获得胶体溶液、浑浊介质和高分子物质的物理化学性质,以及测定微粒的大小、悬浮微粒的密度和运动速度等。还可以通过测定激光在大气中的散射来测量大气中悬浮微粒的密度和其他特性,以确定空气污染的情况。

5.3.6 拉曼散射

以上提到的散射属于弹性散射。1928年印度的拉曼和前苏联的曼杰利斯塔姆,几乎同时分别在研究液体和晶体内的散射时,发现散射光中除有与入射光频率 ν_0 相同的瑞利散射线外,在瑞利线的两侧还有频率为 $\nu_0 \pm \nu_1$、$\nu_0 \pm \nu_2$、……散射线存在,这种散射现象称为拉曼散射。拉曼散射属于非弹性散射。

图 5-8 是四氯化碳的拉曼散射光谱,仔细分析这些结果,发现有下面几点规律。

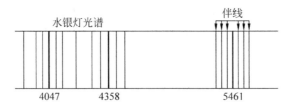

图 5-8　四氯化碳的拉曼散射光谱

（1）在每一条原始入射光谱线旁都伴有散射线。在原始光长波方面的散射线称红伴线或称斯托克斯线，在短波方面称紫伴线，又称反斯托克斯线。它们和原始光的频率差相同，只是反斯托克斯线出现得少而弱。

（2）这些频率差的数值和入射光原始频率无关。即不同入射光所产生的散射光和入射光的频率差都相同。

（3）每种散射介质有它自己一套频率差 ω_1、ω_2、……。其中有些和红外吸收的频率相等，表明散射与分子振动频率有关。

拉曼散射可以用经典理论解释。在入射光电场振动 $\boldsymbol{E}=\boldsymbol{E}_0\cos\omega t$ 的作用下，分子获得感应电偶极矩 $\boldsymbol{P}$，它正比于场强 $\boldsymbol{E}$

$$\boldsymbol{P} = \chi\varepsilon_0\boldsymbol{E} \tag{5-12}$$

式中，χ 称为分子极化率。如果 χ 是一个与时间无关的常数，则 $\boldsymbol{P}$ 以频率 ω_0 作周期性变化，这便是上面讨论过的瑞利散射。如果分子以固有频率 ω_j 振动，且此振动影响极化率 χ，使它也以频率 ω_j 作周期性变化，那么设

$$\chi = \chi_0 + \chi_j\cos\omega_j t$$

于是

$$\begin{aligned}\boldsymbol{P} &= \chi_0\varepsilon_0\boldsymbol{E}_0\cos\omega_0 t + \chi_j\varepsilon_0\boldsymbol{E}_0\cos\omega_0 t\cos\omega_j t \\ &= \chi_0\varepsilon_0\boldsymbol{E}_0\cos\omega_0 t + \frac{1}{2}\chi_j\varepsilon_0\boldsymbol{E}_0\left[\cos(\omega_0-\omega_j)t + \cos(\omega_0+\omega_j)t\right]\end{aligned} \tag{5-13}$$

即感应电偶极矩的变化频率有 ω_0 和 $\omega_0\pm\omega_j$ 三种，后两种正是拉曼光谱中的伴线。

拉曼散射的经典理论是不完善的，特别是它不能解释为什么反斯托克斯线比斯托克斯线弱得多这一事实。完善的解释要靠量子理论。

拉曼散射的方法为研究分子结构提供了一种重要的工具，用这种方法可以很容易而且迅速地测定出分子振动的固有频率，也可以用它来判断分子的对称性、分子内部力的大小，以及有关分子动力学的一般性质。它已成为分子光谱学中红外吸收方法的一个重要补充。

自激光这种强光光源问世以来，人们发现当强光作用物质时，还可出现受激拉曼散射等非线性效应。它已成为激光与物质相互作用研究领域的重要组成部分。

5.4　光的色散

5.4.1　色散的特点

光在真空中是以恒定的速度传播的，与光的频率无关。当光通过任何介质时，光的速度就会发生变化。不同频率的光在同一介质中的传播速度不同，因此同一介质对不同频率的

光的折射率也不同。牛顿于 1672 年用三棱镜把日光分解为彩色光带,这是观测色散现象的
最早实验。图 5-9 所示为牛顿用正交棱镜法观察日光色散的实验示意图。

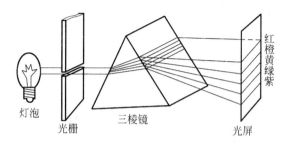

灯泡　　　　光栅　　　三棱镜　　　　　　光屏

图 5-9　牛顿观测色散现象的三棱镜实验

光的色散可以用角色散率 D 来表示

$$D = \mathrm{d}\theta/\mathrm{d}\lambda \tag{5-14}$$

对于不同的物质,色散率不同;不同波长的光,色散率也不同。在衍射图样中,可以根
据色散率的不同,将光谱线分离开来。色散率与折射率的关系为

$$D = \frac{2\sin(A/2)}{\sqrt{1 - n^2\sin^2(A/2)}} \cdot \frac{\mathrm{d}n}{\mathrm{d}\lambda} \tag{5-15}$$

其中,A 为棱镜的折射角;n 为折射率。

5.4.2　正常色散

对于几种不同的光学材料,在可见光区域附近,可以测得它们的色散曲线,如图 5-10 所
示。从色散曲线上可以看出,这些曲线的形状大致相同,各种介质的折射率 n 和色散率 $\mathrm{d}n/\mathrm{d}\lambda$ 都随波长的增大而减少。这种色散称为正常色散,用函数表示色散曲线为

$$n = a + \frac{b}{\lambda^2} + \frac{c}{\lambda^4} \tag{5-16}$$

这一经验公式称为柯西(A. L. Cauchy,1789—1857)方程。式中 a、b 和 c 均为正的常数,它
们是由材料的性质决定的。

在大多数情况下,若精度要求不很高,波长变化的范围不大,只要取柯西公式的前两项
就足够了,即

$$n = a + \frac{b}{\lambda^2} \tag{5-17}$$

对上式求导数,得到材料的色散关系

$$\frac{\mathrm{d}n}{\mathrm{d}\lambda} = -\frac{2b}{\lambda^3} \tag{5-18}$$

这表明色散率近似地与波长的三次方成反比,它说明了棱镜光谱是非均匀光谱。式中
负号表示随着 λ 的变大折射率减小。

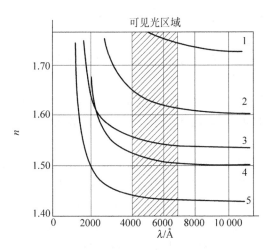

图 5-10　不同材料的色散曲线

1—重火石玻璃；2—轻火石玻璃；3—水晶；

4—冕牌玻璃；5—萤石

色散曲线具有以下特点：

(1) 波长愈短，折射率愈大；

(2) 波长愈短，$dn/d\lambda$ 愈大，角色散率也愈大；

(3) 在波长一定时，不同物质的折射率愈大，$dn/d\lambda$ 也愈大；

(4) 不同物质的色散曲线没有简单的相似关系。

5.4.3　反常色散

勒鲁(LeRoux)曾于 1862 年，用充满碘蒸气的三棱镜，观察色散现象。发现在选择吸收波段附近，紫光的折射率比红光的折射率小。此两者之间的其他波长的光几乎全被碘蒸气所吸收。它与正常色散现象相反，勒鲁称它为反常色散，这个名称一直沿用到今天。实际上，反常色散是所有物质在选择吸收波段附近产生的普遍现象。

如果对一般物质(在可见光范围内是透明的)的折射率的测定扩展到红外光谱区域(只要物质仍是透明的)，色散曲线也会显著地违反正常情况，表现出图 5-11 所示的形状。在可见光区域(曲线的 P 和 Q 之间)表示 n 的数值是和图 5-10 符合的。当波长增加时，在红外区域内(曲线的 R 点)，曲线下降开始快起来，到达红外区域的某一波段时，光不能透过。这是一个选择吸收区域，它的位置取决于各种物质的特性，越过了吸收区域，到长波的一边，折射率数值突然增加到很大；当波长继续

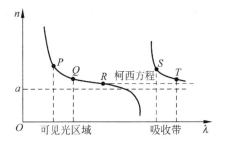

图 5-11　反常色散曲线

增加时,折射率起初降落得很快;当离开吸收区域渐远时,又渐渐降落得缓慢起来,从 S 到 T 的区域内,实验曲线又变为正常。

后来人们发现,任何物质在红外或紫外光谱中只要有选择吸收存在,在这些区域中总是表现出反常色散(普遍的孔脱定律)。

这就是说:"反常"色散实际上也是很普遍的,"反常"并不反常,当波长在两个吸收带中间并且远离它们时,所谓"正常"色散才发生。"反常"色散和"正常"色散仅是历史上的名词,由于沿用已久,所以就一直保留下来。

除用光进行关于色散的观察外,人们还对于无线电微波区波长较长的波段(数量级 $10^{-1}\,\mathrm{cm}$ 以上)做了类似的测定,发现这时折射率几乎与波长无关。另一方面也对波长极短(数量级为 $10^{-8}\,\mathrm{cm}$)的伦琴射线做了实验,发现折射率略小于 1。赛班恩(K. M. Siegbahn)曾用棱镜使伦琴射线折射,发现折射线通过棱镜后向离开棱镜底面的方向偏折,这正是波在棱镜物质中的传播速度比真空中快的情况。也可用这样的实验来证明:伦琴射线以近乎 $90°$ 的入射角(临界角很接近 $90°$,因为它的折射率只比 1 小百分之几)从真空射到固体平面时,发生全反射。康普顿(A. H. Compton)曾利用这一特性把伦琴射线掠射到一个寻常的光栅上,在全反射光中形成衍射光谱,从而测定了它的波长。

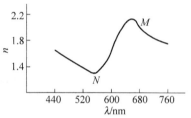

图 5-12　色散曲线的特点

虽然各种物质的色散曲线不尽相同,但在整个电磁波谱的范围内,考察某种介质的全部色散曲线,如图 5-12 所示,会发现有一些共同的规律和特点:相邻两个吸收带(线)之间折射率 n 单调下降;每经过一个吸收带(线)折射率 n 急剧加大。总的说来吸收带(线)之间的区域属于正常色散,而吸收带内则属于反常色散。

例题

例题 5-1　玻璃的吸收系数为 $10^{-2}\,\mathrm{cm}^{-1}$,空气的吸收系数为 $10^{-5}\,\mathrm{cm}^{-1}$。问 1cm 厚的玻璃所吸收的光,相当于多厚的空气所吸收的光?

解:根据式(5-6),物质吸收的光强为

$$I_0 - I = I_0(1 - \mathrm{e}^{-\alpha_a l})$$

强度相等的光通过不同厚度的不同物质时,要产生相等的吸收所需的条件为

$$1 - \mathrm{e}^{-\alpha_a l} = 1 - \mathrm{e}^{-\alpha_a' l'} \quad \text{或} \quad \alpha_a l = \alpha_a' l'$$

故

$$l' = \frac{\alpha_a l}{\alpha_a'} = \frac{10^{-2} \times 10^{-2}}{10^{-5}} = 10\mathrm{m}$$

即 1cm 厚的玻璃所吸收的光相当于 10m 厚空气所吸收的光。

例题 5-2　一块光学玻璃对波长 400nm 和 500nm 的光波的折射率分别为 1.63 和 1.58,用此数据求对波长 600nm 光的折射率及色散率 $\mathrm{d}n/\mathrm{d}\lambda$。

解：将已知波长和折射率分别代入柯西公式 $n = a + b/\lambda^2$,得

$$1.63 = a + b/(400 \times 10^{-9})^2$$
$$1.58 = a + b/(500 \times 10^{-9})^2$$

联立求解得

$$a = 1.49, \quad b = 2.22 \times 10^{-14}\,\mathrm{m}^2$$

将 a、b 的值代入柯西公式,即可求出该光学玻璃对波长 600nm 的光的折射率为

$$n = 1.49 + 2.22 \times 10^{-14}/(600 \times 10^{-9})^2 = 1.55$$

色散率

$$\mathrm{d}n/\mathrm{d}\lambda = -2b/\lambda^3 = -2 \times 2.22 \times 10^{-14}/(6 \times 10^{-9})^3$$
$$= -2.06 \times 10^{11}\,\mathrm{m}^{-1}$$

例题 5-3　一根长为 35cm 的玻璃管,由于管内细微烟粒的散射作用,使得透射光强为入射光强的 65%。当烟粒完全去除后,则 88% 的光通过。设烟粒只有散射没有吸收,计算吸收系数和散射系数。

解：同时考虑吸收和散射的作用时,根据式(5-8),透射光强为

$$I = I_0 \mathrm{e}^{-(\alpha_a + \alpha_s)l}$$

只考虑吸收效应时,

$$I = I_0 \mathrm{e}^{-\alpha_a l}$$

所以吸收系数为

$$\alpha_a = -\frac{1}{l}\ln\frac{I}{I_0} = 0.36\,\mathrm{m}^{-1}$$

色散和吸收同时存在时,散射系数为

$$\alpha_s = -\frac{1}{l}\ln\frac{I}{I_0} - \alpha_a = 0.866\,\mathrm{m}^{-1}$$

习题

5-1　一根长为 4.3m 的玻璃管,内部充满标准状态下的某种气体。若其吸收系数为 $0.22\,\mathrm{m}^{-1}$,求激光透过这根玻璃管后的相对光强。

5-2　有一介质,吸收系数 $\alpha_a = 0.32\,\mathrm{cm}^{-1}$,当透射光强分别为入射光强的 10%、20%、50% 及 80% 时,介质的厚度各为多少?

5-3　一固体有两个吸收带,宽度都是 300Å,一带处在蓝光的 4500Å,另一带处在黄光的 5800Å。设第 1 带的吸收系数为 $50\,\mathrm{cm}^{-1}$,第 2 带的为 $250\,\mathrm{cm}^{-1}$,试绘出白光透过 0.1mm 及 5mm 厚度后在吸收带附近光强分布的概况。

5-4　一块光学玻璃对水银灯蓝、绿谱线($\lambda=435.8$nm 和 546.1nm)的折射率分别为 1.652 50 和 1.624 50,用此数据确定出柯西公式中的 a、b 两常数,并用它计算对钠黄线($\lambda=589.3$nm)的折射率 n 及色散率 $\mathrm{d}n/\mathrm{d}\lambda$。

5-5　一棱镜的顶角为 $60°$,设其玻璃材料可用二常数柯西公式来描述,其中 $a=1.416$,$b=1.72\times10^{-10}\mathrm{cm}^2$,求此棱镜对波长 660nm 的光调到最小偏向角时的色散本领。

5-6　若入射光中波长为 450nm 的蓝光和波长为 600nm 的红光的光强相等,求散射光中两者的光强之比。

5-7　某种介质中的散射系数为吸收系数的 1/2,光通过一定厚度的这种介质,只透过 20% 的光强。 如果不考虑散射时,其透射光强可增加多少?

5-8　太阳光由小孔射入暗室,室内的人沿着与光束垂直及成 $45°$ 角的方向,分别观察到的由于瑞利散射所形成的光的光强之比为多少?

5-9　一束光通过液体,用尼科耳检偏器正对这束光进行观察。 当偏振轴竖直时,光强达到最大值;当偏振轴水平时,光强为零。 再从侧面观察散射光,当偏振轴为竖直和水平两个位置时,光强之比为 20∶1,计算散射光的退偏程度。

第6章

光的量子性

本章主要介绍黑体辐射、光电效应和康普顿效应。通过对这些现象的研究,建立起量子的概念,逐渐认识到光的波粒二象性,并进一步阐述波粒二象性的含义。

6.1 热辐射、基尔霍夫定律

物体向外辐射将消耗本身的能量。要长期维持这种辐射,就必须不断从外面补偿能量,否则辐射就会引起物质内部的变化。在辐射过程中物质内部发生化学变化时,叫做化学发光。用外来的光或任何其他辐射不断地或预先地照射物质而使之发光的过程叫做光致发光。由场的作用引起的辐射叫场致发光。另一种辐射叫做热辐射,这种辐射在量值方面和按波长分布方面都取决于全辐射体的温度。通过实验现象可以发现热辐射的光谱是连续光谱,并且辐射的性质与温度有关。

任何温度的物体都会发出一定的热辐射。通常在室温下,大多数物体辐射不可见的红外光。例如,对一物体加热到500℃左右,呈暗红色。随着温度不断上升,辉光逐渐亮起来,而且波长较短的辐射越来越多。加热到大约1500℃时就变成明亮的白炽光。同一物体在一定温度下所辐射的能量,在不同光谱区域的分布是不均匀的,而且温度越高,光谱中与能量最大的辐射相对应的频率也越高。在一定温度下,不同物体所辐射的光谱成分有显著的不同。

1. 辐射出射度和吸收比

从实验结果可知,在单位时间内从物体单位面积向各个方向所发射的频率在 $\nu \to \nu + \mathrm{d}\nu$ 范围内的辐射能量 $\mathrm{d}\Phi$ 与 ν 和 T 有关,而且 $\mathrm{d}\nu$ 足够小时,可认为它与 $\mathrm{d}\nu$ 成正比:

$$\mathrm{d}\Phi = M(\nu, T)\mathrm{d}\nu \tag{6-1}$$

式中,$M(\nu, T)$ 是频率 ν 和温度 T 的函数,叫做该物体在温度 T 时发射频率为 ν 的单色辐射出射度(单色辐出度)。其物理意义是从物体表面单位面积发出的频率在 ν 附近的单位频率间隔内的辐射功率。它反映了在不同温度下,辐射能量按频率分布的情况,单位为 $\mathrm{W/m^2} = \mathrm{J/(m^2 \cdot s)}$。

从物体表面单位面积上所发出的各种频率的总辐射功率,称为物体的辐射出射度,用 $M_0(T)$ 表示:

$$M_0(T) = \int_0^\infty \mathrm{d}\Phi = \int_0^\infty M(\nu, T)\mathrm{d}\nu \tag{6-2}$$

$M_0(T)$ 只是温度的函数。$M(\nu,T)$ 和 $M_0(T)$ 与表面的情况有关。

另一方面,当辐射照射到某一不透明物体表面时,其中一部分能量将被物体散射或反射,另一部分能量则被物体所吸收。用 $\mathrm{d}\Phi$ 表示频率在 ν 和 $\nu + \mathrm{d}\nu$ 范围内照射到温度为 T 的物体单位面积上的辐射能量;$\mathrm{d}\Phi'$ 表示物体单位面积上所吸收的辐射能量,则

$$A(\nu, T) = \frac{\mathrm{d}\Phi'}{\mathrm{d}\Phi} \tag{6-3}$$

叫做该物体的吸收比。

$0 \leqslant A_{(\nu,T)} \leqslant 1$,吸收比与 ν、T,并且和物体及表面情况有关。

2. 基尔霍夫定律

$M(\nu,T)$ 和 $A(\nu,T)$ 之间有着一定的联系。

将温度不同的物体 P_1、P_2、P_3 放在一个密闭的理想绝热容器中,如图 6-1 所示,如果容器内部是真空,则物体与容器之间及物体与物体之间只能通过辐射和吸收来交换能量。当单位时间内辐射体发出的能量比吸收的能量多时,它的温度就下降,这时辐射就会减弱;相反,辐射将增强。经过一段时间后,系统将建立起热平衡,此时各物体在单位时间内发出的能量恰好等于吸收的能量。由此可见,在热平衡的情况下,单色辐出度较大的物体,其吸收比也一定较大。1859 年,基尔霍夫指出:物体的单色辐出度与吸收比的比值是一个频率和温度的普适函数,即有

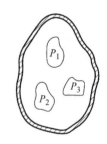

图 6-1　物体的热平衡

$$\frac{M(\nu, T)}{A(\nu, T)} = f(\nu, T) \tag{6-4}$$

显然,$f(\nu,T)$ 与物体的性质无关,而只是频率和温度的普适函数。

6.2　黑体辐射

6.2.1　黑体

由于各种物体有不同的结构,因而它对外来辐射的吸收,以及它本身对外的辐射都不相同。但是有一类物体其表面不反射光,它们能够在任何温度下全部吸收任何波长的辐射,这

类物体叫做绝对黑体。处于热平衡时,黑体的吸收比最大,为等于1的常数,因而也就有最大的单色辐出度。

设以 $\varepsilon(\nu, T)$、$\alpha(\nu, T)$ 分别表示绝对黑体的单色辐出度和吸收比,由于 $\alpha(\nu, T)=1$,则

$$\frac{M(\nu, T)}{A(\nu, T)} = \frac{\varepsilon(\nu, T)}{\alpha(\nu, T)} = \varepsilon(\nu, T) = f(\nu, T) \tag{6-5}$$

上式表示的普适函数就是绝对黑体的单色辐出度。

在空腔表面开一个小孔,小孔表面就可以模拟黑体表面,如图 6-2(a)所示。

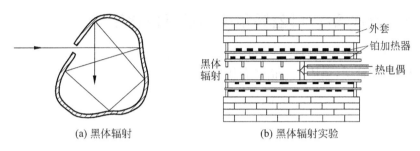

(a) 黑体辐射　　　　　　(b) 黑体辐射实验

图 6-2　黑体辐射

从外面来的辐射,经过小孔进入空腔,在腔壁上经过多次反射,几乎完全被腔壁吸收,反射出去的几率很小。在实验中,可在绕有电热丝的空腔上开一个小孔来实现,如图 6-2(b)所示。

黑体辐射的单色辐出度按波长分布的情况如图 6-3 所示。可以看出,每一条曲线都有一个极大值;随着温度的升高,黑体的单色辐出度迅速增大,并且曲线的极大值逐渐向短波方向移动。

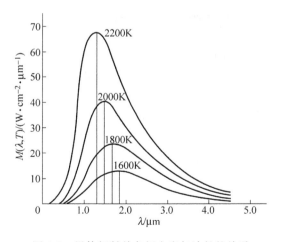

图 6-3　黑体辐射单色辐出度与波长的关系

由于黑体的辐出度等于普适函数,因此研究这个函数就可以分析黑体辐射能量的分布曲线。1879 年,斯忒藩(J. Stefan)在实验中发现了黑体的辐射出射度与绝对温度 T 的 4 次方成正比,即

$$M_0(T) = \int_0^\infty M(\nu, T)\mathrm{d}\nu = \sigma T^4 \tag{6-6}$$

其中,$\sigma = 5.670\,51 \times 10^{-8}\,\mathrm{W/(m^2 \cdot K^4)}$ 是一个普适常量。1884 年,玻耳兹曼从理论上给出了这个关系,称为斯忒藩-玻耳兹曼定律。

6.2.2　斯忒藩-玻耳兹曼定律和维恩位移定律

在实际测得黑体辐射谱后,建立其函数表达式的问题,在历史上是逐步得到解决的。维恩根据热力学原理证明,黑体辐射谱必有如下的函数形式

$$M_b(\nu, T) = c\nu^3 f'\left(\frac{\nu}{T}\right) \tag{6-7}$$

或者

$$M_b(\lambda, T) = \frac{c^5}{\lambda^5} f\left(\frac{c}{\lambda T}\right) \tag{6-8}$$

其中,c 是真空中的光速;$\nu = \dfrac{c}{\lambda}$。f'、f 的函数形式尚不能完全确定。可见,对于每一给定的温度,黑体的单色辐出度都有一个最大值。这个最大值可以由 $\dfrac{\mathrm{d}M_b(\lambda, T)}{\mathrm{d}\lambda} = 0$ 求得,令此极大值对应的波长为 λ_m,则

$$T\lambda_m = b, \quad b = 2.8978 \times 10^{-3}\,\mathrm{m \cdot K} \tag{6-9}$$

其中,b 为常数。这个规律称为维恩位移定律。

6.2.3　维恩公式和瑞利-金斯公式

单纯从热力学原理出发,而不对辐射机制作任何具体的假设是不能将 f' 和 f 的函数形式进一步具体化的。历史上在这个问题获得最终的正确答案之前,有过下列两个公式,它们对揭示经典物理的矛盾起了重大的作用。

(1) 1896 年,维恩假设气体分子辐射的频率 ν 只是与其速度 v 有关(这一假设看来是没有什么根据的),从而得到与麦克斯韦速度分布律形式很相似的公式

$$M_b(\nu, T) = \frac{a v^3}{c^2}\mathrm{e}^{-\beta \nu/T} \tag{6-10}$$

及

$$M_b(\lambda, T) = \frac{\alpha c^2}{\lambda^5}\mathrm{e}^{\frac{-\beta}{\lambda T}} \tag{6-11}$$

其中,α,β 为常数。上式称为维恩公式。

(2) 1900 年,瑞利与金斯试图把能量均分定律应用到电磁辐射能量密度按频率分布的

情况中,他们假设空腔处于热平衡时的辐射场将是一些驻波,根据能量均分定理,每一列驻波的平均能量 $\bar{\varepsilon} = kT$,与频率无关,这样可以算出

$$M_{\mathrm{b}}(\nu, T) = \frac{2\pi}{c^2}\nu^2 kT \tag{6-12}$$

或

$$M_{\mathrm{b}}(\lambda, T) = \frac{2\pi c}{\lambda^4} kT \tag{6-13}$$

上式称为瑞利-金斯公式。

维恩公式和瑞利-金斯公式都符合普遍形式。如图 6-4 所示,与实验数据比较,在短波区域维恩公式符合得很好,但在长波范围则有一定的偏离;瑞利-金斯公式与之相反,在长波部分符合得很好,但在短波波段偏离非常大,不仅如此,当 $\nu \rightarrow 0$ 时,有 $\lambda \rightarrow 0$, $M_{\mathrm{b}}(\lambda, T) \rightarrow \infty$,从而 $\Phi_T \rightarrow \infty$,这显然是荒谬的。瑞利之后,金斯作过各种努力,他发现,只要坚持经典的统计理论,这一荒谬结论就不可避免。这在历史上被人们称为紫外灾难。

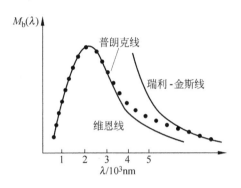

图 6-4　黑体辐射曲线

6.3　普朗克公式和能量子假说

正确的黑体辐射公式是普朗克在 1900 年给出的,称为普朗克公式。普朗克公式的得来,起初是半经验的,即利用内插法将适用于短波的维恩公式和适用于长波的瑞利-金斯公式衔接起来,在得到上述公式之后,普朗克才设法从理论上去论证。

为了推导简单,选择由大量包含各种固有频率 ν 的谐振子组成的系统。通过发射与吸收,谐振子与辐射场交换能量。通过仔细计算辐射场与谐振子之间的能量交换,得到黑体的单色辐出度为

$$M_{\mathrm{b}}(\nu, T) = \frac{2\pi \nu^2}{c^2}\bar{\varepsilon}(\nu, T) \tag{6-14}$$

这里 $\bar{\varepsilon}(\nu, T)$ 是频率为 ν 的谐振子在温度为 T 时的平衡态中能量的平均值。

再计算 $\bar{\varepsilon}(\nu, T)$。在热平衡态中能量为 ε 的几率正比于 $\mathrm{e}^{-\varepsilon/kT}$(玻耳兹曼正则分布),按照经典物理学的观念,谐振子的能量在 $0 \sim \infty$ 间连续取值,从而有

$$\bar{\varepsilon}(\nu, T) = \frac{\displaystyle\int_0^\infty \varepsilon \mathrm{e}^{-\varepsilon/kT}\, \mathrm{d}\varepsilon}{\displaystyle\int_0^\infty \mathrm{e}^{-\varepsilon/kT}\, \mathrm{d}\varepsilon} = kT$$

得到的就是导致紫外灾难的瑞利-金斯公式。为了摆脱困难,普朗克提出如下一个非同寻常的假设:谐振子能量的值只取某个基本单元 ε_0 的整数倍,即

$$\varepsilon = 0, \varepsilon_0, 2\varepsilon_0, 3\varepsilon_0, \cdots$$

这样一来,有

$$\bar{\varepsilon}(\nu, T) = \frac{\sum_{n=0}^{\infty} n\varepsilon_0 e^{-n\varepsilon_0/kT}}{\sum_{n=0}^{\infty} e^{-n\varepsilon_0/kT}} = -\frac{2}{2\beta} \ln\left(\sum_{n=0}^{\infty} e^{-n\varepsilon_0\beta}\right)$$

其中 $\beta = \dfrac{1}{kT}$。利用等比级数的求和公式,可得

$$\sum_{n=0}^{\infty} e^{-n\varepsilon_0\beta} = \frac{1}{1 - e^{-\varepsilon_0\beta}}$$

求得

$$\bar{\varepsilon}(\nu, T) = \frac{\varepsilon_0}{e^{\varepsilon_0/kT} - 1}$$

$$M_b(\nu, T) = \frac{2\pi\nu^2}{c^2} \cdot \frac{\varepsilon_0}{e^{\varepsilon_0/kT} - 1}$$

　　要使此式符合普遍形式,必须使 ε_0 正比于 ν,即 $\varepsilon_0 = h\nu$,这里 h 是一个应由实验来确定的比例系数。这样有

$$M_b(\nu, T) = \frac{2\pi h}{c^2} \cdot \frac{\nu^3}{e^{h\nu/kT} - 1} \qquad (6\text{-}15)$$

或者

$$M_b(\lambda, T) = \frac{2\pi hc^2}{\lambda^5} \cdot \frac{1}{e^{hc/kT\lambda} - 1} \qquad (6\text{-}16)$$

这便是普朗克的黑体辐射公式。其中,k 是玻耳兹曼常数;$h = 6.62 \times 10^{-34}$ J·s 为一普适常数,称为普朗克常数。

　　对于短波,$h\nu \gg kT$,$e^{h\nu/kT} \gg 1$,式(6-16)化为维恩公式;对于长波,$h\nu \ll kT$,$e^{h\nu/kT} = 1 + h\nu/kT$,式(6-16)化为瑞利-金斯公式。在所有的波段里,普朗克公式与实验数据吻合很好,也符合普遍形式。

　　综上所述,我们看到,为了推导与实验相符的黑体辐射公式,人们不得不作这样的假设:频率为 ν 的谐振子,其能量取值为 $\varepsilon_0 = h\nu$ 的整数倍,$\varepsilon_0 = h\nu$ 称为能量子,这个假设称为普朗克能量子假设。从经典物理学的角度来看,这个假设是如此的不可思议,就连普朗克本人也感到难以相信。他曾想尽量缩小与经典物理学之间的矛盾,宣称只假设谐振子的能量是量子化的,而不必认为辐射场本身也具有不连续性。但后来的许多事实迫使我们承认,辐射场也是量子化的。

　　普朗克因阐明光量子论而获得 1918 年的诺贝尔物理学奖。

6.4　光电效应

本节将说明频率为 ν 的电磁波是能量为 $h\nu$ 的光粒子体系,光不仅有波的性质,而且有粒子的性质。

6.4.1　光电效应及其实验规律

电子在光的作用下从金属表面发射出来的现象,称为光电效应。逸出来的电子称为光电子。

光电效应的规律如下。

(1) 饱和电流 I_m 的大小与入射光的强度成正比,即光电子数目与光强成正比。

(2) 光电子的最大初动能与光的强度无关,只与入射光的频率有关,ν 越大,光电子的能量越大。

(3) 入射光的频率低于 ν_0,无论光的强度如何,照射时间多长,都没有光电子辐射。

(4) 光的照射和光电子的释放几乎是同时的,在测量精度范围内($<10^{-9}$s)观察不出两者间存在滞后现象。

6.4.2　光电效应与波动理论的矛盾

按光的电磁理论,可以作以下预测。

(1) 光愈强,电子接收的能量越多,释放出去的电子的动能也愈大。

(2) 释放电子主要取决于光强,应当与频率等没有关系。

(3) 关于光照的时间问题。光能量均匀分布在它传播的空间,由于电子截面很小,积累足够能量而释放出来必须要经过较长的时间(几十秒至几分钟)。

而实验事实与上面的结论完全相反,故存在光电效应与波动理论的矛盾。

6.5　光电效应的量子解释

6.5.1　爱因斯坦的光子假设及其光电方程

为了解释光电效应的所有实验结果,1905 年爱因斯坦推广了普朗克关于能量子的概念,他指出:光在传播过程中具有波动的特性,而在光和物质相互作用过程中,光能量是集中在一些叫做光量子(光子)的粒子上;从光子的观点看,产生光电效应的光是光子流,单个光子的能量与频率 ν 成正比,即

$$\varepsilon = h\nu$$

爱因斯坦认为一个光子的能量是传递给金属中的单个电子的。电子吸收一个光子后,

把能量的一部分用来挣脱金属对它的束缚,余下的一部分就成为电子离开金属表面后的动能,按能量守恒和转换定律应有

$$h\nu = \frac{1}{2}m\upsilon^2 + W \qquad\qquad (6\text{-}17)$$

此式称为爱因斯坦光电效应方程。其中, $\frac{1}{2}m\upsilon^2$ 为光电子的动能; W 为光电子逸出金属表面所需的最小能量,称为逸出功。

6.5.2 对光电效应的量子解释

1)解释饱和电流与光强成正比

因为入射光的光强是由单位时间内到达金属表面的光电子数目决定的,而逸出的光电子数又与光子数成正比,这些逸出的光电子全部到达实验装置的阳极便形成了饱和电流。因此,饱和电流与逸出的光电子数成正比,也就是与到达金属表面的光电子数目,即入射光的强度成正比。

2)光子频率越大,光电子能量越大

按照爱因斯坦方程 $h\nu = \frac{1}{2}m\upsilon^2 + W$,对于给定的金属,光子的频率 ν 越大,光电子的能量 $\frac{1}{2}m\upsilon^2$ 越大。

3)光电效应与入射光的极限频率有关

如果入射光的频率过低,以至于 $h\nu < W$,那么电子就不可能脱离金属表面。即使入射光很强,也就是这种频率的光子数很多,仍不会发生光电效应。只有当入射光的频率 $\nu > \nu_0 = \frac{W}{h}$,电子才能脱离金属表面。这个极限频率对应的波长称为光电效应的红限。

4)光电效应无须积累能量的时间

因为金属中的电子能够一次全部吸收入射的光子,因此,光电效应的产生无须积累能量的时间。

光通量 Φ 取决于单位时间内通过给定面积的光子数 N ,有

$$\Phi = Nh\nu \qquad\qquad (6\text{-}18)$$

因此,饱和电流 $I_m = ne\upsilon \propto N$ 。

6.5.3 光子的质量和动量

根据相对论中的质能关系 $\varepsilon = mc^2$,得到一个光子的质量为

$$m = \frac{\varepsilon}{c^2} = \frac{h\nu}{c^2} \qquad\qquad (6\text{-}19)$$

质量 m 和速度 υ 的关系为

$$m = \frac{m_0}{\sqrt{1 - \upsilon^2/c^2}} \qquad\qquad (6\text{-}20)$$

其中，m_0 为静止质量。因为光子的速度为 c，因此光子的静止质量 $m_0 = 0$，也不存在相对于光子静止的参照系。

根据狭义相对论，任何物体的能量和动量的关系为

$$\varepsilon^2 = p^2 c^2 + m_0^2 c^4 \tag{6-21}$$

由于光子的静止质量为零，所以光子的动量为

$$p = \frac{h\nu}{c} = \frac{h}{\lambda} \tag{6-22}$$

这和光子的质量为 $\dfrac{h\nu}{c^2}$、动量为 $p = mv = \dfrac{h\nu}{c^2} \cdot c = \dfrac{h}{\lambda}$ 的结论一致。

6.6 康普顿效应

由于伦琴射线的波长很短，所以即使通过不含杂质的均匀物质时，也可观察到散射现象。1922 年康普顿在研究碳、石蜡等物质中的这种散射时，发现散射谱线中除了波长和原射线相同的成分以外，还有一些波长较长的成分，两者差值的大小随着散射角的大小而变，其间有确定的关系。这种波长改变的散射称为康普顿效应。

实验原理如图 6-5 所示，用铜的特征伦琴线 $\lambda_0 = 0.7078\text{Å}$ 入射到石墨上，波长的改变量为

$$\Delta\lambda = \lambda - \lambda_0 = 2k\sin^2\frac{\theta}{2} \tag{6-23}$$

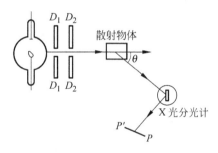

图 6-5　康普顿散射实验原理图

其中 k 是常数，由实验测得 $k = (2.426\ 308\ 9 \pm 0.000\ 004\ 0) \times 10^{-12}\text{m}$，是散射角 θ 为 $90°$ 时波长的改变值。由上式看出，$\Delta\lambda$ 与 λ_0 和散射物质都无关。

经典的散射理论对康普顿效应是难以解释的，必须用量子概念来解释。在氢原子中，电子和原子核的联系相当弱，电离能约为几个电子伏特，和伦琴射线光子的能量 $10^4 \sim 10^5\,\text{eV}$ 比起来，几乎可以略去不计。因此对所有的氢原子，都可以假定散射过程仅是光子和电子的相互作用。作为一级近似，可以认为电子是自由的，而且在受到光子作用之前是静止的。只要假定在作用过程中动量和能量都守恒，并引用经典力学中粒子弹性碰撞的概念，认为光子运动方向的改变（散射），是由于电子获得了一部分动量和能量，同时光子本身也因之减少了能量（减低了频率，增大了波长），那么康普顿效应就可得到解释。

如图 6-6 所示，设入射光子的动量为 $\dfrac{h\nu}{c}$，散射光子的动量为 $\dfrac{h\nu'}{c}$，碰撞后电子的动量为 mv。根据动量守恒，有

$$(mv)^2 = \left(\frac{h\nu}{c}\right)^2 + \left(\frac{h\nu'}{c}\right)^2 - \frac{2h^2}{c^2}\nu\nu'\cos\theta$$

根据能量守恒,有

$$h\nu + m_0 c^2 = h\nu' + mc^2$$

$$mc^2 = h(\nu - \nu') + m_0 c^2$$

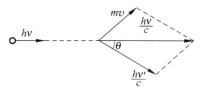

图 6-6 康普顿散射

因此有

$$\begin{cases} m^2 c^4 = h^2 \nu^2 + h\nu'^2 - 2h^2\nu\nu' + m_0^2 c^4 + 2hm_0 c^2(\nu - \nu') \\ m^2 v^2 c^2 = h^2 \nu^2 + h^2\nu'^2 - 2h^2\nu\nu'\cos\theta \end{cases}$$

两式相减得

$$m^2 c^2 (c^2 - v^2) = m_0^2 c^4 - 2h^2\nu\nu'(1 - \cos\theta) + 2hm_0 c^2(\nu - \nu') \tag{6-24}$$

由式(6-20)得

$$m_0^2 c^4 = m^2 c^2 (c^2 - v^2)$$

将上式代入式(6-24)得

$$m_0^2 c^4 = m_0^2 c^4 - 2h\nu\nu'(1 - \cos\theta) + 2hm_0 c^2(\nu - \nu')$$

所以

$$h\nu\nu'(1 - \cos\theta) = m_0 c^2(\nu - \nu')$$

根据关系 $\nu = \dfrac{c}{\lambda}$,$\nu' = \dfrac{c}{\lambda'}$,可得

$$h(1 - \cos\theta) = m_0 c \left(\frac{c}{\nu'} - \frac{c}{\nu} \right)$$

因此有

$$\Delta\lambda = \lambda' - \lambda_0 = \frac{h}{m_0 c}(1 - \cos\theta) = \frac{2h}{m_0 c}\sin^2\frac{\theta}{2} \tag{6-25}$$

由此可得 $\dfrac{h}{m_0 c} = 0.024\,265\text{Å}$。该计算结果和观察结果相符。

理论计算和实验结果的符合,说明了能量守恒和动量守恒两个定律在微观现象中严格地适用,大量的其他实验也都证明了这个结论。

$\dfrac{h}{m_0 c}$ 称为电子的康普顿波长,这是入射光子的能量与电子的静止能量相等时所对应的光子的波长。康普顿波长 λ_C 可由质能方程式(6-19)求得,因为 $h\nu = m_0 c^2$,所以有

$$\lambda_C = \frac{h}{m_0 c}$$

对实验来说有重要意义的是相对比值 $\dfrac{\Delta\lambda}{\lambda}$。如果入射光是可见光、微波或无线电波,那么 $\dfrac{\Delta\lambda}{\lambda}$ 就很小。例如,当 $\lambda = 10\text{cm}$ 时,$\dfrac{\Delta\lambda}{\lambda} \approx 10^{-11}$ 这种变化难以观察,量子结果与经典结果一致。对 X 射线,$\lambda \approx 1\text{Å}$,$\dfrac{\Delta\lambda}{\lambda} = 10^{-2}$;对于 γ 射线,$\Delta\lambda$ 和 λ 在一个数量级。

如果电子被原子紧密地束缚或者入射光子能量很小,碰撞后整个原子发生反冲,而不是

个别电子的反冲,则 $\lambda = \dfrac{h}{m_0 c}$ 中的 m_0 应代之以 M_0,$M_0 \gg m_0$(对于碳,$M_0 \approx 2200 m_0$),则康普顿位移就非常小,所以波长的变化可以略去不计。于是在康普顿散射中,有些光子是和所谓的"自由电子"碰撞的,这些光子的波长是变化的;另一些光子是同紧密束缚的电子及原子核碰撞的,这些光子的波长不变。

6.7　德布罗意波

光的粒子性质,可用光子能量 ε 和动量 p 来表征,光的波动性质,则用频率 ν 和波长 λ 来描述,并且两者有如下关系

$$\begin{cases} \varepsilon = mc^2 = h\nu \\ p = \dfrac{h\nu}{c} = \dfrac{h}{\lambda} \end{cases} \tag{6-26}$$

1924 年,法国青年物理学家德布罗意在他的博士毕业论文中,分析对比了经典物理中力学和光学的对应关系,提出了一个很好的问题。他说:"整个世纪以来,在光学中,比起波的研究方法来,如果说过于忽视粒子的研究方法的话,那么在实物粒子的理论上,是不是发生了相反的错误,把粒子的图像想得太多,而过分忽视了波的图像呢?"接着他提出了一个大胆的假设,认为不只是辐射具有波粒二象性,一切实物粒子也具有波粒二象性。认为质量为 m,并以一定速度 v 运动的粒子(其动量为 mv),就有一定的波长 λ 和频率 ν 的波与之相应;而这些量之间的关系,也与光波的波长、频率和光子的动量、能量之间的关系类似,即有

$$\begin{cases} \lambda = \dfrac{h}{p} = \dfrac{h}{mv} = \dfrac{h}{m_0 v} \sqrt{1 - v^2/c^2} \\ \nu = \varepsilon/h = mc^2/h = m_0 c^2/h\sqrt{1 - v^2/c^2} \\ p = mv = h/\lambda \\ \varepsilon = mc^2 = h\nu \end{cases} \tag{6-27}$$

这就是说,实物粒子的运动,既可用动量、能量来描述,也可用波长、频率来描述。在有的情况下,其粒子性表现得突出些;另一些情况下,则是波动性表现得突出些。这就是实物粒子具有的波粒二象性。这种波动性既不是机械波,也不是电磁波,通常就称为德布罗意波或物质波。1927 年戴维孙和革末进行了实验,证实了德布罗意的假设。

德布罗意波的运动和实物粒子运动的力学规律有没有联系呢? 先来计算德布罗意波的传播速度。对于严格的单色波,相速度为

$$v_{\mathrm{p}} = \frac{\omega}{k} = \frac{2\pi\nu}{2\pi/\lambda} = \frac{h\nu}{h/\lambda} = \frac{\varepsilon}{p}$$

根据式(6-21)所示能量和动量的关系得到

$$\varepsilon = c\sqrt{p^2 + m_0^2 c^2}$$

所以,相速度为

$$v_{\mathrm{p}} = c\sqrt{1 + \frac{m_0^2 c^2}{p^2}} \qquad (6\text{-}28)$$

具有不同动量(波长)的德布罗意波的相速度,即使在真空中也不相等,这是它和电磁波、机械波有显著区别的地方。群速度为

$$v_{\mathrm{g}} = \frac{\delta\omega}{\delta k} = \frac{\delta(h\nu)}{\delta(h/\lambda)} = \frac{\delta\varepsilon}{\delta p} = \frac{cp}{\sqrt{p^2 + m_0^2 c^2}}$$

即

$$v_{\mathrm{g}} = \frac{c}{\sqrt{1 + \frac{m_0^2 c^2}{p^2}}} \qquad (6\text{-}29)$$

上式与式(6-28)比较,得相速度和群速度的关系为

$$v_{\mathrm{g}} = \frac{c^2}{v_{\mathrm{p}}} \qquad (6\text{-}30)$$

设实物粒子在外力 F 作用下发生位移 $\mathrm{d}s$,则

$$\mathrm{d}\varepsilon = F\mathrm{d}s, \quad F = \frac{\mathrm{d}p}{\mathrm{d}t}$$

所以有

$$\mathrm{d}\varepsilon = \frac{\mathrm{d}p}{\mathrm{d}t} \cdot \mathrm{d}s = v \cdot \mathrm{d}p$$

因此

$$v = \frac{\mathrm{d}\varepsilon}{\mathrm{d}p} = v_{\mathrm{g}} \qquad (6\text{-}31)$$

其中,v 是实物粒子的运动速度。上式说明实物粒子的力学运动速度等于它的德布罗意波的群速度。根据相对论,$v < c$,由 $v_{\mathrm{g}} = \dfrac{c^2}{v_{\mathrm{p}}}$ 得到 $v_{\mathrm{p}} > c$,即德布罗意波的相速度永远比真空中的光速大。

6.8　波粒二象性

一切物质(包括实物和场)都具有一个共性——波粒二象性。描述粒子特征的物理量——能量 E 和动量 p,和描述波动特征的物理量——频率 ν 及波长 λ 之间存在如下关系:

$$E = h\nu, \quad p = \frac{h}{\lambda} \qquad (6\text{-}32)$$

现在讨论关于粒子和波的统一性。我们通过电子和光子的衍射实验来认识这种统一性。电子射线通过金箔时,如果入射电子流的强度很大,则照相底片上立即出现衍射花样。如果入射电子流的强度很小,在整个衍射过程中,电子几乎是一个一个地穿过晶体,则照相

底片上就出现一个个的感光点。这些感光点在底片上的位置并不都重合在一起,开始时,它们是毫无规则地散布着,但随着时间的延长,感光点数目逐渐增多,它们在照相底片上的分布最终形成了衍射花样。

光子衍射实验的情形也完全一样。

由此可见,每一个电子或光子被晶体衍射的现象和其他电子或光子无关。也就是说,衍射花样不是电子或光子之间的相互作用而形成的,而是电子或光子具有波动性的结果,这种波动性反映了电子或光子运动轨迹的不确定性。这表明,当我们考查每个电子或光子的运动时,电子或光子是没有确定的轨迹的,它经过什么途径,出现在什么地方是不确定的。然而,当我们考查组成电子或光子束的全部电子或光子的运动时,电子或光子的运动就表现出规律性,而这种规律与经典波动理论计算的结果相一致。

在实验中电子或光子的衍射表现为许多电子或光子在同一实验中的统计结果,或者表现为一个电子或光子在许多次相同实验中的统计结果。因此从统计的观点来看,大量电子或光子被晶体衍射与它们一个个地被晶体衍射之间的差别,仅在于前一实验是对空间的统计平均,后一实验是对时间的统计平均。在前一种情况下,如果说电子或光子在某些地方从空间上看会出现得稠密些,那么在后一种情况下,就是在这些地方电子或光子从时间上看会出现得频繁些。因此,我们可从统计的观点把波粒二象性联系起来,从而得出:波在某一时刻,在空间某点的强度(振幅绝对值的平方)就是该时刻在该点找到粒子的几率。波的强度大的地方,每一个电子或光子在这里出现的几率也大,因而这里出现的电子或光子也多;波的强度很小或等于零的地方,电子出现在这里的几率也很小或等于零,因而出现在这里的电子或光子很少或没有。

这种统计的观点,统一了关于粒子和波动的概念。一方面光和实物粒子具有集中的能量、质量、动量,也就是具有微粒性;另一方面,它们在各处出现时各有一定的几率,由这个几率可以算出它们在空间的分布,这种空间分布又与波动的概念一致。

以上所述表明了物质波粒二象性的统计关系。但是,电子或者光子等微观客体既不是经典的波,也不是经典的粒子。当用某种物质与微观客体的相互作用去探测该微观客体时,是粒子;当它在运动时,就观察到衍射现象,它是波动。或者说这些微观客体有时像粒子,有时像波动。

此外,和光子相联系的波是电磁波,和电子相联系的波是物质波,这两种波都可以决定它们在空间的分布概率。从波动的观点来说,它们同样是波,但是不能因此就忽略光子和电子等实物粒子之间的差别。例如,在速度上,光在真空中的速度是个常数,即光速 c,而电子可以有小于光速的任何速度;在质量方面,电子有静止质量,而光子的静止质量为零。当然,光子和电子之间也有联系,近代实验证明,波长约为千分之一纳米的光子(γ 射线)在强电场中可以转化为电子和正电子对的现象。这就揭示了光子和电子之间的内在联系。

例题

例题 6-1 有一个功率为 1W 的光源,发出波长为 589nm 的单色光。在距离光源 3m 处有一金属板,试求单位时间内打到金属板单位面积上的光子数。

解:单位时间内打到金属板单位面积上的能量为

$$p = \frac{1}{4\pi r^2} = \frac{1}{4\pi \times 3^2} = 8.8 \times 10^{-3} \text{J/(m}^2 \cdot \text{s)} = 5.5 \times 10^{16} \text{eV/(m}^2 \cdot \text{s)}$$

所以,每一光子的能量为

$$E = h\nu = \frac{hc}{\lambda} = \frac{6.63 \times 10^{-34} \times 3 \times 10^8}{5.89 \times 10^{-7}} = 3.4 \times 10^{-19} \text{J} = 2.1 \text{eV}$$

打在板上的光子数为

$$N = \frac{p}{E} = 2.6 \times 10^{16} \text{个 /(m}^2 \cdot \text{s)}$$

例题 6-2 用波长为 λ 的光照射金属表面,当遏止电压取某个数值时,光电流便被截止。当光的波长改变为原波长的 $1/n$ 后,已查明使电流截止的遏止电压必须增大到原来的 η 倍。试计算原入射光的波长。

解:光电效应中遏止电压与频率及阳极逸出功的关系为

$$eV_g = h\nu - W_a$$

其中 W_a 为阳极逸出功。所以,由题意可以得到以下两个方程:

$$eV_g = h\frac{c}{\lambda} - W_a$$

$$e\eta V_g = h\frac{nc}{\lambda} - W_a$$

从而解得

$$\lambda = \frac{hc}{W_a}(\eta - n)/(\eta - 1)$$

例题 6-3 若一个光子的能量等于一个电子的静能量,则该光子的动量和波长是多少?在电子波谱中属于那种射线?

解:一个电子的静能量为 $m_0 c^2$,因此由题意得

$$h\nu = m_0 c^2$$

所以,光子的动量为

$$p = \frac{E}{c} = \frac{m_0 c^2}{c} = m_0 c = 2.73 \times 10^{-22} \text{kg} \cdot \text{m/s}$$

光子的波长为

$$\lambda = \frac{h}{p} = 0.0024 \text{nm}$$

因此,属于 γ 射线。

例题 6-4 波长为 2.0 的 X 射线射到碳块上,由于康普顿散射,频率改变 0.04％。求:(1)该光子的散射角;(2)反冲电子的动能。

解:(1)因为 $\lambda = \dfrac{c}{\nu}$,所以有 $\Delta\lambda = -\dfrac{c}{\nu^2}\Delta\nu$,因此可得散射波长差为

$$\lambda' - \lambda = -\frac{c}{\nu^2}(\nu' - \nu) = \frac{c}{\nu} \cdot \frac{\nu - \nu'}{\nu} = 0.04\%\lambda$$

所以,再由式(6-25)得

$$\lambda_c(1 - \cos\varphi) = 0.04\%\lambda$$

可以求得

$$\cos\varphi = 0.967, \quad \varphi = 14.75°$$

(2)根据能量守恒:$E_k = mc^2 - m_0c^2$,所以

$$E_k = h\nu - h\nu' = h\left(\frac{c}{\lambda} - \frac{c}{\lambda'}\right) = hc\frac{\lambda' - \lambda}{\lambda\lambda'} = hc\frac{0.04\%\lambda}{\lambda^2(1 + 0.04\%)} = 2.49\text{eV}$$

习题

6-1 波长 $\lambda = 320\text{nm}$ 的紫外光入射在逸出功为 2.2eV 的金属表面上,求光电子从金属表面发射出来时的最大速度。若入射光的波长为原来的一半,出射光电子的最大动能是否变为两倍?

6-2 导出以 eV 为单位的光子能量,求相应的以 Å 为单位的光子波长的公式。此结果对电子等其他微观粒子也成立吗?

6-3 当一频率为 ν、光强为 I 的单色平面波以入射角 i 射向真空中一平面时,试给出它施加于该表面的辐射压强表示式。分别讨论下列情况:(1)表面是绝对黑体(完全吸收);(2)表面具有反射率 R。

6-4 利用电子束衍射实验可以测量金属晶体的晶格常数。若从电子枪出射的平行电子束垂直入射到镍晶体表面上,已知电子的能量为 54eV,反射电子束在与晶面法线成 50°方向呈现出第一级衍射极大。试求镍晶体的晶格常数。

6-5 在光谱学中已知一个实验事实:氢光谱的拉曼线系的第一条谱线与巴尔末线系的第一条谱线的频率之和等于拉曼线系的第二条谱线的频率。试解释这个实验事实,并指出其他类似的组合。

6-6 试确定氢光谱中位于可见光谱区的那些谱线的波长(可见光谱区波长从 3800～7700Å)。

6-7 试导出氦离子(He^+)光谱的频率公式,求出氦离子的里德堡常数。指出氦离子光谱与氢原子光谱有何异同,并找出与氢光谱中波长相同的 He^+ 光谱线,计算该谱线的波长。

6-8 已知当氢原子跃迁到激发能 10.19eV 的能级上时,发射出一个波长为 489nm 的

光子。(1)求原子的初始能量；(2)所发出的该跃迁谱线属于氢原子的哪一条谱线？

6-9 求出热平衡辐射情况下，原子体系受激发射与自发发射光功率之比。当温度 $T=$ 1500K 时，分别计算 $\lambda=1\text{m}$，1mm，504nm 时的比值并讨论所得到的结果。

6-10 试分别计算波长为 1Å、5000Å、$10\mu\text{m}$ 的光子的能量、动量和质量。从中可以得出什么结论？

6-11 利用维恩公式，求：辐射的最概然频率 ν_m，最概然波长 λ_m，辐射的最大光谱密度 $(\varepsilon_\lambda)_\text{m}$，辐射出射度 $M_0(T)$ 与温度 T 的关系。

6-12 太阳光谱非常接近于 $\lambda_\text{m}=480\text{nm}$ 的绝对黑体的光谱。试求在 1s 内太阳由于辐射而损失的能量，并估计太阳的质量减少 1% 所经历的时间。已知太阳的质量为 $2.0\times10^{30}\text{kg}$，半径为 $7.0\times10^8\text{m}$。

6-13 地球表面每平方厘米每分钟由于辐射而损失的能量平均值为 0.546J，如果有一黑体，它在辐射相同的能量时，温度应为多少？

6-14 若有一黑体的辐出度等于 5.70W/cm^2，试求与该辐射最大光谱强度相对应的波长。

6-15 一白炽电灯钨丝的平均温度为 2300K，其最高温度和最低温度之差约为 80K。问热辐射总功率的最大值和最小值之比是多少？

6-16 恒星的表面可以看作是黑体辐射，可以用测量 λ_max 的办法来估计恒星表面的温度。现测得太阳的 λ_max 为 510nm，北极星的 λ_max 为 350nm，求它们的表面温度。

6-17 已知从铯表面发射出的光电子的动能为 2eV，铯的脱出功为 1.8eV，求入射光的波长。

6-18 波长为 3800Å 的紫外光射到一金属表面，产生的光电子的速度为 $6.2\times10^5\text{m/s}$。求：(1)光电子的动能；(2)该金属的逸出功。

6-19 电子由电位差 V 加速打在金属靶上产生光子。假定一个电子的动能全部转换为一个光子的能量，求使光子的波长分别为 5000Å、1Å(X 射线)和 0.001Å(γ 射线)所需的电位差。

6-20 波长为 4000Å 的光照射到截止波长为 6000Å 的金属表面上，问从该金属表面所发射出的电子的最大动能为多少？

6-21 分子的平均动能 $E_\text{k}=\frac{3}{2}kT$，试计算与室温 $T=300\text{K}$ 下的分子平均动能相当的光子的波长是多少。(其中 k 为玻耳兹曼常数。)

6-22 求辐射通量为 $3\times10^{-5}\text{W/cm}^2$ 的一束单色平行光每立方厘米中的光子数目。光波波长分别取 0.20Å 及 5000Å。

6-23 波长为 0.1nm 的 X 射线被碳块散射，在散射角为 90°的方向上进行观察。试求：(1)康普顿位移；(2)反冲电子的动能。

6-24 一直入射光子的波长为 0.003nm，反冲电子的速度为光速的 0.6 倍。试确定康普顿位移。

6-25　利用德布罗意关系求下列各粒子的德布罗意波长：(1)能量为 100eV 的自由电子；(2)能量为 0.1eV 的自由中子；(3)速度为 550m/s,质量为 5g 的子弹；(4)温度 $T=1K$ 时,平均动能 $E_k=\dfrac{3}{2}kT$ 的氦原子。

6-26　设中子的质量为 1.67×10^{-27} kg,试求为使动能为 20keV 的中子通过圆孔衍射后其中心最大与第一极小的夹角为 2°时,圆孔直径的尺寸应为多大。

6-27　岩盐晶体的晶格常数 $d=2.8$Å,问垂直入射的中子的速度为多大时,才能在与法线成 20°的方向上出现衍射第一级极大？

第7章

现代光学基础

1960 年 5 月,美国休斯公司的梅曼成功地做出了第一台红宝石激光器,至此人们真正地找到了一个相干光源。"激光"是光受激辐射放大的简称,它具有单色性佳、亮度高、相干性强、方向性好的特点。目前,在激光理论、激光技术、激光应用等各个方面都取得了巨大进展,而且带动了全息光学、非线性光学、傅里叶光学、激光光谱学、光化学、光通信、光存储、光信息处理等新兴学科的发展。

我国的激光器于 1961 年 9 月问世。由长春光学精密机械研究所王之江领导设计,并和邓锡铭、汤显里、杜继禄等共同实验研制成功。1964 年 12 月,钱学森建议将光受激辐射放大命名为"激光",并在第三届光受激辐射放大学术会议上通过。

本章主要讲述激光的原理、傅里叶光学等现代光学的知识及其应用。

7.1 原子发光原理

7.1.1 玻尔氢原子模型

按照玻尔理论,氢和类氢原子是由质量为 m、带有负电荷 $-e$ 的单个电子和质量为 m_0、带有电荷 $+Ze$ 的原子核组成。如图 7-1 所示,电子围绕原子核作圆周运动。氢的原子数为 $Z=1$。

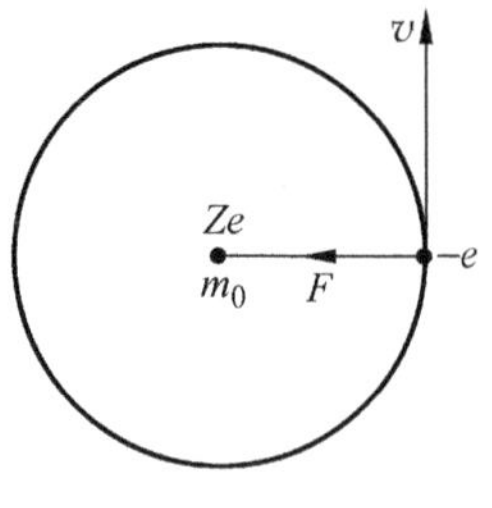

电子与原子核之间的向心力为

$$m\frac{v^2}{r} = k\frac{Ze^2}{r^2} = \frac{Ze^2}{4\pi\varepsilon_0 r^2} \qquad (7-1)$$

式中,r 为原子半径;v 为电子的转动速度;$k = \dfrac{1}{4\pi\varepsilon_0}$。玻尔引用量子论,提出一个假设:电子的角动量 mvr,只能等于 $\hbar = \dfrac{h}{2\pi}$ 的整数

图 7-1 氢原子模型

倍，其中 h 为普朗克常数。即有

$$mvr = n\hbar, \quad n(\text{主量子数}) = 1, 2, \cdots \tag{7-2}$$

由式(7-1)和式(7-2)得

$$r = n^2 \frac{\hbar^2}{me^2 Zk} \tag{7-3}$$

$$v = \frac{e^2 Zk}{n\hbar} \tag{7-4}$$

7.1.2　能级图

氢原子的能量是电子势能和动能的总和。电子势能为

$$E_p = -k \frac{Ze^2}{r}$$

电子动能为

$$E_k = \frac{1}{2} mv^2 = k \frac{Ze^2}{2r}$$

因此，总能量为

$$E_n = E_k + E_p = \frac{1}{2} mv^2 + \left(-k \frac{Ze^2}{r}\right)$$

$$= -2\pi^2 \frac{me^4 Z^2 k^2}{n^2 h^2} = -\frac{1}{n^2} \cdot \frac{me^4 Z^2}{8\varepsilon_0^2 h^2} \tag{7-5}$$

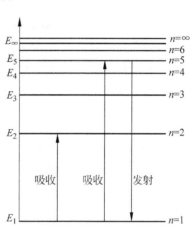

图 7-2　氢原子的能级图

氢原子的总能量总是负值，将电子从原子中移出必须对电子做功。只要知道电子所处的轨道数 n，就可以由式(7-5)求出它的总能量。n 越大，能量就越大。氢原子的能级图如图 7-2 所示。

7.1.3　原子发光机理

根据玻尔假设，原子在某一固定轨道上运动时不发射光子。当电子从一个能量较大的状态跃迁到一个能量较小的状态时，电子向外辐射能量，发射光子；反之，从一个能量较小的状态跃迁到一个能量较大的状态时就吸收光子。

如图 7-2 所示，E_1、E_2、E_3、E_4、E_5 分别对应 $n = 1, 2, 3, 4, 5$ 等轨道的能量。当电子从 E_1 跃迁到 E_2 时能量增加，因此吸收能量。如果该能量由光子提供，则该光子的能量为 $h\nu_{21} = E_2 - E_1$。当电子从 E_5 跃迁到 E_1 时能量减少，它辐射的光子能量为 $h\nu_{51} = E_5 - E_1$。

根据量子力学的观点，一个原子、分子或者离子可能具有多个状态，并且每一个状态都具有能量。能量最低的状态称为基态，其他的状态称为激发态。在图 7-2 中，E_1 为基态，其他状态为激发态。

7.2 光与原子相互作用

人们对于光的种种性质的了解,都是通过观察光与物质相互作用而获得的。光与物质的相互作用,可以归结为光与原子的相互作用。这种相互作用,有三种主要过程:吸收、自发辐射和受激辐射。

7.2.1 吸收

如果有一个原子,开始时处于基态 E_1,若没有外来光子接近它,则它将保持不变。如果有一个能量为 $h\nu_{21}$ 的光子接近这个原子,则它就有可能吸收这个光子,从而提高其能量状态,如图 7-3(a)所示。在吸收过程中,不是任何能量的光子都能被一个原子吸收,只有当光子的能量正好等于原子的能级间隔 $E_2 - E_1$ 时,这样的光子才能被吸收。光子的能量为

$$h\nu_{21} = E_2 - E_1 \tag{7-6}$$

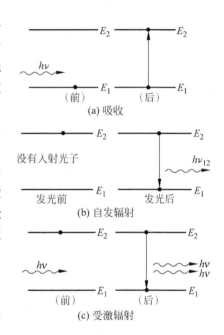

(a) 吸收

没有入射光子

发光前 　　　发光后

(b) 自发辐射

(c) 受激辐射

图 7-3　光的吸收和辐射

设处于基态 E_1 的原子密度为 n_1,光的辐射能量密度为 $u(\nu)$,则单位体积单位时间内吸收光子而跃迁到激发态 E_2 去的原子数 n_{12} 应该与 n_1 和 $u(\nu)$ 成正比,即

$$n_{12} \propto n_1 u(\nu)$$

写成等式的形式为

$$n_{12} = B_{12} n_1 u(\nu) \tag{7-7}$$

其中,B_{12} 称为受激吸收爱因斯坦系数。令 $w_{12} = B_{12} u(\nu)$,则

$$n_{12} = n_1 w_{12} \tag{7-8}$$

w_{12} 称为吸收速率。

7.2.2 自发辐射

从经典力学的观点来讲,一个物体如果势能很高,它将是不稳定的。与此相类似,处于激发态的原子也是不稳定的,它们在激发态停留的时间一般都非常短,大约为 10^{-8} s 的量级,所以我们常常说激发态的寿命约为 10^{-8} s。在不受外界的影响时,它们会自发地返回到基态去,从而放出光子。这种自发地从激发态返回较低能态而放出光子的过程,叫做自发辐射过程,如图 7-3(b)所示。

处于激发态 E_2 的原子密度为 n_2,则自发辐射光子数为

$$n_{21} = n_2 A_{21} \tag{7-9}$$

其中 A_{21} 为自发辐射爱因斯坦系数。

各个原子的辐射都是自发地、独立地进行,因而各个原子发出来的光子在发射方向和初相位上都是不相同的,普通光源的发光都属于自发辐射。普通光源发出来的光,其频率成分极为复杂,发射方向分散在 4π 立体角内,初位相也各不相同,因而不是相干光。

7.2.3　受激辐射

1917 年,爱因斯坦从纯粹的热力学出发,用具有分立能级的原子模型来推导普朗克辐射公式。在这一工作中,爱因斯坦预言了受激辐射的存在。40 年以后,第一台激光器开始运转,爱因斯坦的这一预言得到了证实。

处于激发态的原子,如果在外来光子的影响下,引起从高能态向低能态的跃迁,并把两个状态之间的能量差以辐射光子的形式发射出去,这种过程叫做受激发射,如图 7-3(c)所示。受激辐射的原子数为

$$n'_{21} = B_{21} n_2 u(\nu) \tag{7-10}$$

其中,B_{21} 称为受激辐射爱因斯坦系数；$B_{21} u(\nu)$ 称为受激辐射速率,用 w_{21} 表示,则有

$$n'_{21} = n_2 w_{21} \tag{7-11}$$

只有当外来光子的能量 $h\nu_{21}=E_2-E_1$ 时,才能引起受激辐射。而且受激辐射发出来的光子与外来光子具有相同的频率、相同的辐射方向、相同的偏振态和相同的相位。

7.2.4　吸收、自发辐射和受激辐射三系数之间的关系

当光子和原子相互作用时,同时存在着吸收、自发辐射和受激辐射三种过程。当它们达到平衡时,单位体积单位时间内跃迁到激发态去的原子数,等于从激发态通过自发辐射和受激辐射跃迁回基态的原子数,在平衡条件下有

$$n_{12} = n_{21} + n'_{21}$$
$$n_1 B_{12} u(\nu) = n_2 A_{21} + n_2 B_{21} u(\nu)$$
$$u(\nu) = \frac{A_{21}}{\dfrac{n_1}{n_2} B_{12} - B_{21}} \tag{7-12}$$

在热平衡状态下,粒子数密度按能量的分布遵从玻耳兹曼定律,即

$$\frac{n_2}{n_1} = \exp\left[-\frac{E_2 - E_1}{kT}\right] = \exp\left[-\frac{h\nu}{kT}\right] \tag{7-13}$$

因 $E_2>E_1$,所以 $\dfrac{n_2}{n_1}<1$。例如,氖原子的某一激发态和基态能级的能量差为 $\Delta E=16.9\text{eV}$,则

$$\frac{n_2}{n_1} = \mathrm{e}^{-653} = \frac{1}{\mathrm{e}^{653}} \approx 0$$

所以由式(7-12)和式(7-13)得

$$u(\nu) = \frac{A_{21}}{B_{12}\,\mathrm{e}^{h\nu/kT} - B_{21}} \tag{7-14}$$

对于黑体辐射来说,在热平衡状态时,腔内的辐射场应是不随时间变化的稳定分布。有关系

$$u(\nu) = \frac{4}{c}\varepsilon_{\nu,T} = \frac{8\pi h\nu^3}{c^3} \cdot \frac{1}{\mathrm{e}^{h\nu/kT} - 1} = \frac{A_{21}}{B_{12}\,\mathrm{e}^{h\nu/kT} - B_{21}} = \frac{A_{21}/B_{21}}{\dfrac{B_{12}}{B_{21}}\mathrm{e}^{h\nu/kT} - 1} \tag{7-15}$$

则

$$B_{12} = B_{21} = B \tag{7-16}$$

$$\frac{A_{21}}{B_{21}} = \frac{8\pi h\nu^3}{c^3} \tag{7-17}$$

7.3 粒子数反转

7.3.1 受激辐射与吸收

激光就是通过辐射的受激发射来实现光放大的。一个能量为 $h\nu$ 的光子射入一个原子体系以后,在离开该原子体系时,成了两个或更多个光子,而且这些光子的特征是完全相同的,这就实现了光放大。但是光与原子相互作用时,总是同时存在着吸收、自发辐射和受激辐射三种过程。问题在于什么条件下受激辐射占主导地位。

单位时间、单位体积内原子体系吸收的光能量为 $n_1 u(\nu)Bh\nu$,受激辐射产生的光能量为 $n_2 u(\nu)Bh\nu$,所以单位时间单位体积产生的净光能量为 $(n_2 - n_1)u(\nu)Bh\nu$。设此原子体系的体积元为 $\mathrm{d}v$,截面积为 s,t 为辐射作用时间,$\mathrm{d}E$ 表示光能量的变化,则沿子方向单位体积单位时间产生的净光能量可表示为

$$\frac{\mathrm{d}E}{t\,\mathrm{d}v} = \frac{\mathrm{d}E}{ts\,\mathrm{d}z} = (n_2 - n_1)u(\nu)Bh\nu$$

光强为

$$I(\nu) = \frac{E}{st} = cu(\nu)$$

由以上两式可得

$$\frac{\mathrm{d}I}{\mathrm{d}z} = (n_2 - n_1)\frac{I(\nu)}{c}Bh\nu$$

$$\frac{\mathrm{d}I(\nu)}{\mathrm{d}z} = (n_2 - n_1)I(\nu)\frac{c^2 A_{21}}{8\pi\nu^2}$$

令

$$\alpha(r) = (n_2 - n_1)\frac{c^2 A_{21}}{8\pi\nu^2}$$

则上式可以写为

$$\frac{\mathrm{d}I(r)}{\mathrm{d}z} = \alpha(r)I(\nu)$$

积分可得

$$I(\nu,z) = I_0(\nu)\mathrm{e}^{\alpha(\nu)z} \tag{7-18}$$

显然，当 $\alpha(\nu)>0$ 时，光强呈指数规律增强；当 $\alpha(\nu)<0$ 时，光强呈指数规律衰减。当 $n_2>n_1$ 时，$\alpha(\nu)>0$；当 $n_2<n_1$ 时，$\alpha(\nu)<0$。在平衡状态下，$n_2<n_1$，$\alpha(\nu)<0$。

如果我们通过某种方法破坏粒子数的热平衡分布，使得 $n_2>n_1$，那么 $\alpha(\nu)>0$，受激辐射能量将大于吸收能量。这时的粒子数分布已经不是平衡态分布了，我们把这种分布叫做粒子数反转。

7.3.2　能实现粒子数反转的物质

并非各种物质都能实现粒子数反转，在能实现粒子数反转的物质中，也不是在物质的任意两个能级间都能实现粒子数反转。粒子数反转必须具备一定的条件：①要有合适的能级结构；②要具备必要的能量输入系统。这一能量供应过程叫做"激励"、"激发"、"抽运"或者"泵浦"。

1．二能级系统

如果某种物质只具有两个能级，用有效的抽运手段不断地向这个二能级体系提供能量，使得处于 E_1 的原子尽可能得多，尽可能地激发到激发态 E_2 上去，如图 7-4 所示。根据式(7-16)有

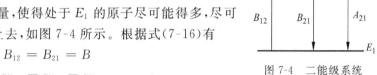

图 7-4　二能级系统

$$B_{12} = B_{21} = B$$
$$w_{12} = w_{21} = w$$

令 E_1 和 E_2 能级上单位体积内的原子数分别为 n_1 和 n_2，则 n_2 的变化率为

$$\frac{\mathrm{d}n_2}{\mathrm{d}t} = w(n_1 - n_2) - n_2 A_{21}$$

在达到稳定时，$\frac{\mathrm{d}n_2}{\mathrm{d}t}=0$，所以可得

$$\frac{n_2}{n_1} = \frac{w}{A_{21}+w} \tag{7-19}$$

从上式可以看出，无论使用的激励手段多么好，$A_{21}+w$ 总是大于 w 的，就是说，n_2 总是小于 n_1，只有当 w 充分大时，$\frac{n_2}{n_1}$ 才接近于 1，从数学上来看

$$\lim_{w\to\infty}\frac{w}{A_{21}+w} = 1$$

所以，对二能级物质来讲，不能实现粒子数反转，不可能形成 $n_2>n_1$。

2．三能级系统

理论推导和实验结果都表明：三能级系统是有可能实现粒子数反转的，红宝石激光器

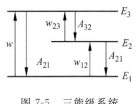

图 7-5　三能级系统

就是一个三能级系统的激光器。

如图 7-5 所示,如果抽运过程使三能级系统的原子从基态 E_1 迅速地以很大的速率 w 抽运到 E_3,处于 E_3 的原子可以通过自发辐射回到 E_2 或 E_1。假定 A_{32} 很大,满足 $A_{32} \gg A_{31}, A_{21}$,当 $w \gg w_{23}, w_{12}$ 时,E_2 和 E_1 之间就有可能形成粒子数反转。

能级 E_2 和 E_3 上的粒子数变化率方程为

$$\frac{\mathrm{d}n_3}{\mathrm{d}t} = wn_1 - A_{31}n_3 + w_{23}n_2 - A_{32}n_3$$

$$\frac{\mathrm{d}n_2}{\mathrm{d}t} = w_{12}n_1 - A_{21}n_2 - w_{23}n_2 + A_{32}n_3$$

在达到稳定时,有

$$\frac{\mathrm{d}n_3}{\mathrm{d}t} = \frac{\mathrm{d}n_2}{\mathrm{d}t} = 0$$

$$n_3 = \frac{wn_2 + w_{23}n_2}{A_{31} + A_{32}}$$

$$\frac{n_2}{n_1} = \frac{w_{12} + \dfrac{wA_{32}}{A_{31} + A_{32}}}{-\dfrac{w_{23}A_{32}}{A_{31} + A_{32}} + A_{21} + w_{23}}$$

由于 $A_{32} \gg A_{31}, w \gg w_{12}$,由上式可以近似得到

$$\frac{n_2}{n_1} = \frac{w}{A_{21}} \tag{7-20}$$

可见,使外界抽运速率足够大时,就有可能使 $w > A_{21}$,从而使 $n_2 > n_1$,这样就有可能使 E_2 和 E_1 两能级间的粒子数反转。红宝石激光器 E_3 能级寿命很短,约为 $5 \times 10^{-8}\,\mathrm{s}$;而 E_2 能级寿命较长,约为 3ms,称为亚稳态。

由于基态能级上总是集聚着大量的粒子,因此要实现 $n_2 > n_1$,外界抽运就需要相当强,这是三能级系统的一个显著缺点。

3. 四能级系统

为了克服三能级系统的缺点,人们找到了四能级系统的工作物质。常用的 YAG 激光器(含钕的钇铝石榴石激光器)、氦-氖激光器和二氧化碳激光器都是四能级系统激光器。四能级系统如图 7-6 所示,在外界的激励下,基态 E_1 的粒子数大量地跃迁到 E_4,又迅速地转移到 E_3。E_3 为亚稳态,寿命较长。而 E_2 能级的寿命很短,E_2 能级上的粒子很快又回到基态。所以在四能级系统中,粒子数反转是在 E_3 和 E_2 间实现的。可见,粒子数反转的下能级是 E_2,而不是三能级系统中的 E_1。由于 E_2 不是基态,在室温下,E_2 能级上的粒子数非常少,因而粒子数反转在四能级系统

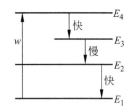

图 7-6　四能级系统

比三能级系统容易实现。

以上讨论的二能级系统、三能级系统和四能级系统都是针对激光器运转过程中直接有关的能级而言,不是说某种物质只具有两个能级、三个能级或四个能级。

7.4　光振荡

7.4.1　受激辐射与自发辐射

受激辐射除了与吸收过程相矛盾外,还与自发辐射相矛盾,处于激发态能级的原子,可以通过自发辐射回到基态,在这两种过程中,自发辐射往往是主要的。受激辐射和自发辐射的光子数之比为

$$R = \frac{u(\nu)B}{A_{21}} \tag{7-21}$$

要使 $R \gg 1$,则能量密度 $u(\nu)$ 必须很大,而在普通光源中, $u(\nu)$ 通常是很小的。例如在热平衡条件下,对于发射 $\lambda = 1\mu m$ 的热光源来说,当 $T = 300\mathrm{K}$ 时, $R = 10^{-12}$,要使 $R = 1$,须使 $T = 5000\mathrm{K}$。

但是我们可以设计一种装置,使在某一方向上的受激辐射,不断得到放大和加强。就是说,使受激辐射在某一方向上产生振荡,而其他方向传播的光很容易逸出腔外,以致在这一特定方向上超过自发辐射,这样,我们就能在这一方向上实现受激辐射占主导地位的情况,这种装置叫做光学谐振腔。

7.4.2　光学谐振腔

光学谐振腔可以实现光振荡,从而产生激光,如图 7-7 所示。它由两个反射镜和放大元件组成,反射镜互相平行。放大元件就是工作物质,可以实现粒子数的反转。光学谐振腔起到正反馈、谐振和输出的作用。

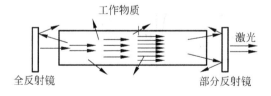

图 7-7　光学谐振腔

工作物质在受到外界刺激后,许多粒子跃迁到激发态上。由于激发态的粒子处于不稳定状态,它们纷纷跳回基态,并自发辐射光子。发射的光子射向四面八方,只有沿着轴向的光子,在谐振腔内受到两端两块反射镜的反射而不至于逸出腔外。这些光子就成为引起受激辐射的外界感应因素,以致产生了轴向的受激辐射。受激辐射发射出来的光子和引起受

激辐射的光子有相同的频率、发射方向、偏振状态和相位,它们沿轴线方向不断地往返通过已实现了粒子数反转的工作物质,因而不断地引起受激辐射,使轴向行进的光子数不断得到放大和振荡。这一种雪崩式的放大过程,使谐振腔内沿轴向的光骤然增加,而在部分反射镜中输出,这便是激光。

7.4.3　稳定谐振腔结构

组成光学谐振腔的反射镜必须满足一定的要求和限制才能构成稳定的谐振腔。常用的稳定腔有以下四种形式。

1. 法布里-珀罗谐振腔

法布里-珀罗谐振腔由两个平行的平面镜 M 和 M' 组成,如图 7-8(a)所示。当平行于轴线的光线在平面镜之间来回反射后,它的传播方向仍然沿着轴线方向,始终不会逸出腔外。但是这种谐振腔必须保证平面镜的绝对平行放置,对工艺要求很高。

2. 同心谐振腔

同心谐振腔由两个相同的凹球面镜组成,如图 7-8(b)所示。反射镜的曲率中心重合,通过球心的光经过反射后,仍从原路返回,来回反射的光线不会逸出腔外。

3. 共焦谐振腔

共焦谐振腔由两个相同的凹球面镜组成,如图 7-8(c)所示。反射镜的焦点重合。平行于谐振腔轴线的光线沿着 $ABCDA$ 的路线,经过 4 次反射后,仍与原光线重合,来回反射的光线不会逸出腔外。

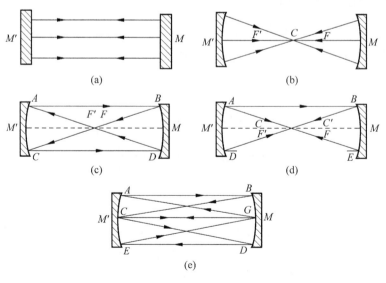

图 7-8　光学谐振腔

4. 广义共焦谐振腔

在谐振腔的两个反射镜中,某一个反射镜与其曲率中心的距离能够包含第二个反射镜的曲率中心或者反射镜本身,如图 7-8(d)、(e)所示。在图 7-8(d)中,一个反射镜的曲率中心与另一个反射镜的焦点重合,平行于轴线的光线沿着 $ABDBAEA$ 的路线循环后,又与原光线方向重合。在图 7-8(e)中,两个球面镜的定点距离正好等于焦距。平行于轴线的光线沿着 $ABCDEGA$ 的路线循环后,又与原光线方向重合,来回反射的光线不会逸出腔外。

由以上分析可知,两个球面反射镜可以构成稳定的谐振腔。进一步的理论分析表明,稳定谐振腔的条件为

$$0 \leqslant \left(1 - \frac{l}{R_1}\right)\left(1 - \frac{l}{R_2}\right) \leqslant 1 \tag{7-22}$$

其中,R_1 和 R_2 分别为两个反射镜的曲率半径,对凹镜取正值,对凸镜取负值;l 为腔长。

7.4.4 光振荡的阈值条件

有了稳定的光学谐振腔,有了能实现粒子数反转的工作物质,还不一定能引起受激辐射的光振荡而产生激光。因为工作物质在光谐振腔内虽然能够引起光放大,但是在光谐振腔内还存在着许多损耗因素(反射镜的吸收、透射和衍射,工作物质不均匀所造成的折射或散射等)。要产生激光振荡,对于光的放大来讲,必须满足一定条件,这个条件叫做阈值条件。

如图 7-9 所示,由 M_1、M_2 两个反射镜组成谐振腔,间距为 l。假定腔内的所有损耗都包含在透射率 T_1、T_2 中,则可以简化对问题的讨论而不会影响问题的实质。由式(7-18),经过反射后,光强的变化为

$$I(\nu, l) = I_0(\nu) e^{\alpha(\nu) l}$$

$$\alpha(\nu) = \frac{1}{l} \ln \frac{I(\nu, l)}{I_0(\nu)}$$

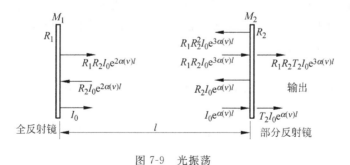

图 7-9 光振荡

其中 $\alpha(\nu)$ 称为工作物质的增益系数。经过两次反射,光强要改变 $R_1 R_2 e^{2\alpha(\nu) l}$ 倍,要实现激光振荡,必要条件为

$$R_1 R_2 e^{2\alpha(\nu) l} \geqslant 1 \tag{7-23}$$

所以,满足激光振荡最起码的条件,即阈值条件为

$$R_1 R_2 e^{2\alpha(\nu)l} = 1 \tag{7-24}$$

或者

$$\begin{cases} \alpha(\nu)l = \ln \dfrac{1}{\sqrt{R_1 R_2}} \\ \alpha(\nu) = (n_2 - n_1) \dfrac{c^2 A_{21}}{8\pi\nu^2} \end{cases} \tag{7-25}$$

由此可见,由于 $\alpha(\nu)$ 与上下能级粒子数之差 $n_2 - n_1$ 成正比,只有当粒子反转数达到一定数值时,光的增益系数才足够大,以致有可能补偿光的损耗,从而使光振荡的产生成为可能。因此,为了实现稳定的激光输出,除了具备能实现粒子数反转的工作物质和稳定的谐振腔外,还必须减小损耗,有一定的增益,使粒子数反转满足激光的阈值条件。

在激光形成阶段满足式(7-23),或者如下条件:

$$\alpha > \frac{1}{l}\ln\frac{1}{\sqrt{R_1 R_2}} = \alpha_m \tag{7-26}$$

(式中,α_m 称为阈值增益,即产生激光的最小增益)实现光放大。在激光稳定阶段,光强增大到一定程度后,为了不使光无限放大下去,满足式(7-24),即 $\alpha = \alpha_m$。这是由于光强增大伴随着粒子数反转程度的减弱(负反馈),导致实际的增益系数 $\alpha(\nu)$ 不是常量,当 I 增大时,$\alpha(\nu)$ 会减小。当光强增大到一定程度,$\alpha(\nu)$ 下降到 α_m 时,增益等于损耗,激光就达到稳定了。通常称 α_m 为阈值条件。

7.5 激光的单色性

在谐振腔的工作物质受激辐射的过程中,能够满足谐振条件式(7-22)、式(7-26)时,都可以使腔内光轴方向的光子不断地放大和振荡。由于光波在腔内多次来回反射,必然会引起干涉,从而使得出射光波中频率数目不是太多,会提高激光的单色性。

7.5.1 谱线宽度

设原子发光时间为 Δt,发光的频率宽度为 $\Delta\nu$,ν_0 为该频率的中心频率。光振动可以写成

$$A(t) = \begin{cases} A_0 e^{2\pi i\nu_0 t} & -\dfrac{\Delta t}{2} < t < \dfrac{\Delta t}{2} \\ 0 & t \text{ 为其他时间} \end{cases} \tag{7-27}$$

$A(t)$ 中所含频率为 ν 的简谐振动的振幅可以根据傅里叶变换算出为

$$A(\nu) = \int_{-\infty}^{+\infty} A(t)e^{-2\pi i\nu t}\,dt = \int_{-\frac{\Delta t}{2}}^{\frac{\Delta t}{2}} A_0 e^{2\pi i\nu_0 t - 2\pi i\nu t}\,dt = A_0\Delta t\frac{\sin\pi[(\nu-\nu_0)\Delta t]}{\pi(\nu-\nu_0)\Delta t} \tag{7-28}$$

由此得到该光振动对应的强度随频率的变化如图 7-10 所示。

可认为频谱限于 $\pi(\nu-\nu_0)\Delta t=\pm\pi$ 内,即

$$\Delta\nu = \frac{1}{\Delta t} \tag{7-29}$$

只有发光时间 $\Delta t \to \infty$ 的光波,其 $\Delta\nu \to 0$ 才是真正单色而无频宽的光,这是不存在的。由于 Δt 不为无穷大而形成的谱线频率宽度叫自然线宽。

设光源以速度 u 接近光接收器运动,会引起多普勒频移。此时,光接收器接收到的波长为

$$\lambda = \lambda_0 - uT_0 = cT_0 - uT_0 = (c-u)T_0$$

光的频率为

$$\nu = \frac{c}{\lambda} = \frac{c}{(c-u)T_0} = \frac{c}{c-u}\nu_0 = \nu_0\frac{1}{1-\dfrac{u}{c}}$$

根据级数展开近似为

$$\nu \approx \nu_0\left(1+\frac{u}{c}\right)$$

可见,当光源接近光接收器运动时 $u>0, \nu>\nu_0$;光源离开光接收器运动时 $u<0, \nu<\nu_0$。

谱线宽度 $\Delta\nu$ 定义为光谱线最大强度的一半所对应的两个频率之差 $\nu_2-\nu_1$,ν_{21} 为中心频率,如图 7-11 所示。例如,对于氖的波长为 632.8nm 的红光,实际的中心频率为 $4.7\times10^{14}\,\mathrm{Hz}$,其频率宽度 $\Delta\nu$ 为 $1.5\times10^9\,\mathrm{Hz}$。

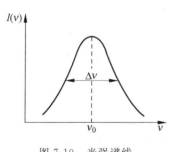

图 7-10　光强谱线

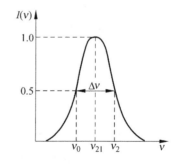

图 7-11　激光的谱线宽度

7.5.2　谐振腔的共振频率

设谐振腔长度为 d,多光束干涉加强的条件为

$$2d = j\lambda, \quad j=0,1,2,\cdots \tag{7-30}$$

或

$$\nu = j\cdot\frac{c}{2d} \tag{7-31}$$

当频率满足上述情况时称为共振,符合共振条件的光波频率称为共振频率。在谐振腔

内,只有符合共振条件的那些光波才能存在,其他光波干涉相消。共振频率不止一个,可以很多。图 7-12 表示出两种频率的光产生共振的情况。一般来说,谐振腔的长度要比光波大许多倍。图 7-12 中,一种波长较长,它的半波长的 4 倍等于腔长;另一种波长较短,其半波长的 8 倍等于腔长。

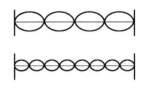

图 7-12   谐振腔的共振模式

相邻两个共振频率为

$$\nu_1 = j\,\frac{c}{2d}, \quad \nu_2 = (j+1)\,\frac{c}{2d}$$

所以,相邻两个共振频率的差值为

$$\Delta\nu' = \frac{c}{2d} \tag{7-32}$$

则波长差值为

$$\Delta\lambda' = \frac{\Delta\nu'}{\nu}\lambda = \frac{\lambda^2}{2d} \tag{7-33}$$

7.5.3   激光的选模与单色性

根据前面的分析,光波会存在一个谱线宽度,就是说光波不是单色的,而是有一定的频率范围。在光学谐振腔内,由于干涉的作用,只有满足共振条件,而又落在谱线宽度内的频率才能形成激光输出。光波在腔内多次来回反射,所形成的各级反射波必然会产生干涉,而干涉的结果会提高发射激光的单色性。因此,激光输出的频率数目不是太多。例如,氖放电管发出的光波中心频率为 4.7×10^{14} Hz,其谱线宽度 $\Delta\nu$ 为 1.5×10^9 Hz,而谐振腔两个相邻共振频率之差为 $\Delta\nu' = 1.5 \times 10^8$ Hz,从谐振腔发射出来的光波频率数目可以由下式计算:

$$\frac{\Delta\nu}{\Delta\nu'} = 10$$

可见,从谐振腔出射的光波只存在 10 个频率。

激光单色性的定义为频率宽度与中心频率的比值 $\dfrac{\Delta\nu}{\nu_0}$,或者谱线宽度与中心波长的比值 $\dfrac{\Delta\lambda}{\lambda_0}$。

激光的选模特性如图 7-13 所示,曲线①表示放电管所发光波的频率轮廓;直线②的横坐标表示谐振腔的共振频率;曲线③表示共振轮廓,即共振频率在干涉的作用下光强逐渐变化而形成的轮廓。可见,一般气体放电管发出来的光波的频率宽度比较大,经过谐振腔的共振选择后,出射光波的频率宽度就较窄了,因此激光的单色性比较好。

在激光器输出的光束中,如果只存在一个共振频率,就称为一个纵向模式(或称为纵向单模);如果存在多个共振频率,就称为纵向多模。

例如,在氦-氖激光器中,腔长为 10cm 时,共振频率间隔为

$$\Delta\nu' = \frac{c}{2L} = \frac{3 \times 10^8}{20.1} = 1.5 \times 10^9 \, \text{Hz}$$

而谱线频率宽度为 $1.5 \times 10^9 \, \text{Hz}$，此时满足共振条件的频率数目只有一个，因此输出为纵向单模。当然，谱线的频率分布仍然具有一条十分狭窄的频率宽度。

缩短腔长，虽然可以得到单模输出，但是会降低激光的输出功率，并且影响输出频率的稳定性。因此，通常采用其他方法，例如用法布里-珀罗标准具选频的方法可获得稳定的单模激光输出。

如图 7-14 所示，在激光器的谐振腔内插入一块 F-P 标准具，由于多光束干涉，对满足下列选频条件的光具有极高的透射率：

$$\nu_k = k \cdot \frac{c}{2nh\cos\theta_2} \tag{7-34}$$

其中，c 是光速；n 是标准具的折射率；h 为标准具厚度；θ_2 为平板中的折射角；k 是正整数。激光的透射率 T 与反射率 R 及 h、n、θ_2 等有关。适当地选择参量，可以使 F-P 标准具对某种纵模频率的光透射率特别高，而形成激光振荡；其他的纵模都因为对 F-P 标准具的透射率很低（相当于损耗很大）而不能形成激光振荡，这就达到了选频目的。

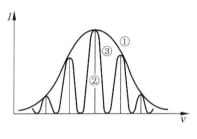

图 7-13　激光的共振选择

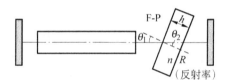

图 7-14　F-P 标准具用于激光器

7.6　激光的相干性

7.6.1　谐振腔光波衍射的影响

谐振腔两端的两个反射镜面，除了反射光波外，镜面的边缘还会起到光阑的作用，并由此引起衍射效应。每反射一次，就要产生一次圆孔衍射。这样会导致激光束在横截面上呈现各种不同光强图样的稳定分布。这种激光在谐振腔内的振荡过程中，在光束横截面上形成的不均匀光强的稳定分布，称为激光束的横向模式，简称横模。

假设有一个平面波在腔内沿光轴方向传播，在达到第一个光阑时，光强分布为长方形。通过第一个光阑衍射后，光强分布形状改变，边缘部分的光强减弱了。这样由于光波的反射不断经过光阑，由此产生的衍射效应的影响使得光强分布不断改变。光波的振幅和相位也逐次发生改变,在最后趋于一定的稳定分布状态,输出激光。图 7-15 所示为激光的光斑图。其中在基模中光强不为零的光斑,称为 TEM_{00} 模;在高阶横模的分布中存在光强为零的光斑,例如 TEM_{10} 模(在 x 方向有一个光强为零的光斑)和 TEM_{01} 模(在 y 方向有一个光强为零的光斑)。

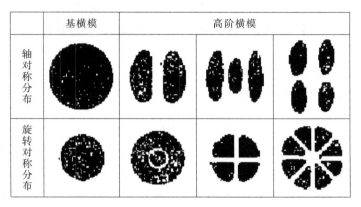

图 7-15   激光横模光斑图

7.6.2   激光的特点

与普通光源相比,激光的频率宽度很小,因此,相干时间很长,时间相干性好。

如图 7-16 所示,激光从直径为 $2a$ 的小孔 AB 入射,如果没有衍射,则能量集中在面积为 πa^2 的小孔中。但是在有衍射的情况下,能量会向外扩散。根据小孔衍射理论,第一极小值在 $\theta = 0.61a/\lambda$ 处。因此,能量分布的面积为 $2\pi a\theta l$,衍射能量损耗比为

$$\frac{2\pi a\theta l}{\pi a^2} = \frac{2\theta l}{a} = 1.22\frac{1}{N} \qquad (7\text{-}35)$$

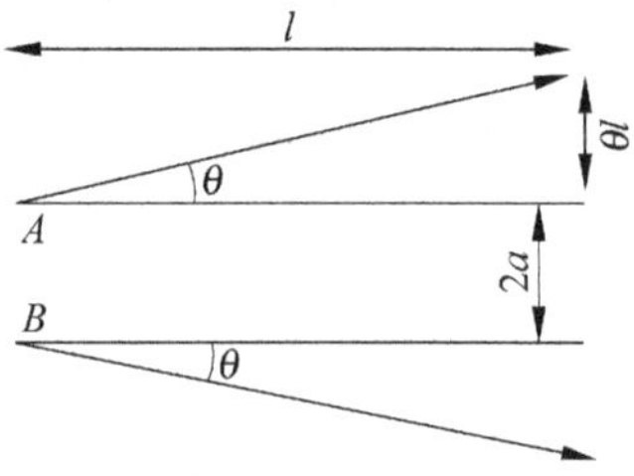

式中,l 为腔长;N 为菲涅耳数。N 越大,则衍射损耗越小。

图 7-16   激光中的衍射效应

衍射使光的能量受到损失,但却为激光的空间相干性创造了条件。如果开始时光波是空间不相干的,那么由于衍射的作用,不仅向外而且也向内发射光束,结果是衍射孔使得光束截面上的各点散射出的光线相互混合。这样,在多次衍射后,光束截面上一点的光,不仅与原光束的一个点相联系,而是和整个截面有联系,因此截面上各点是相关联的,建立了光束的空间相干性,光波就成为空间相干的了。

衍射损耗除了与菲涅耳数有关外,还与谐振腔的振荡模式有关,不同的振荡模式衍射损耗不同。理论分析表明,高次模的衍射损耗比低次模大。由于损耗的缘故,在谐振腔中,当某些模式还没有达到阈值条件时,一些模式已经达到了阈值条件,并稳定下来作为输出激光的模式。因此,当激光以一定的模式输出时,已经形成了稳定的模式,具有很好的空间相干

性；反之，如果没有衍射的作用，许多模式可能同时达到阈值条件，会影响光波的振幅和相位的稳定性，输出的激光就不具备很好的空间相干性。

通过前面几节的讨论，可以总结出激光具有以下特点。

(1) 单色性：例如，氦-氖激光器发射出频率为 4.74×10^{14} Hz 的红色激光，它的频带宽度就是 1.5×10^9 Hz，$\frac{\Delta \nu}{\nu_0} = 3.16 \times 10^{-6}$。

(2) 方向性：激光光源的光束延伸几公里后扩展范围的线度不到几厘米，而探照灯延伸几公里后的扩展范围的线度有几十米。

(3) 相干性：受激辐射满足干涉条件，因而激光具有很好的相干性。

(4) 高亮度：激光能把巨大的能量高度集中地辐射出来，照射到物体上，可使被照部分在不到千分之一秒时间内产生几千万度的高温。

自从激光问世以来，促使许多科学技术领域发生了变化，诸如激光手术刀、激光切割，甚至激光武器等。

激光雷达就是利用向被测目标发射一束激光，然后测量反射或散射信号的到达时间、强弱程度和频率变化等参数，以确定目标的距离、方位和运动速度，还能探测出肉眼看不见的大气中悬浮微粒群的动态以及大气的密度不均匀性等。激光雷达与无线电雷达相比，具有测量精度高、分辨能力强、作用距离远等特点。

激光具有的独特性质及其所能提供的高带宽特性，使其在现代通信中处于举足轻重的地位。激光通信具有以下优势。

(1) 大通信容量：激光频率比微波高 3～4 个数量级，载波可有更大的利用频带。光纤近 30THz 的巨大潜在带宽容量，使光纤通信成为支撑通信业务量增长最重要的技术。光纤通信技术可以移植到空间通信，单波数据速率可达 40Gb/s，如果采用波分复用技术，容量还可以提升几十倍。

(2) 低功耗：激光发散角小，能量高度集中，使发射机功率降低，功耗低。适于进行空间通信。

(3) 重量轻：能量利用率高，供电系统重量轻；发散角小，天线及望远镜口径小，体积小，重量轻。

(4) 高度保密性：定向性好，发射波束纤细，激光通信保密性好；抵抗干扰、防窃听等性能好。

7.7　傅里叶光学简介

自 20 世纪 60 年代激光出现以来，光学的重要发展之一，是将数学中的傅里叶变换和通信中的线性系统理论引入光学，形成了一个新的光学分支——傅里叶光学。傅里叶光学的数学基础是傅里叶变换，其物理基础是光的衍射理论。本节将通过对阿贝成像原理的讨论来阐明空间频率、频谱和空间滤波等傅里叶光学中的几个基本概念。这些概念是光学信息处理、像质评价、成像理论等的基础。

1873 年,阿贝(E. Abbe,1840—1905)在显微镜成像原理的论述中首次提出了频谱和两次衍射成像的概念,并用傅里叶变换这一数学工具来阐明显微镜成像的机制。波特(A. B. Porter)于 1906 年进一步以一系列实验证实了阿贝原理。

如图 7-17 所示,以透光率为 $a+b\cos(2\pi f_x x)$ 的模板(正弦光栅)作为物,置于凸透镜 L_2 前某处,用单色平行相干光照射,在透镜 L_2 后方一定位置的屏幕 E 上将得到模板的像。可以证明,正弦光栅的夫琅禾费衍射图样是三个亮点。因此,如果在透镜 L_2 的像方焦面上放一屏幕 F'_2,则在 F'_2 上得到由三个亮点组成的夫琅禾费衍射图样。当正弦光栅的周期减小时,这三个亮点的距离将随之增加。如用普通的平行狭缝光栅,则将在 F'_2 上得到一系列亮点;如用两个平行狭缝光栅互相垂直叠成一正交光栅,放在物平面上,则在 F 上的衍射图样将是图 7-18 所示的许多亮点。如果在 L_2 的像方焦面上不再放置屏幕,而是插入一狭缝只让中间竖直的一列亮点通过,挡住其他亮点,则正交光栅的像的竖直条纹消失,只剩下像的水平条纹;如果把狭缝转过 90°让水平的一行亮点通过,则正交光栅的像的水平条纹消失而只剩下竖直条纹。

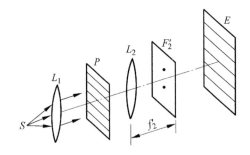

图 7-17　正弦光栅的像及衍射图样

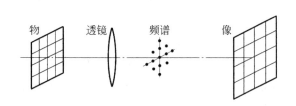

图 7-18　正交光栅的像及衍射图样

对上述实验结果,我们作如下分析。从波动光学的角度看,可以把成像过程看成是以下两个过程的综合:首先,入射相干光经物面衍射后在焦平面上形成夫琅禾费衍射图样;然后,这些夫琅禾费衍射图样作为子波源,它们发出的子波在像平面上相干叠加而形成了物的像。这种子波叠加的过程就是衍射,因此整个成像过程就是二次衍射成像的过程,这就是阿贝成像原理的基本观点。

不同物的夫琅禾费衍射图样不同,这说明衍射图样与物的空间结构之间有着某种内在的联系,或者说衍射图样反映了物的某种空间结构的特性。正弦光栅的透光率 $t(x)=a+b\cos(2\pi f_x x)$,除了常数项以外,它是空间变量 x 的周期函数,因此其周期 $1/f_x$ 称为空间周期;f_x 称为空间频率,它表示在单位长度上透光率重复的次数。常数项是周期为无限大的周期函数,它的空间频率为零。由于 $\cos(2\pi f_x x)=\dfrac{1}{2}(\mathrm{e}^{\mathrm{i}2\pi f_x x}+\mathrm{e}^{-\mathrm{i}2\pi f_x x})$,而每一指数项代表一单色平面波,它在透镜像方焦面上会聚成一点,所以正弦光栅的透光率可以看成是由空间频率 0 及 $+f_x$、$-f_x$ 这三个分量组成的,它们在透镜像方焦面上会聚成三个亮点,每个亮点的光强代表所对应的分量的强度。由此可见,夫琅禾费衍射图样反映了物光各种分量的空间频率和强度。实际上,利用惠更斯-菲涅耳原理可以证明,在透镜像方焦面上的复振幅分布(衍射图样)是物面的复振幅分布(透射率)的傅里叶变换。

平行狭缝光栅的透光率 $t(x)$ 是一个空间周期为 $1/f_x$ 的方形波函数,即透光部分的光振幅相等($t=1$),不透光部分的透射光振幅为零($t=0$)。这样一个周期函数的傅里叶变换,除了空间频率为 f_x 的基波外,还包含频率为 $2f_x$、$3f_x$、……的高次谐波分量。因此平行狭缝光栅在透镜像方焦面上的衍射图样为一系列的亮点。由于夫琅禾费衍射图样反映了物光的各种空间频率分量的组成情况,于是把焦平面上的夫琅禾费衍射图样称为物的频谱。在一般情况下,物面的振幅分布不是简单的周期函数,因此其傅里叶变换是由许多不同的空间频率分量组成的,它的频谱也要复杂得多。

用不同空间周期的正弦光栅所进行的实验表明,空间频率越大,频谱面上的衍射像的位置离中心越远,中心亮点对应于空间频率为零的常数项。上述实验还表明,当在频谱面上改变频谱分量时,像的性质也会改变。这个过程称为空间滤波,它在光学信息处理中起着十分重要的作用。

总之,阿贝二次衍射成像原理归结为:第一次衍射是物面复振幅的傅里叶分解,并在透镜的像方焦面上得到空间频谱,第二次衍射并成像是空间频谱的综合。

7.8　非线性光学基础

经典光学通常只研究线性光学现象。所谓线性光学,就是物质对光场的响应与光的场强呈线性关系。此时表征物质性质的许多光学参数,如吸收系数、折射率、散射截面等都是与场强无关的常量,因而光的独立性原理和叠加原理都是成立的。激光技术出现后,为光学研究提供了相干的高强度光源,这就为开展非线性光学的研究创造了条件。在激光问世后的第二年,弗兰肯(P. A. Franken,1928)等人就利用石英晶体将红宝石激光器发出的红光,转变为倍频紫外光,从而开始了非线性光学研究的主要历史阶段。

7.8.1　非线性光学现象

在各向同性介质中,极化强度 P 与电场强度 E 的方向相同,它们之间的普遍关系可以写成

$$P = \alpha E + \beta E^2 + \gamma E^3 + \cdots \qquad (7\text{-}36)$$

式中的 $\alpha = \chi \varepsilon_0$($\chi$ 是通常的极化率),β 和 γ 分别为二阶和三阶极化系数,它们都是与 E 无关的常量,由介质的性质决定。一般来说,在这些系数中,相继的后一系数要比前一系数小得多。如以 E_{at} 表示原子内部的电场强度,它大约等于 3×10^{10} V/m。理论表明,式(7-36)中相

邻两项之比值为

$$\frac{\beta E^2}{\alpha E} \approx \frac{\gamma E^3}{\beta E^2} \approx \frac{E}{E_{at}}$$

普通光源发出的光的电场强度 E 要比 E_{at} 小几个数量级,因此,式(7-36)中的非线性项可以忽略不计,这时光场在介质中的感生极化强度与外界电场强度成正比

$$P = \chi E$$

这就是线性光学所讨论的情况。激光出现以后,它极高的光功率密度对应着很大的电场强度,如用一个透镜把红宝石激光器发出的 200MW 光脉冲集到直径为 $25\mu m$ 的圆面上,在这个区域内光电场强度约为 $10^{10}\,\text{V/m}$。因此,激光场可以与原子内部的平均电场相比拟,这时式(7-36)中的非线性项就不能忽略了。

强的相干光在介质中传播时,特别是在非线性极化系数比较大的所谓非线性介质中传播时,可以观察到各种非线性光学现象。一般而言,可以将非线性光学现象分为两大类:一类是强光与被动介质相互作用的非线性光学现象,如光学整流、光学倍频、光学混频和光自聚焦等;另一类是强光与激活介质相互作用的非线性光学现象,如受激拉曼散射和受激布里渊散射等。所谓被动介质,是指这种介质与强光相互作用时,其自身的特征频率并不明显起作用。所谓激活介质,是指这种介质与强光相互作用时,能以自己的特征频率影响与其相互作用的光波。

下面将具体介绍两种非线性光学现象。

7.8.2   激光倍频技术

当入射到介质中的光波 $E = E_0 \cos\omega t$ 很强时,如非线性晶体的极化系数很大,强光将在晶体中感生电极化强度 P,得

$$P = \alpha E + \beta E^2 = \alpha E_0 \cos\omega t + \beta E_0^2 \cos^2\omega t \qquad (7\text{-}37)$$

根据三角函数公式,式(7-37)可写成

$$P = \alpha E_0 \cos\omega t + \frac{1}{2}\beta E_0^2 (1 + \cos 2\omega t)$$

$$= \frac{1}{2}\beta E_0^2 + \alpha E_0 \cos\omega t + \frac{1}{2}\beta E_0^2 \cos 2\omega t$$

上式右边第二项表明,存在与入射光场相同的偶极振动,这将辐射与入射光相同频率的光波。第一项是恒定极化或直流项,表明如果一束很强的线偏振光入射到非线性晶体上,则晶体中将出现一个恒定的极化强度,晶体的两相对表面将出现恒定的极化电荷,它对应一个恒定的电场,其电位差与 E_0^2 成正比。这种从一个交变电场得到一个恒定电场的现象,称为光学整流。第三项表明,存在频率为入射光频率两倍的偶极振动,将辐射倍频光,这就是所谓的光学倍频。

7.8.3　激光自聚焦

在激光的横模光斑图中,光强分布是不均匀的。即使基模光斑中不存在光强为零的场点,能量也是集中在中心,且以高斯函数规律由中心向外平滑地减小。这种在截面内光强分布不均匀的光束,在通过非线性介质时,会引起介质折射率感应变化不均匀,从而导致激光自聚焦。所以,激光自聚焦是一种感应透镜效应。

设有一单模激光束具有高斯函数型的横向分布。在非线性介质中传播时的折射率 n 由两部分组成:

$$n = n_0 + \Delta n \mid E \mid^2 \tag{7-38}$$

式中,前一项 n_0 为普通的折射率;后一项与 $\mid E \mid^2$ 成正比,是非线性折射率。Δn 为光场感应引起的折射率变化。如果 Δn 是正的,则对高斯横向分布的激光束来说,中心部分折射率比边缘部分折射率大。于是激光束好像通过一个正透镜一样,产生会聚作用。

强激光的自聚焦会导致光学元件损坏,防止的办法是尽量设法使横向光强分布均匀。通常采用发散光或准平行光入射,以减小介质折射率的不均匀程度。

例题

例题 7-1　氦原子的某一激发态和基态能级的能量差 ΔE 为 16.9eV($=27.07\times10^{-19}$J)。若该原子体系处于室温($T=300$K),它处于激发态的原子数与处于基态的原子数之比是多少?

解:根据玻耳兹曼分布定律,在热平衡状态下,处于该激发态能级的原子密度 n_2 与处在基态上的原子密度 n_1 之比为

$$\frac{n_2}{n_1} = \exp\left(-\frac{\Delta E}{kT}\right) = \exp\left(-\frac{27.07\times10^{-19}}{1.38\times10^{-23}\times300}\right) = e^{-653} = 1/e^{653} \ll 1$$

即 $n_2 < n_1$,所以在正常情况下,处于基态的原子数总是最多的;能级越高,处于该能级的原子数就越少。

例题 7-2　氩离子激光器的连续输出功率为 1W,在输出镜面上的光斑半径为 0.5mm,光束发散角为 1mrad,求此激光器的辐射亮度,并与太阳表面的辐射亮度作比较。已知太阳表面温度为 $T=6000$K。

解:光源的亮度为

$$B = \frac{d\Phi}{dSd\Omega\cos\theta}$$

根据题意知

$$dS = \pi r^2 = \pi(0.0005)^2 \text{m}^2$$

$$d\Omega = \pi\theta^2 = \pi(10^{-3})^2$$

$$dΦ = 1\mathrm{W}, \quad \cos θ ≈ 1$$

所以

$$B = 4.05 × 10^{11}\,\mathrm{W/m^2}$$

把太阳看作黑体,单位面积的辐射通量为 $σT^4$,在 $4π$ 立体角内均匀分布,故

$$B_{太阳} = \frac{σT^4}{4π} = \frac{5.67 × 10^{-8} × (6000)^4}{4π}$$

$$= 5.8 × 10^6\,\mathrm{W/m^2}$$

所以该激光器的辐射亮度是太阳的 10^5 倍。

例题 7-3　如某种原子的激发态寿命为 $10^{-8}\mathrm{s}$,所能发光的波长为 $500\mathrm{nm}$,问自然线宽是多少?

解: 因为 $Δν = \dfrac{1}{Δt}$,$λ = \dfrac{c}{ν}$,所以得

$$Δλ = \frac{c}{ν^2}Δν = \frac{λ^2}{cΔt} = \frac{(500 × 10^{-9})^2}{3 × 10^8 × 10^{-8}} ≈ 8 × 10^{-14}$$

例题 7-4　氦-氖气体激光器以 $\mathrm{TEM_{00}}$ 模振荡,中心波长 $λ_0 = 0.6328μ\mathrm{m}$。若该谱线的荧光线宽为 $1700\mathrm{MHz}$,激光器谐振腔腔长为 $1\mathrm{m}$。求:(1)激光器纵模频率间隔;(2)激光器中可能同时激发起的纵模数;(3)若采用缩短腔长法获得单纵模振荡,估计激光器谐振腔腔长的最大允许值。

解: (1)激光器纵模的频率间隔决定于谐振腔的光学长度 nd,对于氦-氖气体激光器 $n ≈ 1$,因此纵模频率间隔为

$$Δν_{\mathrm{m}} = \frac{c}{2nd} = \frac{3 × 10^8}{2 × 1 × 1} = 1.5 × 10^8\,\mathrm{Hz}$$

(2)激光器可振荡模数

$$m = \frac{Δν}{Δν_{\mathrm{m}}} = \frac{1.7 × 10^9}{1.5 × 10^8} ≈ 10$$

(3)当采用缩短腔长法实现单纵模振荡时

$$Δν_{\mathrm{m}} = \frac{c}{2nd} > Δν, \quad 或谐振腔腔长\ d = \frac{c}{2nΔν} = \frac{3 × 10^8}{2 × 1 × 1.7 × 10^9} = 0.088\mathrm{m}$$

习题

7-1　(1)计算氢原子最低的四个能级的能量大小,并把它们画成能级图;(2)计算这四个能级之间跃迁的最小频率是多少。

7-2　当玻尔原子模型中氢原子从 $n = 2$ 的轨道跃迁到 $n = 1$ 的轨道后,问:(1)轨道半径变化了多少?(2)能量改变了多少?

7-3　氦-氖激光的单色性为 $6 × 10^{-10}$,则其相干长度为多少?

7-4　证明当每个模内的平均光子数大于 1 时，腔内振荡以受激辐射为主。$\left(\text{提示：以受激辐射为主时：} \dfrac{w_{21}}{A_{21}}=\dfrac{B_{21}\rho}{A_{21}}>1 \text{。}\right)$

7-5　如果光在增益介质中通过 1m 后，光强增大至两倍，试求介质的增益系数。

7-6　已知材料 A 的吸收系数为 0.044mm^{-1}，材料 B 的吸收系数为 0.056mm^{-1}，A 比 B 厚一倍，光相继穿过这两种材料。如果最终出射光强为入射光强的 1/5，试计算材料 A 及 B 的厚度各为多少。

7-7　有一波长 $\lambda_0=0.6328\mu\text{m}$ 的氦-氖激光器，其谐振腔的两个反射镜的反射率分别为 140% 和 98%，腔长为 250mm，激光上能级的寿命 $t_{12}=2\times10^{-8}\text{s}$，跃迁谱线的多普勒线宽约为 $1.5\times10^9\text{Hz}$，激光器的其他损耗平均每次往返为 1%，介质折射率 $n\approx1$。试估算该激光器的最小粒子数密度反转阈值。

7-8　一光学谐振腔由曲率半径 $r_1=-1\text{m}$，$r_2=1.5\text{m}$ 的反射镜组成。问该腔为稳定腔所允许的最大腔长 d 是多大？

7-9　如果激光器分别在波长为 $10\mu\text{m}$ 和 500nm 时输出 1W 的连续功率，求每秒从激光上能级向下能级跃迁时对应的粒子数。

7-10　设一对激光能级为 E_2 和 E_1，上下能级上的粒子数密度分别为 n_2 和 n_1，两能级之间的跃迁频率为 ν，波长为 λ。试求：(1)当 $\nu=3000\text{MHz}$ 和 $\lambda=1\mu\text{m}$ 时，n_2/n_1 分别是多少，假定 $T=300\text{K}$；(2)当 $\lambda=1\mu\text{m}$，$n_2/n_1=0.1$ 时，温度 T 是多少。

7-11　假若受激辐射爱因斯坦系数 $B=10^{19}\text{m}^3/(\text{W}\cdot\text{s}^3)$，试对下列波长计算自发辐射跃迁系数和自发辐射寿命：(1)$\lambda=6\mu\text{m}$；(2)$\lambda=600\text{nm}$；(3)$\lambda=60\text{nm}$；(4)$\lambda=0.6\text{nm}$。如果光强为 10W/mm^2，求受激跃迁速率。

7-12　有一个二能级系统，如果能级差为 $1.602\times10^{-21}\text{J}$，求：(1)当 $T=10^2\text{K}$，$T=10^5\text{K}$ 和 $T=10^8\text{K}$ 时，上下两能级粒子数之比 n_2/n_1；(2)如果 $n_2=n_1$，则相当于多高的温度？(3)要有怎样的温度，粒子数才能发生反转？(4)如果用负温度来描述粒子数的反转状态，则 $T=-10^4\text{K}$ 和 $T=-10^8\text{K}$ 两个温度中哪一个高？$T=-10^8\text{K}$ 和 $T=10^8\text{K}$ 中哪一个高？

习 题 答 案

第 1 章

1-1 振动方向：$-i+\sqrt{3}j$；传播方向：$\sqrt{3}i+j$；相位速度：3×10^8 m/s；振幅：4V/m；频率：$\dfrac{3}{\pi}\times10^8$；波长：πm

1-2 光程差为 0.1mm；相位差为 363.6π

1-4 垂直于入射面和平行于入射面的反射系数分别为 $-0.305,0.213$

1-5 4.4%,5.3%

1-8 20%,10.5%

1-9 $0.916I_0$

1-10 60.47°或者 46.05°

1-11 99.68°或者 264.32°

1-12 （2）68°

1-13 相速度：$1.966\,62\times10^8$ m/s；群速度：1.9018×10^8 m/s

1-14 c^2/v^2；$\dfrac{c^2}{v^2}\cdot\dfrac{1}{\mu\varepsilon+\dfrac{1}{2}\omega\dfrac{\mathrm{d}(\mu\varepsilon)}{\mathrm{d}\omega}}$

第 2 章

2-1 得到可见度不为零的干涉条纹：$d<0.736$mm；得到可见度较好的干涉条纹：$d<0.184$mm

2-2 0.64×10^{-3} m

2-3 $d=1.11\times10^{-4}$mm，为深黄色的光

2-4 $\Delta x=0.57$mm

2-5 0.002mm

2-6 （1）0.158mm；（2）0.104mm；（3）条纹间距变窄,观察者将见到条纹向棱边靠拢。

2-7 （1）3.3×10^{-4}rad

2-8 （1）2 条；（2）4.03nm,1.79nm

2-9 0.06nm

2-10 12.24×10^{-3}mm

2-11 123 条暗条纹；122 条亮条纹

2-12　0.6mm

2-13　1.146×10^{-4}mm

2-14　1.18mm

2-15　34 条,45 条

2-17　2m

2-18　31.64nm,2m

2-19　5500Å

2-20　0.25mm；$1°48'$

2-21　(1) 0.007；(2) 0.01；(3) 0.009；(4) 0.013

2-22　(1) 薄膜的厚度增加相当于金属柱 C 的长度在缩短；(2) 0.39mm

2-24　$22°19'$

2-25　6730.8Å

2-28　锐度系数：80；条纹半宽度：0.447rad；条纹锐度：4.47π

2-29　$8.6\text{mm} < h < 59.64\text{mm}$

2-30　大于 9.72mm

2-31　0.41mm

2-32　59.14μm

第 3 章

3-1　直径 290km；2.9km

3-2　直径 6.65×10^{-3}cm

3-3　0.772m；能

3-4　0.748

3-5　直径 0.003cm

3-6　(1) 费涅耳衍射；(2) 夫琅禾费衍射

3-7　$\theta = 0.885 \dfrac{\lambda}{b} \approx \dfrac{\lambda}{b}$

3-8　4.5×10^{-3}cm,7.3×10^{-3}cm

3-9　12.2cm

3-10　>400cm

3-11　287nm

3-12　(1) 1.7 倍；(2) 400

3-13　7.8%

3-14　10mm

3-15　± 14.3cm；± 24.6mm,$0.047I_0$,$0.016I_0$

3-16　0.000 29

3-17   0.21mm,0.05mm

3-18   (1) 0.81,0.4,0.09；(2) 0.968,0.874,0.738

3-19   666.7nm,545nm,461nm,400nm

3-20   0.78mm,1.17mm

3-21 5.5×10^{-8} rad

3-22   1/23

3-23 6.67×10^{-6} rad, 8.17×10^{-6} rad

3-24   0.21mm,0.51mm

3-25   982

3-26   只能看见 $0, \pm 1, \pm 2$ 级共 5 条谱线

3-27   (1) $15°5'$

3-28   (1) $15°50'$；(2) $-2,-1,0,1$；(3) $-55°$

3-29   (1) 10^6；(2) 38.5nm；(3) 10^5

3-31   50

3-32   (1) P 点是亮点；(2) 500mm

3-33   6.2mm

3-34   3.82m,1.27m

3-35 $R_1 = 0.78$mm, $R_2 = 1.1$mm

3-36 $f = 1.56$m, $f' = 0.52$m

3-37   (1) 10；(2) 4mm

第 4 章

4-1 $\lambda = \dfrac{2\pi}{k}$, $f = \dfrac{v}{\lambda} = 3 \times 10^{12}$ Hz,沿 z 轴传播, $\dfrac{10^{-8}}{\eta_0} e_z$,左旋圆极化。

4-3   左旋圆偏振光

4-4   (1) 右旋圆偏振光；(2) 右旋椭圆偏振光,长轴沿 $y=x$；(3) 线偏振光,振动方向沿 $y=-x$；

4-5   入射角为 $0°$：0,0；入射角为 $45°$：0.823,0.046；入射角为 $90°$：0

4-6 $4.08°$

4-7   (1) 偏振度为 1；(2) 9%

4-8   (1) 17.9%；(2) 34.7%；(3) 61.9%；(4) 89.5%

4-9   (1) 1.56；(2) 61nm,219nm

4-10 $1°10'$

4-11 $11°26'$

4-12 $0.25I_0$

4-13 $0.094I_0$

4-14　右旋圆偏振光

4-15　(1) 线偏振光,光矢量方向和 x 轴成 $-45°$ 角;(2) 右旋椭圆偏振光

4-16　右旋椭圆偏振光,$\dfrac{A_y}{A_x}=\tan 65°=2.145$

4-23　$5/16I_0$

4-24　748nm,688nm,637nm,593nm,555nm,521nm,491nm,465nm,441nm,419nm,400nm。

4-25　(1) 平行等距的明暗条纹;(2) 0.049mm

4-26　8.4kV

4-27　$0.011I_0\cos^2\theta,\theta$ 表示入射面与图面的夹角。

第 5 章

5-1　38.83%

5-2　7.2cm,5.03cm,2.17cm,0.7cm

5-3　0.1mm:$I_b=0.606I_0,I_y=0.082I_0$;5mm:$I_b=1.39\times10^{-11}I_0\approx0,I_y=5.167\times10^{-35}I_0\approx0$,其中 I_b 和 I_y 分别表示蓝光和黄光通过物质后的光强,两种情况下颜色有所不同。

5-4　$a=1.575\,40,b=1.464\,32\times10^4\,\mathrm{cm}^2,n=1.617\,61,\mathrm{d}n/\mathrm{d}\lambda=-1.4332\times10^{-4}\,\mathrm{nm}^{-1}$

5-5　$-2.34\times10^{-4}\,\mathrm{rad/nm}$

5-6　1:0.32

5-7　$0.142I_0$

5-8　2:3

5-9　9.5%

第 6 章

6-1　$7.69\times10^5\,\mathrm{m/s}$,出射光电子的最大动能大于原来的两倍。

6-2　$\lambda=\sqrt{\dfrac{150.6\mathrm{eV}}{E}}\,\text{Å}$

6-3　(1) $P=\dfrac{F\cos i}{S}=\dfrac{I\cos^2 i}{c}$;(2) $P=1+R\,\dfrac{I\cos^2 i}{c}$

6-4　2.18Å

6-6　6563Å,4862Å,4341Å,4102Å,3970Å,3889Å,3863Å

6-7　(1) $1.097\,224\times10^{-7}\,\mathrm{m}^{-1}$;(2) He$^+$ 光谱毕克林系第二、四、六、……条谱线的频率分别与氢光谱巴尔末线系的第一、二、三、……条谱线的频率近似相同。

6-8　(1) $-0.87\mathrm{eV}$;(2) 第二条谱线

6-9　(1) 1.04×10^6;(2) 1.04×10^2;4.57×10^{-8}

6-10　$1.99\times10^{-15}\mathrm{J},3.98\times10^{-19}\mathrm{J},1.99\times10^{-20}\mathrm{J}$;$6.63\times10^{-24}\mathrm{kg\cdot m/s},1.33\times10^{-27}\mathrm{kg\cdot m/s},6.63\times10^{-29}\mathrm{kg\cdot m/s},2.21\times10^{-32}\mathrm{kg},4.42\times10^{-36}\mathrm{kg},2.21\times10^{-37}\mathrm{kg}$

6-11 $\nu_{\mathrm{m}}\propto T$,$\lambda_{\mathrm{m}}\propto 1/T$,$(\varepsilon_{\lambda})_{\mathrm{m}}\propto T^5$,$M_0(T)\propto T^4$

6-12 $3.83\times 10^{18}\,\mathrm{s}$

6-13   199.8K

6-14 $2.89\times 10^{-6}\,\mathrm{m}$

6-15   1.15

6-16   太阳5700K,北极星8300K

6-17   3263Å

6-18   (1) $1.75\times 10^{-19}\,\mathrm{J}$; (2) 2.17eV

6-19   2.48V,$1.24\times 10^4\,\mathrm{V}$,$1.24\times 10^7\,\mathrm{V}$

6-20   1.03eV

6-21 $32\mu\mathrm{m}$

6-22 $0.1/\mathrm{cm}^3$,$2.5\times 10^3/\mathrm{cm}^3$

6-23   (1) 0.0024nm; (2) $4.72\times 10^{-17}\,\mathrm{J}$

6-24   0.00134nm

6-25   (1) 1.227Å; (2) 0.905Å; (3) 2.41×10^{-24}Å; (4) 12.63Å

6-26   0.035Å

6-27 $4.13\times 10^3\,\mathrm{m/s}$

第7章

7-1   (1) $-13.6\mathrm{eV}$,$-3.4\mathrm{eV}$,$-1.5\mathrm{eV}$,$-0.85\mathrm{eV}$; (2) $1.59\times 10^{14}\,\mathrm{s}^{-1}$

7-2   (1) $-0.157\mathrm{mm}$; (2) $-10.23\mathrm{eV}$

7-3   1km

7-5 $0.639\times 10^{-3}\,\mathrm{mm}^{-1}$

7-6   11.18mm,22.36mm

7-7 $1.21\times 10^{-8}\,\mathrm{cm}^{-3}$

7-8   1.5m

7-9 $n=5\times 10^{19}\,\mathrm{s}^{-1}$; $n=2.5\times 10^{18}\,\mathrm{s}^{-1}$

7-10   (1) ≈ 1,≈ 0; (2) $6.26\times 10^3\,\mathrm{K}$

7-11   (1) $7.7\times 10^2\,\mathrm{s}^{-1}$,$1.30\times 10^{-3}\,\mathrm{s}$; (2) $7.7\times 10^5\,\mathrm{s}^{-1}$,$1.30\times 10^{-6}\,\mathrm{s}$; (3) $7.7\times 10^8\,\mathrm{s}^{-1}$,$1.30\times 10^{-9}\,\mathrm{s}$; (4) $7.7\times 10^{14}\,\mathrm{s}^{-1}$,$1.30\times 10^{-6}\,\mathrm{s}$,$3.33\times 10^{17}\,\mathrm{s}^{-1}$

7-12   (1) 0.31,0.998,0.999; (2) $T\rightarrow\infty$; (3) 负温度状态; (4) $T=-10^4\mathrm{K}$比$T=-10^8\mathrm{K}$温度高,$T=-10^8\mathrm{K}$比$T=10^8\mathrm{K}$温度高,因为前者粒子数反转比后者高。

参 考 文 献

1. 石顺祥,张海兴,刘劲松. 物理光学与应用光学. 西安：西安电子科技大学出版社,2000

2. 叶玉堂,饶建珍,肖峻. 光学教程. 北京：清华大学出版社,2005

3. 梁柱. 光学原理教程. 北京：北京航空航天大学出版社,2005

4. 谢敬辉. 物理光学教程. 北京：北京理工大学出版社,2005

5. 姚启钧. 光学教程. 第3版. 北京：高等教育出版社,2002

6. Born M,Wolf E. Principles of optics. 7th ed. Cambridge：Cambridge University Press,2001

7. 焦其祥. 电磁场与电磁波. 北京：科学出版社,2008

8. 谢处方. 电磁场与电磁波. 第4版. 北京：高等教育出版社,2006

9. 梁铨廷. 物理光学. 北京：机械工业出版社,1987

10. 雷肇棣. 物理光学导论. 成都：电子科技大学出版社,1993

11. 母国光,战元龄. 光学. 北京：人民教育出版社,1978

12. 蔡履中,王成彦,周玉芳. 光学. 第2版. 济南：山东大学出版社,2002

13. 严英白. 应用物理光学. 北京：机械工业出版社,1990

14. 郭永康,鲍培谛. 光学教程. 成都：四川大学出版社,1989

15. 陈芸青. 光学原理. 北京：地质出版社,1987

16. 李家泽. 晶体光学. 北京：北京理工大学出版社,1989

17. 羊国光. 高等物理光学. 合肥：中国科学技术大学出版社,1991

18. 梁铨廷. 物理光学理论与习题. 北京：机械工业出版社,1985

19. 汪相. 晶体光学. 南京：南京大学出版社,2003

20. 向世明,倪国强. 光电子成像器件原理. 北京：国防工业出版社,1999

21. 谭显祥. 光学高速摄影测试技术. 北京：科学出版社,1990

22. 苏显渝. 信息光学. 北京：科学出版社,1999

23. Grote N,Venghaus H 著. 王景山,沈欣捷,孙玮译. 光纤通信器件. 北京：国防工业出版社,2003

24. Zhang H X,Chen T M,Bao Y F,Lu Y H. Spectrum Effects Caused by Anisotropic Dielectric Substrate to Left-Handed Materials. Chinese Journal of Physics,2009,47(4)：520～528

25. Zhang H X,Lu Y H,Chen T M,Wang H X. Design and analysis of doped left-handed materials. Chinese Physics B,2008,17(5)：1645～1651

26. Wang C,Wang X M,Shao Z S. Lasing properties of a new two-photon absorbed material HEASPI. Optics Comm.,2001,190(1)：345～349

27. Zhang H X,Zhao L,Lu Y H. Study On A Sort Of Controllable Nonlinear Left-Handed Materials. Journal of Nonlinear Optical Physics & Materials(JNOPM),2009,18(3)：441～456

28. 顾玉宗. 一种可见光波段光学限幅的研究. 中国激光,2002,20(1)：33～36

29. Tuantranont A,Bright V M. Segmented silicon-micromachined microelectromechanical deformable mirrors for adaptive optics. IEEE Journal on Selected Topics in Quantum Electronics,2002,8(1)：33～45

30. 侯洵. 瞬态光学及其进展. 河南大学学报(自然科学版),2002,32(1)：1～7

31. 张洪欣. 电导率有限媒质分界面电磁场的边界条件. 吉首大学学报,2007,48(2)：48～50

32. 母国光. 白光光学信息处理及其彩色摄影术. 光电子·激光,2001,12(3)：285～292

33. 杨国光,沈亦兵,侯西云. 微光学技术及其发展. 红外与激光工程,2001,30(1)：157～162